AQUARIEN

GESTALTEN

NACH DEM VORBILD DER NATUR

AQUARIEN

GESTALTEN

NACH DEM VORBILD DER NATUR

Peter Hiscock

KOSMOS

Aus dem Englischen übersetzt von
AMS/Samira Goth und Dirk Oetzmann

Titel der Originalausgabe:
„Aquarium Displays inspired by Nature",
erschienen 2003 bei Interpet Publishing, Vincent
Lane, Dorking, Surrey, RH4 3YX, England.
© 2003 by Interpet Publishing.
All Rights reserved.
ISBN 1-84286-073-9

Mit 275 Farbfotos sowie 47 Grafiken und Karten

Für die deutsche Ausgabe:
© 2004, Franckh-Kosmos Verlags GmbH & Co.,
Pfizerstr. 5–7, 70184 Stuttgart
Alle Rechte vorbehalten
ISBN 3-440-09974-1
Redaktion: Angela Beck
Umschlagtypografie: eStudio Calamar
Satz: AMS/Rudolf Kempf
Produktion: Kirsten Raue
Printed in China / Imprimé en Chine

Der Autor

Inspiriert von seinen Eltern, erfahrenen Meeresbiologen, begann Peter Hiscock schon als Kind, sich für Fische zu interessieren und Aquarien zu pflegen. Bereits mit 17 Jahren wurde er Abteilungsleiter eines Geschäfts für Aquaristik. Später machte er am Sparsholt College von Hampshire seinen Abschluss in Hydrologie/Fischereiwesen. Er veröffentlichte zunächst Beiträge in der Aquaristik-Presse und hat seither mehrere Bücher verfasst. Sein Hauptinteresse gilt dem Fisch-Verhalten, der Wechselbeziehung zwischen Fischen und ihrer Umbebung, dem Anlegen von Aquarienlandschaften sowie den natürlichen Lebensräumen von Aquarienfischen.

Unten: Diese zwei eleganten Skalare (Pterophyllum spp.) fühlen sich in einem dicht bepflanzten Aquarium wohl, das ihrer Heimat im Amazonas ähnelt.

Inhalt

TEIL 1

Praxis-Anleitung

Im ersten Teil dieses Buchs befassen wir uns mit den Bestandteilen, die nötig sind, um ein Aquarium zu gestalten, das den Bedürfnissen von Fischen und ihrem Lebensraum gerecht wird. Alle Fische verhalten sich auf eine ganz bestimmte Weise, die ihre evolutionäre Entwicklung im Laufe der Zeit widerspiegelt und die ihnen hilft, in ihrer natürlichen Umgebung zu überleben. Ihr Verhalten und ihre Körperform geben Auskunft über ihre Bedürfnisse, die man bei der Planung des Aquariums berücksichtigen sollte. Wenn man z.B. einen speziellen Wels beobachtet, kann man allein von seiner Form, Größe und Farbe ableiten, dass er einen dunklen, welligen Bodengrund und Verstecke unter Holz oder Felsen benötigt und dass er empfindlich auf plötzliche Lichtveränderungen reagieren könnte. Weitere Hinweise geben die Fischbewegungen. Viele Tetras schwimmen in dichten Schwärmen, oft an Pflanzen entlang oder hindurch. Daran lässt sich ablesen, dass man sie gruppenweise in dicht bepflanzten Aquarien halten sollte.

Es bedarf umfangreicher Planung und Vorbereitung, um die passende Umgebung zu schaffen. Zu den wichtigen Faktoren gehören dabei Aquariengröße, Platzierung, Beleuchtung und Bodengrund ebenso wie Dekoration, Wasserqualität und Pflanzenpflege. In den folgenden Abschnitten werden alle diese Themen ausführlich behandelt, stets im Hinblick auf die Bedürfnisse der Fische. Sobald eine sorgfältige Auswahl getroffen ist, beginnt der Aufbau der Landschaft und die Anbringung der Ausstattung. So entsteht ein natürliches und eindrucksvolles Design. In den Abschnitten über Bodengründe, Dekoration und Landschaftsgestaltung werden die unterschiedlichsten Materialien und Baumethoden vorgestellt. Zu Beginn dieses Kapitels wird zunächst der Weg eines typischen Flusses durch seine unterschiedlichen Umgebungen beschrieben: Bergbäche, mäandernde Flüsse, Teiche, Sümpfe und überflutete Wälder. Gestützt auf die in den folgenden Abschnitten behandelten Themen lässt sich ein beeindruckendes Aquarium planen und einrichten, dessen Aussehen von der Natur inspiriert ist, denn die Natur gestaltet die besten Aquarien.

Geschichte eines Flusses

Ein Fluss sammelt sein Wasser aus dem so genannten Flusseinzugsgebiet. Wenn Wasser auf diese Landmasse fällt, gelangt es in einen bestimmten Fluss, selbst wenn es vorher durch viele andere Bäche und Flüsse fließt, um sein Ziel zu erreichen. Das im Einzugsgebiet gesammelte Wasser mündet schließlich in einen breiten Flussabschnitt und strömt von dort ins Meer.

Jedes Flusssystem ist in seiner „Gestalt" einmalig und komplex. Häufig bestimmen geologische und ökologische Bedingungen Geschwindigkeit, Größe, Verlauf und sogar die Wasserqualität eines Flusses. Doch die meisten größeren Flusssysteme besitzen viele gemeinsame Faktoren, die man in klar abgegrenzte Lebensräume unterteilen kann. Diese Zonen und die in ihnen lebenden Fische werden im Folgenden beschrieben. Doch zuerst beschäftigen wir uns mit der Frage, woher das Wasser überhaupt kommt.

DER NATÜRLICHE WASSERKREISLAUF

Das Wasser bewegt sich auf der Erde kontinuierlich in einem weiträumigen natürlichen Wasserkreislauf. Ohne diesen Kreislauf gäbe es weder Wetter noch Flüsse oder Pflanzen. Beginnen wir an dem Punkt, an dem das Wasser verdunstet oder in die Atmosphäre aufsteigt. Das meiste Wasser verdunstet über dem Meer, während Transpiration den Prozess beschreibt, bei dem Wasser der Blattoberflächen von Landpflanzen entzogen wird. Wenn Wasserdampf nach oben steigt, kühlt er sich ab und bildet Wolken. Sobald der Luftdruck niedrig genug ist oder die Wolken zu kompakt sind, verdichtet sich der Wasserdampf zu Tropfen, die als Regen, Schnee oder Eis (Hagel) auf die Erde fallen. Der Luftdruck in höheren Lagen ist oft niedriger, daher findet der Großteil aller Niederschläge über Bergregionen statt. Gebiete mit dichter Vegetation absorbieren Hitze, statt sie zu reflektieren, daher regnet es über solchen Landschaften, wie großen Wäldern, eher, besonderes Beispiel ist der „Regenwald". Wenn Regen fällt, gelangt er durch die oberste Bodenschicht in Rinnsale, Bäche und schließlich in Flüsse. Ein Teil des Regens sickert bis zu den tieferen Felsschichten hinab und bildet dort später unterirdische Quellen. Bei seinem Weg durch den Fels nimmt das Wasser Mineralien auf. Wo solche Quellen später in Flussbetten oder Wasserläufen zum Vorschein kommen, wachsen häufig dichte Büschel von Wasserpflanzen, die sich vom Zustrom dieser Mineralien ernähren.

Der in den oberen Bereichen der Atmosphäre gebildete Regen oder Schnee ist völlig rein und enthält keine Schadstoffe. Auf dem Weg zur Erde wird er durch Absorption von atmosphärischem Kohlendioxid leicht säurehaltig, bleibt aber relativ unverändert. Erst unterwegs durch oder über Erdreich und felsiges Gestein beginnen sich seine Eigenschaften zu ändern. Regen oder geschmolzener Schnee aus höheren Regionen führt zur Bildung kleiner, klarer und hochgradig sauerstoffhaltiger Bergbäche, die häufig den Beginn eines großen Flusssystems bilden.

BERGBÄCHE

Das Wasser in Gebirgsbächen hat seit seinem Ursprung in der Atmosphäre erst eine kurze Strecke zurückgelegt. Es hat

DER NATÜRLICHE WASSERKREISLAUF

Kohlendioxid und Stickstoffoxide machen Regen und Schnee leicht säurehaltig. In diesem Stadium enthält Wasser kaum Mineralien und Salze.

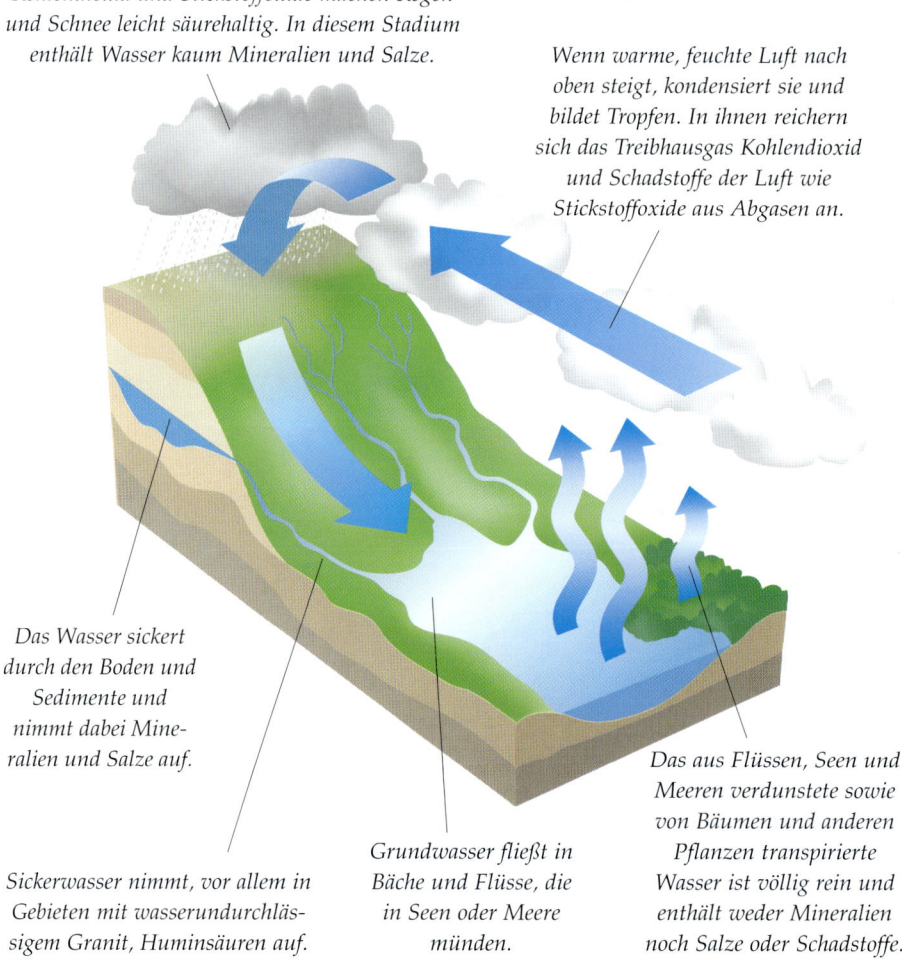

Wenn warme, feuchte Luft nach oben steigt, kondensiert sie und bildet Tropfen. In ihnen reichern sich das Treibhausgas Kohlendioxid und Schadstoffe der Luft wie Stickstoffoxide aus Abgasen an.

Das Wasser sickert durch den Boden und Sedimente und nimmt dabei Mineralien und Salze auf.

Sickerwasser nimmt, vor allem in Gebieten mit wasserundurchlässigem Granit, Huminsäuren auf.

Grundwasser fließt in Bäche und Flüsse, die in Seen oder Meere münden.

Das aus Flüssen, Seen und Meeren verdunstete sowie von Bäumen und anderen Pflanzen transpirierte Wasser ist völlig rein und enthält weder Mineralien noch Salze oder Schadstoffe.

Dieser Bergbach enthält nur wenige organische oder mineralische Bestandteile. Auf seinem Weg zum Meer wird sich sein Wasser noch dramatisch verändern.

kaum Gelegenheit, organische Stoffe aufzunehmen, enthält aber vielleicht einige Mineralien aus dem Umgebungsgestein. Es ist sehr sauerstoffreich, etwas hart und alkalisch.

Durch den Zusammenfluss mehrerer Bäche entstehen Wasserläufe, die groß genug sind, um das ganze Jahr zu bestehen. Sie bilden den Lebensraum für kleine Fische, die sich hauptsächlich von Insekten und Algen ernähren. Diese Insektenfresser schwimmen im mittleren Wasser und besitzen daher häufig stromlinienförmige Körper und kurze Flossen. Diese Körperform erlaubt es ihnen, schnell von einem Platz zum anderen zu schießen und dabei die stärksten Strömungsbereiche zu meiden. Algenfresser können sich mit ihren hoch spezialisierten Mäulern und Flossen gut an Felsen festhalten und der starken Strömung standhalten, während sie den

Algenbewuchs abfressen. Außer Algen gibt es hier kaum Unterwasserpflanzen. Der hohe Sauerstoffgehalt, das schnell fließende Wasser und ein Mangel an organischen Nährstoffen lassen nur die widerstandsfähigsten Pflanzen überleben.

TIEFLANDBÄCHE

Flusssysteme, die ihren Anfang im tiefer gelegenen Bergland nehmen, entspringen unter völlig anderen Bedingungen als Gebirgsbäche. Statt über felsigen Untergrund fließen diese Bäche über tiefgründigere Schichten. Da Regenwasser fast völlig rein ist, enthält es keine Mineralien oder natürliche Härte, die als „Puffer" gegen eine Veränderung des Säuregehalts dienen könnten. Unterwegs durch das Tiefland nimmt das Wasser aus dem Boden geringe Mengen organischer Substanzen auf, wird weich und säurehaltig.

Die Fische in solchen Bächen haben nicht mit schnell fließendem Wasser zu kämpfen, obgleich sie sich oft von ähnlichem Futter ernähren. Schmerlen suchen das Strömungsbett nach Wassertierchen ab, während kleine Fischschwärme sich zwischen den Wasserpflanzen verstecken. An vielen Stellen sind die natürlichen Wasserläufe durch landwirtschaftliche Nutzflächen ersetzt worden und bestehen nun als begradigte Bäche und Bewässerungskanäle fort, doch die meisten Wassertiere und Pflanzen überleben auch hier.

NEBENFLÜSSE

Wo Rinnsale, Bäche und Wasserläufe zusammenfließen, bilden sie größere Bäche und kleine Flüsse, die dem größeren Flusssystem zufließen. Diese Nebenflüsse können im Vergleich zum Hauptfluss unter-

ENDEMISCH ODER WEIT VERBREITET?

Zu einem Flusssystem können eine Reihe von Teichen, Seen, Sümpfen und Wasserwegen gehören, die nie mit dem Fluss in Verbindung stehen und geografisch isoliert sind. Selbst in diesen Gebieten gibt es viele Fische. In größeren isolierten Seen wie in Ostafrika oder Nordamerika findet man Fischarten, die es nirgendwo sonst gibt. Solche Arten nennt man endemisch. Im Malawi-See, einem der Rift-Valley-Seen Ostafrikas, leben z.B. über 600 endemische Fischarten. Dieser Umstand macht den See zu einem wichtigen Lebensraum, dessen natürlichen Zustand es zu schützen gilt.

Während manche Fischarten in bestimmten Flussgebieten endemisch sind, kann man andere in allen Flusssystemen der Welt finden. Diese weit verbreiteten Arten sind oft widerstands- und anpassungsfähige Fische, die von sehr unterschiedlicher Nahrung leben können. Vor vielen Tausenden (oder sogar Millionen) von Jahren, als die Landmassen noch miteinander verbunden waren, sind diese Fische zu verschiedenen Flusssystemen „gereist". Diese Flusssysteme bewegten sich dann mit den Kontinenten, dennoch bleiben die weit verbreiteten Fischarten häufig unverändert bestehen.

13

Im Mittel- und Unterlauf eines Flusses fließt das Wasser häufig am ruhigsten. Die Vegetation bietet den Fischen Schatten und die wellige Landschaft gewährleistet nur geringe Veränderungen im Flussverlauf.

schiedliche Wasserzusammensetzungen und Fischarten aufweisen.

Im riesigen Einzugsgebiet des Amazonas gibt es viele Nebenflüsse, von denen etliche größer als die meisten kleineren Flusssysteme weltweit sind. Jeder dieser Nebenflüsse ist aus der Ansammlung von Wasser in einem bestimmten Gebiet entstanden, und aufgrund der unterschiedlichen Fels- und Bodentypen besitzen alle eine spezielle Wasserzusammensetzung. Manche Fische der Nebenflüsse leben auch im Hauptfluss und damit verbundenen Nebenflüssen. Andere Arten sind vielleicht nur in einem Nebenfluss zu finden und „nicht bereit", in den Hauptfluss zu wechseln, wo die Bedingungen möglicherweise unpassend wären. Im Amazonas-Gebiet gibt es viele Corydoras-

Arten, die sich in Größe und Färbung nur wenig voneinander unterscheiden, von denen aber jede nur in bestimmten Amazonas-Nebenflüssen lebt.

Die Nebenflüsse sind seichter und enger als der Hauptfluss und haben auch häufiger Stellen mit dichtem Pflanzenbewuchs. Wasserpflanzen gedeihen in seichtem, langsam fließendem Wasser, wo sie mehr Licht bekommen und eine Vielfalt von Nährstoffen aufnehmen können, die aus dem Untergrund herausgelöst wurden.

DER HAUPTFLUSS

Sobald sich einige Nebenflüsse mit dem Hauptfluss vereint haben, verbreitert er sich zu einer weiten Wasserfläche, die eine Population größerer Fische und Tiere ernähren kann. Je nach Standort leben in der Flussmitte Barben, Cichliden, Welse und Karpfen, die bis zu einem Meter lang werden können. Sie sind häufig Raubfische, die sich von kleineren Fischen ernähren. An den Flussrändern bieten Büsche, dichte Schilfbetten oder kleine Uferpflanzen den kleineren Fischarten Unterstände und Brutplätze.

Die Wasserqualität im Hauptfluss schwankt nur wenig, obgleich sie im Jahreswechsel variieren kann, da Trocken- und Regenzeit den Wasserstand ändern. Wenn zwei Hauptflüsse zusammen fließen, können sie völlig unterschiedliche Wasserverhältnisse mitbringen, und es kann eine Weile dauern, bis sie sich völlig miteinander vermischt haben. Der Hauptfluss bewegt sich durch wechselnde Landschaften, und jede stellt im Wasser einen anderen Lebensraum her. In den Tropen fließt der Fluss vielleicht durch dichte Regenwald-Gebiete, die ein reiches Nahrungsangebot liefern, von Waldfrüchten und Samen bis zu Pflanzen- und Tierabfällen. Weiter flussabwärts weichen die Regenwälder offenen Savannen oder trockenen Wüsten.

In etwas gemäßigteren Breiten windet sich der Fluss durch flaches Grasland und bahnt sich einen Weg der Erosion, der sich über die Jahre verändert. Während das schneller fließende Wasser an der Außenseite einer Kehre in die Flussböschung einschneidet, werden Schlamm

und Sedimente an den ruhigeren Sandbänken der Innenseite abgelagert.

ÜBERFLUTETE WÄLDER

Die Größe und Geschwindigkeit kleiner Bäche und Zuflüsse ändert sich jedes Jahr, je nach Trocken- oder Regenzeit. Doch diese kleineren Wasserläufe haben nur ein begrenztes Einzugsgebiet, daher überfluten sie selten die Ufer oder treten über.

Im Hauptfluss hingegen besteht übers Jahr eine viel größere Fluktuation. Mit Beginn der Regenzeit erhöht sich der Wasserstand in allen Zu- und Nebenflüssen zur gleichen Zeit, dadurch kommt es zu einem immensen Wasserzulauf.

Der Fluss hat nur ein begrenztes Fassungsvermögen, tritt über die Ufer und überschwemmt das umliegende Land. In wichtigen tropischen Flusssystemen gehören große Fluten zum Jahreszyklus und bedecken oft Tausende von Quadratkilometern. Die Flut eröffnet den Fischen einen neuen weitläufigen Lebensraum, und viele pflanzen sich in dieser Zeit fort. Überschwemmte Pflanzen überleben die

ANPASSUNG

Fischarten können sich in relativ kurzer Zeit ändern und anpassen, wenn die Umweltbedingungen dies erfordern, obwohl es immer noch Zehntausende von Jahren dauert. Dabei spezialisieren sich die Fische und verändern sich körperlich, um in einem bestimmten Lebensraum überleben zu können.

Fische aus dunklen und schlammigen Sümpfen Südostasiens sehen z.B. weniger gut und verlassen sich stattdessen auf die erhöhte Wahrnehmung durch Tast- und Geruchssinn, um Futter zu finden. In schnell fließenden Bergbächen haben die meisten Fische torpedoförmige Körper, die die Abdrift verringern – daher der Begriff „stromlinienförmig". Manche Fische haben Mechanismen entwickelt, die es ihnen erlauben, das Wasser zu verlassen und sich an Land fortzubewegen, wenn ihr Lebensraum austrocknet.

Von den Bergen zum Meer

Viele Flüsse entspringen in den Bergen. Wenn Regen fällt, bilden sich winzige Bäche, die dann zusammenfließen.

Hier gibt es dichtes Pflanzenwachstum. In tropischen Gebieten entstehen Regenwälder, und das Leben im Fluss verändert sich. Früchte und Samen sowie Pflanzen- und Tierabfälle bieten den Fischen ein reichhaltiges Nahrungsangebot.

So weit flussabwärts ruft die Vereinigung zweier Flüsse ein großes Durcheinander hervor. Häufig unterscheidet sich die Wasserqualität des einen Flusses erheblich von der des anderen, und es kann eine Weile dauern, bis sich beide endgültig vermischt haben.

Der Hauptlauf des Flusses bildet sich, wenn die Bäche ineinander fließen. In diesem Bereich verläuft der Fluss noch in einer steinigen und unfruchtbaren Umgebung, unterbrochen von Wasserfällen und Stromschnellen.

Schließlich mündet der Fluss im Meer. Er breitet sich über ein großes Gebiet aus und führt nun sehr viel Schlamm mit sich. Im letzten Abschnitt des Flusses bewegt sich das Salzwasser flussaufwärts und abwärts. So entsteht im Mündungsgebiet ein ständig wechselnder Lebensraum.

Beim Verlassen des Waldes führt der Fluss organische Stoffe mit sich, die die chemische Zusammensetzung des Wassers verändern. Es ist nun weich, leicht sauer und vielleicht schlammig oder braun.

Jetzt ist der Fluss eine große Wassermasse. Während er sich durch das Land bewegt, kann er die Erde hier leicht abtragen. In jeder Außenkehre fließt das Wasser schneller und nimmt ein wenig Land mit. An der Innenkehre wird Sediment abgelagert und bildet dort Sandbänke.

Flut oder sterben, ähnlich wie viele kleine Landtiere. Es bildet sich ein Zustrom biologischer Materie, von der sich Fische oder kleine Wassertiere und Jungfische direkt ernähren, die dann wiederum die Nahrung für Fische und größere Wassertiere bilden.

Wenn das Wasser zurückgeht, bleiben kleine Teiche zurück, in denen isolierte Fischpopulationen leben. Die meisten Tümpel trocknen schließlich aus und die Fische darin sterben, doch andere überdauern, bis die nächste Flut kommt, und die Fischpopulation überlebt ebenfalls.

TIEFLAND-SÜMPFE

Auch die Sümpfe in tropischen Tiefland-Lebensräumen ändern ihre Größe mit den Flut- und Trockenzeiten, doch sie bleiben das ganze Jahr über bestehen. In diesen niedrig gelegenen, flachen Gebieten ist der Boden mit Wasser vollgesogen und trocknet nur selten aus. Das seichte Wasser des Sumpfes ist dicht mit Wasser-

Unten: *Dort, wo sich ein Fluss durch die flachen Tieflandgebiete schlängelt, wird der jährliche Zustrom von Flutwasser nicht von Bergen oder Tälern in Schach gehalten. In den Tropen, wie hier in Brasilien, können Überschwemmungen im Tiefland mehrere Monate anhalten.*

pflanzen bewachsen, und hier leben viele Fischarten. In dieser Umgebung ist das Sauerstoffniveau nachts sehr niedrig, weil Tiere und Pflanzen die geringen Reserven für ihre Atmung verbrauchen. Und unter den fast stagnierenden Bedingungen gibt es nur wenig Gasaustausch an der Wasseroberfläche. Viele hier lebende Fische sind an das dunkle, schlammige und sauerstoffarme Wasser angepasst. Manche können an der Oberfläche nach Luft schnappen und damit ihr Sauerstoffbedürfnis stillen. Viele am Grund lebende Welse und Schmerlen sind sehr kurzsichtig, verlassen sich jedoch stattdessen auf Tast- und Geruchssinn, um ihre Beute im schlammigen Untergrund aufzuspüren. In Tropengebieten kann die Temperatur in den Sümpfen auf über 30 °C steigen, denn das seichte Wasser absorbiert die Hitze schnell und hält sie.

BRACKWASSER

Wenn der Fluss schließlich sein Ziel, das Meer, erreicht, beginnt er, sich mit dem Salzwasser aus dem Meer zu vermischen, wodurch Lebensräume aus Brackwasser entstehen. Brackwässer entstehen jedoch nicht nur in der Nähe des Meeres, sondern können sich mehrere Kilometer landeinwärts erstrecken, da das Wasser sich mit Ebbe und Flut auf- und abbewegt. Obwohl in solchen Gewässern auch einige Flussfische leben, gehören die Mehrzahl der Fische speziellen Brackwasserarten an. Diese Brackfische haben sich an den ständig wechselnden Salzgehalt im Wasser angepasst und ernähren sich von den Futterquellen im sandigen Boden. Der nährstoffreiche Grund ist Lebensraum kleiner Tiere und Krustentiere, die von den organischen Abfallprodukten leben.

Häufig gedeihen in Tropengebieten um die Brackwasserbereiche große Mangrovensümpfe, sie bieten Schutz und Futter und schaffen einen Lebensraum mit klarem Wasser.

Weiter meerwärts teilt sich der Fluss, ehe er sich allmählich mit dem Meerwasser mischt. Die Verdunstung aus dem Meer bildet dann atmosphärischen Wasserdampf, der später zur Wolkenbildung und schließlich zu Regen führt, sodass der Kreislauf von neuem beginnen kann.

Unten: Mangrovesümpfe in tropischen Gebieten sind Lebensräume reich an organischen Stoffen. Sie unterstützen ein komplexes Netzwerk von Lebewesen, darunter die ungewöhnlichsten Fische und andere Tiere.

DIE WELT DES WASSERS

Zentralamerika

Die zentralamerikanische Region, einschließlich der Vereinigten Staaten und Mexikos, verfügt über eine Reihe von Fluss- und Bachsystemen. In den großen Flüssen leben viele der beeindruckenden, räuberischen Buntbarsche, während in Bächen und Wasserläufen kleinere Fische zu Hause sind. Für Aquarianer sind die kleinen Lebendgebärenden wie Guppys, Mollys, Schwertträger und Platys von besonderem Interesse.

Südamerika

Die große Mehrzahl aller Aquarienfische stammt aus Südamerika, wo das riesige Amazonas-Flusssystem mit seinen Nebenflüssen liegt. Die beliebtesten Arten wie Skalare, Tetras und Diskusbuntbarsche kommen aus dem Amazonasbecken, ebenso wie viele Welse, Barben und Rasboras. In den Bergen, Regenwäldern und Tiefebenen Südamerikas existieren viele verschiedene Lebensräume, die Heimat jeweils eigener Fischarten sind. Man findet in Südamerika saure Tümpel, Bergbäche, offene Flüsse, Mangroven, überflutete Wälder und Flussmündungen, der Aquarianer hat also eine reiche Auswahl für die Gestaltung von Lebensräumen und Aquarienlandschaften.

China

Die größeren Flusssysteme Chinas sind von Menschenhand ökologisch geschädigt, allerdings gibt es dort noch Barben- und Karpfenarten. Doch die meisten interessanten Fische dieser Region leben in den zahlreichen Gebirgsbächen, die die größeren Flusssysteme speisen. Dazu gehören viele kleine Schmerlen, Aufwuchs- ebenso wie Algenfresser, zusammen mit einigen kleinen Welsen. Im Zoofachhandel findet man vor allem Fische wie den Kardinalfisch und den Chinesischen Flossensauger.

Europa

Das europäische Klima kann als gemäßigt bezeichnet werden, und viele Fische aus dieser Region passen sich gut an kältere Bedingungen an. Zu den kleinen Fischen dieser Lebensräume gehören Elritzen, Stichlinge, Bitterlinge, Sonnenbarsche und größere Arten von Rotfedern und Karpfen, die häufig als Teichbesatz verkauft werden. Manche Schmerlen und Algenfresser gibt es auch in europäischen Regionen, doch Welsarten nur begrenzt.

Südostasien und Indonesien

Auf den Indonesischen Inseln gibt es nur wenige größere Flusssysteme. Doch in den Tieflandsümpfen, Bächen und kleinen Flüssen gedeihen viele Fische. Zu den gewöhnlichen Aquarienfischen aus dieser Region gehört ein Großteil der Guramis, kleinere Barben wie die Sumatrabarbe, Rasboras und etliche Schmerlen wie die Prachtschmerle, das Gefleckte Dornauge und der Feuerschwanz-Fransenlipper.

Mangroven

Mangrovengebiete gibt es überall in den Tropen, und dort sind die meisten Fische beheimatet, die in ein Brackwasser-Aquarium passen. Mangroven sind sehr nährstoffreich und enthalten viele organische Stoffe und Mineralien, die von der Strömung der Flüsse hier angetragen wurden. Auf den ersten Blick erscheinen die Unterwasser-Lebensräume schlammig und öde, doch in dem fruchtbaren Schlamm leben viele Organismen, die eine wichtige Nahrungsquelle für Fische bilden. Brackwasser-Aquarienfische wie Argusfische, Flossenblätter, Schlammspringer und Schützenfische sind hier zu Hause.

Afrika

Afrika ist ein Kontinent mit einigen der größten Flusssysteme der Erde, dazu gehören Kongo (Zaire) und Sambesi. Außerdem liegen hier die drei großen Seen des Rift Valley, Tanganjika-, Victoria- und Malawi-See. Die Artenvielfalt afrikanischer Fische ist enorm, und die Zahl afrikanischer Arten für Aquarien wird nur von denen aus südamerikanischen Gewässern übertroffen. Der Kongo ist in vielen Bereichen ein schnell fließender Fluss. Dort findet man zahlreiche Welse wie Synodontis spp. und große afrikanische Cichliden. Im Gegensatz dazu sind in von Regenwald geprägten Abschnitten, zahlreichen Teichen und Nebenflüssen viele kleinere Fische zu Hause. Die Rift-Valley-Seen bieten Tausende von Buntbarscharten fürs Aquarium.

Australien und Neuguinea

Die Landschaft und Ökologie Australiens ist unglaublich abwechslungsreich, vom gemäßigten Buschland bis zum tropischen Regenwald. Im Landesinnern gibt es in den Wüstenregionen kleine Wasserlöcher, Flüsschen, Bäche und saisonale Flüsse mit vielen isolierten und unterschiedlichen Fischpopulationen. Obwohl australische Fischarten sehr interessant sind, werden im Aquarienfachhandel nur wenige angeboten. Das liegt zum großen Teil an den strengen Kontrollen bei Im- und Exporten von Tieren. Fische aus der Familie der schönen Regenbogenfische sind aber ohne weiteres fürs Aquarium erhältlich, außerdem eine Anzahl verschiedener Wels- und Barbenarten.

So leben Fische

Neben Hunden und Katzen gehören Fische zu den beliebtesten und am häufigsten gehaltenen Haustieren. Auf den ersten Blick scheinen sie keine besonders interessante Gesellschaft zu bieten, da sie weder Zuneigung erwidern noch mit ihren Besitzern kommunizieren können. Ihre Beliebtheit bei erfahrenen Fischhaltern entspringt häufig der Beobachtung von Verhaltensweisen, die bei jeder Art anders sind. Da dem Aquarianer mehrere hundert Arten zur Auswahl stehen, ist ein Reichtum an Farben, Formen und Verhaltensweisen zu beobachten. Einmaliges Fress-, Brut- und Territorialverhalten stellen sicher, dass ein gut bestücktes Aquarium stets faszinierende Einblicke in die Natur bietet.

Es ist ein grundlegendes menschliches Bedürfnis, solchen Beobachtungen einen Sinn zu geben, und ein erster Schritt auf unserem Weg zum Verständnis von Fischen besteht darin, ihre Körperabläufe und ihr Leben im Wasser näher zu betrachten. Dabei sollte man auch verstehen, wie sie sich entwickelt haben und warum sie in so unterschiedlichen Lebensräumen zu finden sind.

DIE EVOLUTION DER FISCHE

Fische entwickelten sich zunächst im Meer, und es ist anzunehmen, dass auch komplexe Landtiere wie Reptilien, Säugetiere und Vögel von den frühen Fischen abstammen. Nach dem heutigen Stand gibt es etwa 20 000 bekannte Fischarten, obwohl wahrscheinlich noch Tausende von unentdeckten und unklassifizierten Arten existieren. Von den bekannten Fischen leben über 40 % im Süßwasser, obwohl die Süßwasser-Lebensräume im Vergleich nur einen Bruchteil des Wassers umfassen, das in den Meeren vorhanden ist. Dieses „Ungleichgewicht" liegt an den stark örtlich begrenzten Umweltbedingungen. In den Ozeanen variiert die Wasserqualität vielleicht in bestimmten Küstenbereichen etwas, doch im Allgemeinen ist sie weltweit relativ stabil und gleich bleibend. Obwohl auch viele Meeresfische sich aus Gründen der Sicherheit und Nah-

Links: Die Form des Marmorierten Beilbauchfisches (Carnegiella strigata) *wird durch einen vergrößerten Muskel hervorgerufen. Der Fisch benutzt diesen Extra-Muskel, um sich bei Gefahr aus dem Wasser zu „katapultieren".*

rungsverfügbarkeit auf ein begrenztes Gebiet beschränken, stellt das Meer doch einen weiträumigen Lebensraum mit nur wenigen natürlichen „Schranken" dar. Im Gegensatz dazu können die Lebensbedingungen im Süßwasser innerhalb eines recht kleinen Bereichs erheblich schwanken. Außerdem bilden sich viele isolierte Lebensräume aufgrund natürlicher Landbarrieren.

Im Lauf von Jahrmillionen sind Meeresfische in Süßwasserregionen gewandert, wo sie in bestimmten Lebensräumen isoliert wurden, sich unabhängig verändert haben und eine neue Art ausbildeten. Unterschiedliche Kombinationen aus Wasserqualität, Nahrungsquellen, natürlichen

Unten: Alle Fische überleben in einem bestimmten Habitat. In diesem dicht bewachsenen Gewässer Brasiliens leben viele Pflanzenfresser, Raubfische und Aufwuchsfresser.

Feinden und Umweltbedingungen in Süßwasser-Lebensräumen haben eine große Zahl ökologischer Nischen geschaffen. Fische haben sich in diesen Nischen angesiedelt und in andere Arten verwandelt, die ideal an diese Bedingungen angepasst sind.

Eines der eindringlichsten Beispiele dafür, geografisch auf engem Raum, findet sich in den Rift-Valley-Seen Afrikas, besonders aber im Malawi-See.

EVOLUTION

Evolution findet dann statt, wenn bei einem Tier eine leichte genetische Veränderung auftritt, die sein Überleben entweder behindert oder fördert. Ist sie hilfreich, werden die Gene, die diese Veränderung tragen, an einige seiner Jungen weitergegeben. Diese haben dann selbst eine größere Chance, zu überleben und diese Gene an ihre Jungen zu übermitteln. Wenn die genetische Veränderung ein Hindernis ist, verringert sich diese Chance. Obwohl diese genetischen Veränderungen nur minimal sind, können sie mit der Zeit Größe, Farbe, Aussehen oder Verhalten eines Tieres völlig verändern, ja sich sogar auf seine biologische Struktur auswirken.

Aufgrund ihres Territorialverhaltens und der Tatsache, dass sie einen felsigen Lebensraum bevorzugen, halten sich die Cichliden des Malawi-Sees meist bei besonderen Felsformationen auf. So haben sich individuelle Fischgruppen isoliert und unabhängig voneinander zu verschiedenen Arten entwickelt, wobei sie physiologische Veränderungen ausgeformt haben, die ihnen helfen, in dieser speziellen Felsformation zu überleben. Das Endergebnis war die Entwicklung von über 600 Arten.

DIE SINNESORGANE

Fische besitzen den gleichen Tast-, Geschmacks-, Geruchs-, Seh- und Gehörsinn wie Menschen und höhere Tiere. Sie verfügen darüber hinaus noch über einen weiteren Sinn, das Seitenlinienorgan, das auf Druckwechsel reagiert. Manche Fische nutzen zudem ein weiteres System der Wahrnehmung, das auf elektrischen Fel-

Unten: Mithilfe der stark verzweigten Barteln an der Unterseite dieses Synodontis robertsi *kann der Fisch Nahrung finden, ohne sich auf seinen Sehsinn zu verlassen.*

Unten: Die in Felsen wohnenden Cichliden der afrikanischen Rift-Valley-Seen haben ein hoch spezialisiertes Fressverhalten. Im Maul befinden sich viele kleine „Zähne", mit denen sie Algen abgrasen können.

dern beruht. Die Genauigkeit jedes Sinnes hängt davon ab, wie nützlich er im Lebensraum eines Fisches ist. So ist der Sehsinn für Welse, die im von Detritus bedeckten Bodengrund schlammiger Flüsse leben, von recht geringem Nutzen. Unabhängig davon, wie gut sie sehen, könnten sie kaum etwas Wichtiges erkennen, daher verlassen sie sich eher auf andere Sinne. Große Raubfische hingegen sind in klaren, übersichtlichen Gewässern sehr stark auf ihre Augen angewiesen, um ihre Beute zu fangen. Das gilt ebenso für kleinere Fische, die sich von Insekten an der Wasseroberfläche ernähren. Obgleich also alle Fische die gleichen Sinnesorgane

besitzen, ist die Ausprägung dieser Sinne vom evolutionären „Weg" eines Fisches abhängig.

IM DUNKELN FÜHLEN

Die meisten Welse besitzen schnurrbartartige Fortsätze, die die unmittelbare Umgebung abtasten und dem Fisch helfen, sich zu bewegen und Nahrung zu finden. Diese Barteln sind nicht nur tastempfindlich, sondern auch mit Geschmacksrezeptoren besetzt, die chemische Signale aufnehmen und sogar Eigenschaften der Wasserqualität wie Temperatur, Sauerstoffniveau und Salzgehalt erkennen können. Fische mit kleineren Barteln wie Mitglieder der Karpfenfamilie (dazu gehört auch der Goldfisch), kleinere Welse wie *Corydoras*-Arten und Schmerlen benutzen ihre Barteln dazu, Futter in der obersten Schicht des Bodengrundes aufzuspüren. Das erlaubt es den Fischen, dauernd Nahrung zu suchen, gleichzeitig aber auch zu sehen, was um sie herum geschieht.

Die Barteln mancher großer Raubwelse können länger als ihr Körper sein. Sie werden dazu verwendet, die Beute vor dem Angriff aufzuspüren und die unmittelbare Umgebung abzutasten. Die Wirkung der Bartfäden lässt sich beobachten, wenn diese größeren Welse in einem Aquarium gefüttert werden. Wenn das Futter im Wasser ist, bewegen sich die Barteln und signalisieren damit, dass der Wels den Geruch oder die chemischen Signale der Futterquelle wahrnehmen kann. Sobald ein Bartfaden das Futter berührt, „weiß" der Fisch sofort genau, ob es essbar ist, und in diesem Fall verschluckt er es schnell.

Die Anabantoiden besitzen ähnliche Fortsätze, Verlängerungen der Brustflossen, die auch mit Geschmacks- und chemischen Rezeptoren ausgestattet sind.

In den Sümpfen mit geringer Sichtweite, in denen diese Fische leben, können

solche „Fühler" Bereiche mit höherem Sauerstoffgehalt erkennen und Gegenstände abtasten. Im Aquarium sieht man sie häufig andere Fische oder Futterquellen berühren, um mehr „Informationen" zu erhalten.

UNTER DRUCK

Fische erkennen Veränderungen des Wasserdrucks mithilfe des Seitenlinienorgans. Bei den meisten Fischen kann man eine Linie kleiner Narben oder Poren entlang ihrer Flanken erkennen, die sich vom Kopf bis zur Schwanzflosse erstreckt. Durch diese Poren kann Wasser in einen feinen Kanal fließen, der unter der Haut des Fisches verläuft. Bei Druckveränderungen in der Nähe bewegt sich das Wasser im Kanal und berührt kleine Härchen, die mit den Nervenzellen im Innern des Kanals verbunden sind, durch die Nervenimpulse ans Hirn weitergegeben werden.

Die Fähigkeit, Druckveränderungen im Wasser wahrzunehmen, ermöglicht es den Fischen, Gegenstände und die Bewegung anderer Fische in der Nähe zu erkennen. Druckveränderungen lassen sich mit dem Kielwasser eines Bootes vergleichen. Wenn ein Fisch oder andere Gegenstände sich vorbeibewegen, erzeugen sie ein kleines Kielwasser, das von anderen Fischen mittels ihres Seitenlinienorgans als Druckveränderung wahrgenommen wird. Das gleiche System ermöglicht es den Fischen, veränderte Druckverhältnisse und Wasserbewegung zu spüren, wenn sie sich auf ein Objekt zu bewegen.

Diese Fähigkeit erlaubt es dem Fisch, sich in seiner Umgebung zu bewegen und schnell um Gegenstände herum zu schwimmen, wenn er von einem Räuber gejagt wird. Auch Schwarmfische spüren so die Bewegungen der anderen Fische und bleiben dadurch eng zusammen, ohne ständig miteinander zu kollidieren. Im Aquarium können Druckwellen durch äußere Vibrationen wie Lärm oder ans Glas klopfende Menschen entstehen. Wenn dies geschieht, „hören" sich die Druckwellen für die Fische genauso an, als ob man neben unserem Ohr ein Gewehr abfeuert.

EIN AUGE FÜR ALLE GELEGENHEITEN

Fischaugen sind unseren und denen anderer höherer Tiere ziemlich ähnlich. Doch sie besitzen auch einige Modifikationen, und manche Fische sehen besser als andere. Wasser bricht Licht stärker als Luft und verringert schnell dessen Helligkeit. Für ans Land gewöhnte Augen ist es daher schwieriger, Entfernungen einzuschätzen, und je tiefer man geht, desto weniger Licht steht zur Verfügung. Tatsächlich können viele Fische kaum räumlich sehen. Das liegt daran, dass ihre Augen auf beiden Seiten des Kopfes liegen und die Sichtfelder sich nicht überlappen. Der Vorteil besteht aber darin, dass sie dadurch ein Rundum-Sichtfeld von beinahe 360° haben, was wahrscheinlich viel nützlicher ist, um Räubern auszuweichen, als die Fähigkeit, Entfernungen zu beurteilen.

Allgemein lässt sich der Sehsinn bei Fischen in zwei Kategorien einteilen: Farbwahrnehmung und Hell-Dunkel-Sehen. Farbwahrnehmung ist für Fische wichtig, die in klaren, von Licht durchfluteten Gewässern leben, und dient dazu, Artgenossen von gefährlichen Fischen zu unterscheiden. Rifffische sind sehr stark von dieser Farberkennung abhängig, daher besitzen viele von ihnen leuchtende Farben. Doch für Fische, die sich zum Überleben auf andere Sinne stützen oder von Natur aus nachtaktiv sind, kann eine erhöhte Lichtwahrnehmung sinnvoller sein.

DAS SEITENLINIENORGAN

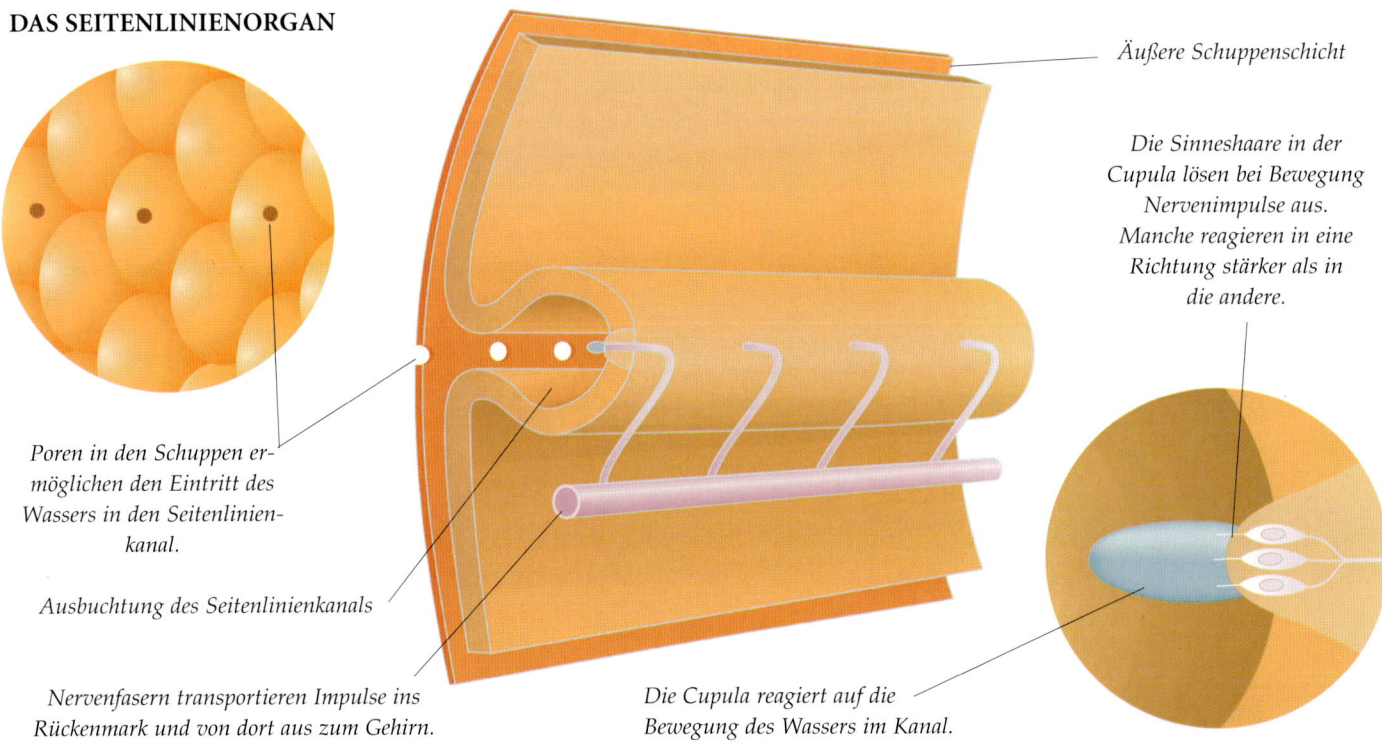

Äußere Schuppenschicht

Die Sinneshaare in der Cupula lösen bei Bewegung Nervenimpulse aus. Manche reagieren in eine Richtung stärker als in die andere.

Poren in den Schuppen ermöglichen den Eintritt des Wassers in den Seitenlinienkanal.

Ausbuchtung des Seitenlinienkanals

Nervenfasern transportieren Impulse ins Rückenmark und von dort aus zum Gehirn.

Die Cupula reagiert auf die Bewegung des Wassers im Kanal.

RUND-BLICK

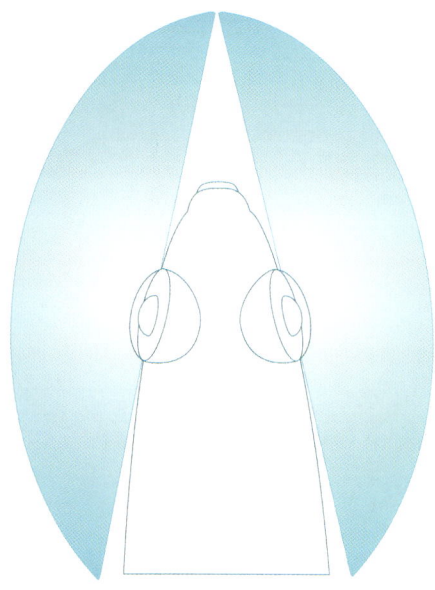

Oben: Das Sichtfeld dieser seitlich liegenden Augen deckt einen großen Bereich ab, überlappt aber nicht. Daher ist kein räumliches Sehen möglich.

Bei vielen Welsen liegt der Schwerpunkt beispielsweise eher auf der Lichtwahrnehmung. Deshalb sind diese Fische auch nur selten bunt gefärbt.

KÖRPERFORM UND BEWEGUNG

Durch Beobachtung von Körperform und Eigenschaften eines Fisches lassen sich Rückschlüsse auf seine natürliche Umgebung ziehen. Die Maulstellung gibt Aufschluss darüber, wie und wo ein Fisch frisst. Eine oberständige Schnauze – unter Lebendgebärenden und Anabantoiden weit verbreitet – lässt erkennen, dass der Fisch an der Wasseroberfläche Futter aufnimmt, möglicherweise Insekten oder treibende Samen. Andererseits weisen unterständige Mäuler wie bei Schmerlen solche Fische als Bodenfresser aus. Mittlere oder endständige Schnauzen sind bei Mittwasser-Fischen zu finden, die sowohl an der Oberfläche als auch im offenen Wasser fressen.

Die Körperform deutet auch darauf hin, wie der Fisch sich in freier Natur verhält. Fische mit großen, seitlich zusammengepressten Körpern wie Skalare und Guramis könnten nicht in schnell fließendem

Wasser leben, wo ihr Körper eine immense Abdrift erfahren würde. Stattdessen leben diese Fische in ruhigeren Gewässern zwischen Pflanzen, wo ihre Körperform es ihnen erlaubt, elegant zwischen den Stängeln hindurch zu gleiten. Manche Welse und Schmerlen besitzen einen abgeflachten Körper, der viel breiter als hoch ist. Das hilft den Fischen, unentdeckt zu bleiben und erlaubt ihnen, sich in Spalten unter Felsen, Holz oder anderen Gegenständen zu verstecken. Die meisten Fische haben torpedoförmige Körper. Das verringert die Abdrift und ermöglicht die mühelose Bewegung im offenen Wasser. Bei manchen Fischgruppen hat der Körper eine ungewöhnliche Form oder Größe ausgebildet. Dies dient in den meisten Fällen dazu, das Überleben der Fische zu sichern. Beilbauchfische sind z.B. oben flach und haben zur Körperunterseite hin ein halbrundes Profil. Die flache Oberseite und das oberständige Maul sind eindeutige Indikatoren dafür, dass diese Fische an der Wasseroberfläche leben. Im halbrunden Bauch befinden sich starke Muskeln, mit deren Hilfe der

MAULSTELLUNG

Ein langer Unterkiefer gibt dem Maul eine eigentümliche Form und zeigt, wie der Fisch frisst, indem er sich dem Futter von unten nähert.

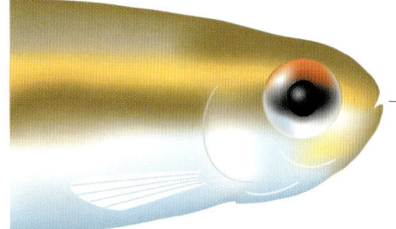

Endständige Mäuler sind typisch für Mittwasser-Fische und erlauben es dem Fisch, sein Futter frontal zu erreichen.

Fisch plötzlich aus dem Wasser „springen" kann, um Raubfischen zu entkommen. Eine weitere Art mit ungewöhnlicher Körperform ist der Schützenfisch. Er feuert Wasserfontänen auf an Zweigen über dem Wasser hängende Insekten ab.

Andere Fische nutzen Körperform und -farbe zur Tarnung. Welse aus der *Farlowella*- und *Sturisoma*-Gruppe besitzen lang gestreckte, dünne Körper, die Zweige am Bodengrund nachahmen. Der Blattfisch (*Monocirrhus* spp.) verdankt seinen passenden Namen seiner blattartigen Körperform und -farbe und schwimmt oft auf eine „dahintreibende" Art, wie ein fallendes Blatt. Einige Welse weisen sogar noch bizarrere Tarntechniken auf; sie entwickeln Hautausstülpungen, durch die sie wie Ablagerungen am Flussboden wirken, und entgehen so der Aufmerksamkeit von Raubfischen.

SCHWÄRME ODER SCHULEN

Viele Fische zeigen im Aquarium ungewöhnliche Verhaltensweisen, die fast immer durch ihren natürlichen Lebensraum bedingt sind, wo solch ein Verhal-

Verlängerte Oberkiefer kann man bei Fischen beobachten, die sich ihrem Futter von oben nähern, wie bei gründelnden Fischen, die am Bodengrund fressen.

ten ihr Überleben sichert. Schwarm- oder Schulenbildung gehört dabei zu den bekanntesten Verhaltensmustern, man findet es vor allem bei kleinen und mittelgroßen Fischen.

Ein Schwarm ist eine Fischgruppe, die eng zusammen schwimmt, wobei Einzelfische oft den Bewegungen der anderen folgen. In einer Schule hingegen halten die Fische stets einen bestimmten Abstand voneinander und bewegen sich fast wie ein Objekt, dabei imitiert jeder Fisch die Bewegungen der anderen Fische um ihn herum. Im Meer verhalten sich Fischschulen so, um viel größer zu erscheinen und damit Raubfische abzuschrecken. Schwärme funktionieren in ähnlicher Weise, und für viele Fische, wie die meisten Tetras, steigt damit die Chance, Nahrung zu finden, und verringert sich die Gefahr, gefressen zu werden.

TERRITORIAL- UND BRUTVERHALTEN
Bei manchen Aquarienfischen ist Territorialverhalten normal, fast alle Buntbarsche zeigen es. Territorialverhalten entspringt meist der Notwendigkeit, Junge zu beschützen oder einen passenden Paarungspartner anzulocken. In freier Natur geraten Fische nur selten in Konflikt miteinander, und durch eine Reihe von „Droh"-Bewegungen können zwei Einzelfische sehr schnell herausfinden, wer der Dominante ist. Dieser bleibt dann am Platz, während der andere einfach davon schwimmt. Im Aquarium geht dies nicht, daher treten dort Konflikte weit häufiger auf und „Einschüchterung" kann vorkommen.

Schauverhalten kann auch zur Anlockung eines Paarungspartners dienen, aus „flatternden" Bewegungen und der Zurschaustellung von Flossen und Farben bestehen. Die Männchen sind häufig farbenprächtiger als die Weibchen, und wenn die Brutbedingungen gut sind, können die Farben sogar noch intensiver werden.

DIE AQUARIEN-UMGEBUNG
Die Evolution hat bekanntlich Größe, Farbe und Verhalten der Fische „geformt", und diese sichtbaren Zeichen sind hilfreich, um die richtige Umgebung zu erkennen, die jede Art benötigt. In der Praxis bedeutet das: Die Schaffung einer passenden Landschaft hängt von verschiedenen Faktoren ab, auch solchen, die zunächst unwesentlich erscheinen, wie die Art der Pflanzen, die Farbe des Bodengrunds und die Strömung des Wassers. Um die meisten Fische richtig zu halten, ist es nötig, sich mit ihrem natürlichen Lebensraum und ihrer Lebensweise vertraut zu machen. Tetras müssen in Gruppen gehalten werden, viele Welse brauchen Verstecke, Anabantoiden benötigen eine dichte Vegetation, Fische in matten Farben meiden eher helles Licht, Cichliden sollten genau ausgewählt werden, um territoriale „Tyrannen" auszuschließen – die Liste ist endlos. Die Bereitstellung eines naturnahen Aquariums, in dem sich Elemente befinden, die dem natürlichen Lebensraum entsprechen, stärken Gesundheit, Farbe und Widerstandsfähigkeit der Fische gegen Krankheiten und fördern natürliche Verhaltensweisen. Ein Aquarium, im Einklang mit der Natur, ist weitaus gesünder für die Fische und macht die Beobachtung interessanter.

Rechts: Die Odessabarbe (Puntius ticto) ist ein Schwarmfisch, der in Gruppen lebt. Das erhöht seine Chancen, Futter zu finden, und verringert die Gefahr, gefressen zu werden.

EIN ZWEITES ZUHAUSE

In unpassender Umgebung werden Fische gestresst und krank. Obwohl die Wasserverhältnisse im Aquarium ideal sein mögen, leidet ein Fisch, dessen Entwicklung ihn ans Überleben in einem bestimmten Lebensraum angepasst hat, wenn er in eine völlig andere Landschaft eingesetzt wird. So wird sich z. B. ein Fisch, der an einen dicht bewachsenen Lebensraum mit vielen Versteckmöglichkeiten gewöhnt ist, in einem recht leeren Becken ziemlich unwohl fühlen. Der Fisch „weiß" nicht, dass es hier keine Raubfische gibt und ist daher, ohne die Sicherheit von Verstecken, permanent gestresst. Schließlich wird er krank und kann sogar eingehen.

Bodengründe und Dekoration

Die „Hardware" des Aquariums – Bodengrund, Holz, Felsen und Kies bilden zusammen die Dekoration, und je nach Kombination dieser Bestandteile entsteht daraus das individuelle Erscheinungsbild und der Stil der Landschaft. Aber die Dekoration hat nicht nur einen ästhetischen Wert, sie spielt auch bei der Gestaltung des Lebensraums, der zu den Bewohnern des Aquariums passt, eine wichtige Rolle. So sorgt z. B. die Wahl des richtigen Bodengrundes für eine gute Verwurzelung der Pflanzen und bietet Nährstoffe für ihr kontinuierliches Wachstum und die allgemeine Gesundheit. Die Dekoration dient auch praktischen Zwecken, um große Filter oder Rohre im Aquarium zu verbergen oder um bestimmte Arten zu Brutverhalten anzuregen.

AUSWAHL DES BODENGRUNDES

Es gibt vielerlei Sorten und Beschaffenheit von Bodengründen, man sollte jedoch nur solche wählen, die auch für Aquarien hergestellt wurden. Obwohl man Kies und andere Füllmaterialien oft günstig in großen Mengen in Geschäften erwerben kann, die nicht mit Aquarienbedarf handeln, sind vielen Mischsubstraten oft kalkhaltige Bestandteile beigemischt, die die Wasserqualität beeinträchtigen können. In manchen Fällen können sie sogar metallhaltige Schadstoffe enthalten.

Das richtige Substrat ist in jedem Aquarium mit natürlichen Pflanzen wichtig. Die Pflanzen entnehmen dem Bodengrund einen Großteil ihrer Nährstoffe, und obwohl ein Standardsubstrat ausreichend Wurzelgrund bieten mag, enthält es gewöhnlich keine Nährstoffe und ist daher dem Pflanzenwachstum nicht dienlich.

Mischungen von Füllmaterialien, wie speziell zusammengestellte nährstoffreiche, inaktive oder kalkfreie Substrate, enthalten große Mengen verfügbarer Nährstoffe und eignen sich daher besser. Wenn man die Bodengründe auf diese Weise zusammenstellt, lassen sich für Aquariumpflanzen eher natürliche Bedingungen schaffen. Man kann noch einen Schritt weiter gehen und Heizkabel am Boden des Beckens anbringen, ehe man das Füllmaterial einbringt. Die Kabel heizen das Substrat langsam auf und bringen die Nährstoffe in Bewegung, die dann von den Pflanzenwurzeln leicht aufgenommen werden können (siehe S. 28).

Auch Fische bevorzugen einen bestimmten Bodengrund, der dem in ihrer natürlichen Umgebung entspricht. Fische, die aus kleinen Bächen und Nebenflüssen

Oben: In einem typischen Flussbett findet sich eine Mischung aus schlammigem, schwemmstofffreiem Untergrund und Kieseln oder Steinbrocken. In schnell fließenden Gewässern wird Sand davongeschwemmt, sodass der nackte Fels zurückbleibt, während er in ruhigerem Wasser auf den Grund sinkt.

Unten: *In diesem ruhigen, langsam fließenden Wasserlauf werden auf dem felsigen Bett Sedimente abgelagert und bilden eine Schicht. An den Rändern ist diese Schicht dicker und bietet einen idealen Wurzelgrund.*

Viele große Algenfresser wie dieser beeindruckende Panaque nigrolineatus *nutzen den sandigen oder schlammigen Bodengrund, um sich einzugraben, sich zu verstecken und in felsigen Bereichen Algen abzugrasen.*

stammen, sind wahrscheinlich an kleine, helle und abgeschliffene Kiesböden, ähnlich dem Feinkies in Aquarien, gewöhnt. Corydoras-Welse z. B. verbringen gern ihre Zeit damit, in solchen Böden nach kleinen Tieren und anderer Nahrung zu suchen. Andererseits verstecken sich kleine Schwarmfische wie Tetras in den Pflanzen im Uferbereich und suchen Verstecke und Deckungsmöglichkeiten. In freier Natur leben sie in Gebieten mit oft dunklem und erdigem Substrat. Die Fische nutzen diese schattigen Verhältnisse zur Tarnung, denn von oben verschmelzen sie mit dem Bodengrund, während sie von unten gegen die hellere, sonnige Oberfläche blass aussehen. Manche Schmerlen, besonders solche aus Indonesien, sind in langsam fließenden, sumpfartigen Gewässern zu Hause und bevorzugen trübe, erdige Bodengründe, in denen sie nach Futter graben und sich vor Raubfischen verstecken können. Obwohl ein solches Substrat im Aquarium nicht so einfach nachzubauen ist, gibt es bestimmte, kleinkörnige Bodengründe, die den Bedürfnissen der Fische zumindest nahe kommen.

Ohne zusätzliche Dekoration kann der Bodengrund sich auch auf die Gesundheit der Fische auswirken. Schreckhafte Arten, die man in einem Aquarium mit ungünstigem Untergrund hält (z. B. Tetras mit sehr hellem oder blassem Substrat), können Stress empfinden, was das Immunsystem schwächt und sie anfälliger

für Krankheiten macht. Die Auswahl des richtigen Bodengrundes ist daher wichtiger, als es auf den ersten Blick scheint und sollte gründlich überlegt sein. Man sollte versuchen, die Erfordernisse von Fischen und Pflanzen im Gleichgewicht zu halten. In den meisten Fällen ist für Fische nur die sichtbare obere Schicht von Bedeutung, während die Bedürfnisse der Pflanzen in den mittleren und unteren Schichten liegen.

BODENGRUND-SORTEN
Dienen einige Substrate praktischen Zwecken, normalerweise dem Pflanzenwachstum, besitzen andere dekorative Eigenschaften, die zur Schaffung einer bestimmten Art von Landschaft eingesetzt werden. Statt nur einen einzigen Bodengrund einzusetzen, zeigt die Mischung verschiedener Substrate oft interessante Ergebnisse. Die meisten Aquarien-Bodenzusätze sind inert, verändern die Wasserqualität daher nicht, man sollte dies jedoch vor dem Kauf stets genau prüfen. Manche Bodengründe wie Korallensand oder -kies sind für Meeresaquarien gedacht und besitzen einen hohen Calciumanteil. Wenn man sie in ein Süßwasserbecken gibt, würden sich pH- und Härtegrade schnell erhöhen. Nur Hartwasser-Arten wie einige Cichliden aus den afrikanischen Rift-Valley-Seen lassen sich auf solchen Substraten halten.

Für Pflanzen sollte man nur inaktive Bodengründe verwenden oder solche, die

die Wasserhärte nicht erhöhen, dabei sind kleinkörnige denen mit größerem Korn vorzuziehen. Das Wasser bewegt sich durch grobkörniges Substrat sehr schnell, wäscht dabei Nährstoffe aus und verhindert so den Nährstoffaufbau im Boden. Wenn man natürliche Pflanzen mit grobem Kies kombinieren möchte, kann man als Kompromiss das kleinkörnige Hauptsubstrat mit einer dünnen (1–2 cm) Schicht groben Bodengrunds bedecken.

Feinkies ist dem Bodengrund in einem Bach oder Gebirgsfluss sehr ähnlich und wird am häufigsten als Aquariensubstrat verwendet. Er ist meist inert, ab und zu enthalten Kiese aber auch Gesteinstypen, die den pH-Wert leicht erhöhen können (und das Wasser alkalischer machen). Die erhältlichen Korngrößen liegen zwischen 1–2 mm und 10 mm. Wasserpflanzen können in feinstem Material am besten wurzeln, aber kalkfreier Quarzkies ist oft die bessere Alternative. Um eine realistische Flussbett-Landschaft zu schaffen, verwendet man alle Korngrößen und kombiniert sie mit einigen kleinen Kieselsteinen. Feinkies lässt sich auch als oberste Schicht über feinerem Bodengrund einsetzen, der manchmal ein besserer Pflanzgrund ist.

Feinkies ist meist ziemlich hell, lässt sich aber abdunkeln, indem man ihn mit kontrastierendem schwarzem Quarz oder Kies mischt. Diese Mischungen können sehr wirkungsvoll aussehen, besonders in Teich- oder Überflutungs-Wald-Aquarien.

Quarzkies wird oft als „kalkfrei" verkauft, ist völlig inaktiv und der ideale Bodengrund für Pflanzen und Weichwasser-Becken. Quarzkies hat meist eine blasse goldbraune Farbe, die sich gut für den Aufbau einer authentischen Tieflandflussumgebung eignet, ist aber auch in Schwarz und strahlend weiß erhältlich.

Schwarzer Quarz ist ideal für schreckhafte Schwarmfische wie Tetras, wirkt eindrucksvoll, aber nicht unnatürlich und erhöht die Farbwirkung von Fischen und Pflanzen. Aufgrund seiner geringen Korngröße ist Quarz ein idealer Wurzelgrund für Wasserpflanzen.

In einem Aquarium mit vielen Pflanzen sollte man Quarz als Hauptbodengrund verwenden, aber nach Möglichkeit auch etwas nährstoffreiches Substrat hinzufügen.

Sand gibt es in unterschiedlichen Formen, sogar feinstkörnig, aber im Allgemeinen haben Sandkörner einen Durchmesser von weniger als einem Millimeter. Für Aquarien eignet sich jede Art von Sand, doch nur „Aquariensand" ist völlig inert und wird normalerweise auch im Aquarienhandel angeboten. Da er sehr fein, fast staubig, ist, verdichtet sich der Aquariensand im Aquarium sehr schnell und stoppt praktisch den Wasserfluss völlig, was zu Sauerstoffmangel und damit anaeroben Verhältnissen im Bodengrund führt. Wenn dies geschieht, können sich die betroffenen Bereiche schwarz verfärben und giftige Substanzen wie Schwefelwasserstoff bilden, der den Fischen gefährlich werden kann. Dieses faul riechende Gas kann zu Pflanzenfäule führen und die Bildung von Algen fördern. Wenn man den Sand vorsichtig mit den Fingern aufwühlt, lässt sich eine Verdichtung verhindern und Sauerstoff gelangt in den Bodengrund. Ein dünnes Sandsubstrat verdichtet nicht so schnell wie ein dickeres.

Aufgrund seiner Verdichtungseigenschaft ist Sand nicht der ideale Pflanzgrund, obwohl manche Pflanzen problemlos in einer seichten (3 cm) Schicht wurzeln. *Vallisneria*-, *Sagittaria*- und *Eleocharis*-Arten sollten in einem sandigen Bodengrund gut zurechtkommen, wenn die übrigen Bedingungen im Aquarium gut sind. Aquariensand sieht unverwechselbar aus und eignet sich vor allem zur Nachbildung von Lebensräumen in Brackwasser- oder Mündungsbereichen oder australischen Wasserläufen und Flussufern.

Farbkies ist für Aquarien in verschiedenen Formen und Größen erhältlich. Obwohl er inaktiv ist, färbt er das Wasser manchmal leicht ein, aber nur in den ersten paar Monaten. Gründliches Waschen beugt Verfärbungen gewöhnlich vor.

Die künstlichen Farben entstehen durch einen gefärbten Plastiküberzug, wodurch die Kieselchen sehr glatt wirken.

EINE AUSWAHL AN BODENGRÜNDEN

Feinkies findet man in Aquarien am häufigsten, er lässt sich in vielen Bereichen anwenden.

Feinerer Feinkies erlaubt geringeren Wasserdurchfluss und eignet sich besser als Pflanzgrund.

Kalkfreier Kies ist inert und beeinträchtigt daher die Wasserbedingungen nicht. Kalkfreier Kies ist ideal als Pflanzmedium.

Aquariensand (auch inert) muss sorgfältig eingesetzt werden, damit er sich nicht verdichtet. Ein ausgezeichnetes Dekor- und Stützmedium.

Schwarzer Quarz kann zur Abdunklung des Gesamtsubstrats verwendet werden.

Die Farbauswahl ist eine Frage des persönlichen Geschmacks, doch man muss zugeben, dass Orange, Purpurrot, Hellgrün, Pink, fluoreszierende Schattierungen und Farbmischungen dem Aquarium nicht gerade ein natürliches Aussehen verleihen.

Da gefärbter Kies eine recht große Korngröße (von 4 mm oder mehr) hat, eignet er sich nicht als Pflanzgrund, doch man kann ihn als Deckschicht über einem feineren Bodengrund verwenden. In geringen Mengen lässt sich Farbkies sehr wirksam in Verbindung mit anderen Substraten einsetzen. Das bringt ein wenig Abwechslung ins Aquarium, durch den Einsatz einer bestimmten Farbe lässt sich der Boden auch insgesamt abdunkeln.

Erde wird in Aquarien nicht so häufig verwendet, weil sie sich auf kleinen Flächen nicht leicht handhaben lässt und oft das Wasser verunreinigt oder Nährstoffe ins Wasser bringt, die den Algenwuchs fördern. Doch viele natürliche Lebensräume haben einen schlammigen oder erdigen Untergrund, daher stört die Aquarienfische trübes Wasser nicht. Das entspricht sogar eher den tatsächlichen Lebensumständen vieler Arten. Dennoch wirkt Erde nicht sehr ästhetisch und kann außerdem Probleme in den Beckenfiltern verursachen. Unter bestimmten Gegebenheiten kann man Erde aber vorsichtig einsetzen, ohne das Wasser zu sehr zu trüben.

Die Nährstoffe aus der Erde sind ideal für das Pflanzenwachstum, und wenn in einem Becken viele Pflanzen wachsen, die über ausreichend Licht und Kohlendioxid für einen gesunden Wuchs verfügen, sollten sie die Nährstoffe schnell genug aufnehmen, um der Ausbreitung von Algen vorzubeugen. Die Pflanzenwurzeln „halten" die Erde zudem fest, was einer Trübung zusätzlich vorbeugt.

Will man ein Erdsubstrat benutzen, sollte man es entweder mit einer Schicht anderen Füllmaterials bedecken, um Eintrübung zu verhindern, oder Erde und Pflanzen mindestens einen Monat früher einbringen, ehe man den Filter einschaltet oder Fische einsetzt. In dieser Zeit „setzt" sich die Erde, die Pflanzen bilden Wurzeln aus und das Wasser klärt sich. Es ist wichtig, die Erde absinken zu lassen, denn nach erfolgtem Fischbesatz wühlen viele Fische im Bodengrund, woraufhin Erde, die sich noch nicht „gesetzt" hat, das Wasser schnell trübt. Obgleich man große, gründelnde Fische nie in ein Becken mit Erdsubstrat einsetzen sollte, bereiten kleinere Welse wie *Corydoras*-Arten keine Probleme.

Nicht jeder Erdtyp eignet sich für ein Aquarium. Viele enthalten schädliche Substanzen, besonders solche mit zugesetztem Dünger und manchmal sogar Pestiziden oder Herbiziden. Blumenerde ist gewöhnlich unbedenklich, aber man prüft besser vorher das Etikett auf künstliche Inhaltsstoffe. Man sollte niemals Erde aus dem Garten oder anderen Au-

Dezent gefärbter Kies ist ideal zur Nachbildung von Wasserlandschaften.

Buntgefärbte Kiese (auch in Weiß) sind im Handel erhältlich, doch nur wenige sehen natürlich aus.

Aquarienerde lässt sich unter einer Kiesschicht einsetzen, um so ein natürliches Pflanzmedium zu schaffen, das viele Nährstoffe speichert.

Nährstoffreiche Pflanzsubstrate wie dieser Lateritgrund auf Lehmbasis enthalten viel Eisen und andere wichtige Pflanzennährstoffe. Der Bodengrund kann mit anderen Substraten gemischt oder geschichtet werden.

Korallengrus eignet sich für Meeresaquarien, lässt sich jedoch auch in Brackwasserbecken gut einsetzen.

Calciumreicher Kies erhöht Härtegrad und pH-Wert des Wassers und sollte daher nur in Verbindung mit Hartwasser- und Brackwasserfischen verwendet werden.

ßenbereichen verwenden. Auch wenn sie keine chemischen Schadstoffe enthält, befinden sich darin mit Sicherheit viele Lebewesen, die sich zersetzen und das Wasser verschmutzen.

In einem Aquarium, das einem Tieflandfluss, überfluteten Wald, Teich oder Sumpf nachempfunden ist, erhöht der Einsatz von Erde das „natürliche" Aussehen. Doch nur Aquarianer, die Erfahrung oder Sicherheit bei der Handhabung haben, sollten Erde benutzen.

Nährstoffreiche Substrate werden nur zum Nutzen der Pflanzen verwendet. Obwohl man dem Aquarium Nährstoffe auch anderweitig beifügen kann, meist in Form flüssiger Zusätze, ist ein nährstoffreicher Bodengrund eine langfristige Quelle wichtiger Pflanzennährstoffe, die kontinuierlich zur Verfügung stehen. Mit Nährstoffen angereicherte Substrate sind zur Verwendung in geringen Mengen angelegt, dabei füllt man sie zwischen zwei Schichten eines anderen Füllmaterials wie kalkfreiem Quarz oder feinstem Feinkies. Nutzte man sie als oberste Schicht, würden sie umhertreiben oder das Wasser trüben

und außerdem kaum bis in den Wurzelbereich der Pflanzen gelangen. In einigen Fällen lässt sich der nährstoffhaltige Bodengrund in die untere Schicht des Hauptsubstrats einarbeiten.

Manche Füllmaterialien, oft auf Laterit- oder Lehmbasis, sind als Hauptsubstrat gedacht, das die Nährstoffe allmählich ins Wasser entlässt. Die Pflanzen profitieren noch stärker von nährstoffhaltigen Bodengründen, wenn sie zusammen mit einem Bodenheizkabel eingesetzt werden.

Bodengrundzusätze sind ebenfalls so konzipiert, dass sie die Nährstoffe nach und nach über einen langen Zeitraum ins Wasser abgeben. Diese Zusätze sind gewöhnlich als Kügelchen (5–10 mm) im Handel und werden zum Nutzen einzelner Pflanzen direkt im Wurzelbereich platziert. Wo sich nur wenige Pflanzen in einem Aquarium befinden oder sie nur an bestimmten Stellen im Becken stehen, kann die Verwendung von Zusätzen vorteilhafter sein. Wenn man beispielsweise in einem Aquarium, das nur einige große *Echinodorus*-Arten mit hohem Eisenbedarf enthält, Kügelchen unter die Pflanzen legt,

erhalten sie diese Nährstoffe, ohne dass das Becken anderweitig überdüngt wird, was zur Algenbildung führen könnte.

ANDERE SUBSTRATE
Wenn man eine besondere Art von Aquarium aufbauen möchte, ist es wichtig, das Substrat auszusuchen, das diesem Stil am besten entspricht, doch dieser „Stil" muss nicht unbedingt mit einem speziellen Lebensraum in der Natur übereinstimmen. Ein Bett aus Felsbrocken, ein kiesbestreuter Küstenabschnitt oder felsiger „Stil" kommt vielleicht in freier Natur gar nicht vor, passt aber dennoch zu einer bestimmten Art von Fischen. Für solche Aquarien kann man auf einige ungewöhnliche Materialien wie besondere Steine oder Moorkienholzstücke zurückgreifen, um eine einzigartige Landschaft zu schaffen. Steingrus aus Granit, Quarz, Sandstein, Schiefer oder Basalt kann sehr unterschiedliche Stile und Farben zeigen. Häufig lässt sich durch die Kombination von Grus mit größeren Steinen gleicher Art eine gute Wirkung erzielen. Kiesel- bzw. Pflastersteine gemischt mit grobkörnigem Feinkies ergeben ein interessantes Aqua-

INSTALLATION EINES HEIZKABELS

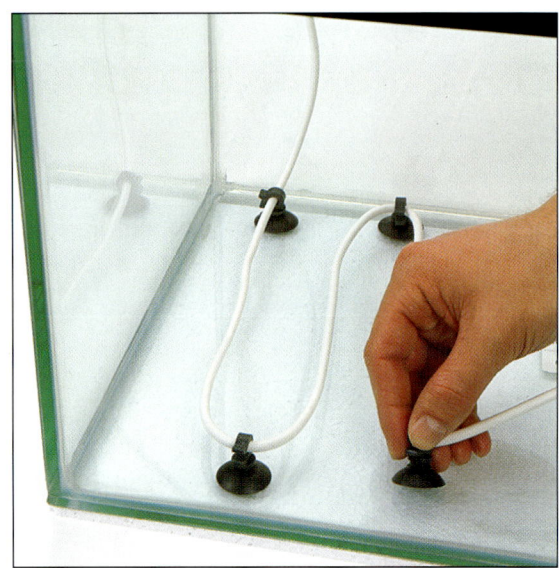

1. Ein Heizkabel hilft bei der Verteilung von Nährstoffen und wird mit einem Abstand von 5–10 cm zwischen den Schleifen installiert. Der optimale Abstand hängt von der Wattleistung des Kabels ab.

2. Der feine Sand verteilt die Wärme vom Kabel aus gleichmäßig und hält es zugleich sicher in Position. Das Kabel sollte 2 cm mit Sand bedeckt sein, die gesamte Bodenschicht insgesamt 5 cm tief sein.

3. Auf dem Sand bringt man eine dünne Lage nährstoffhaltiges Substrat aus. Dann fügt man als Abschluss kleinkörnigen kalkfreien Kies hinzu, der ein guter, inaktiver Wurzelgrund ist, und mindestens zwei Drittel des gesamten Bodengrunds ausmacht.

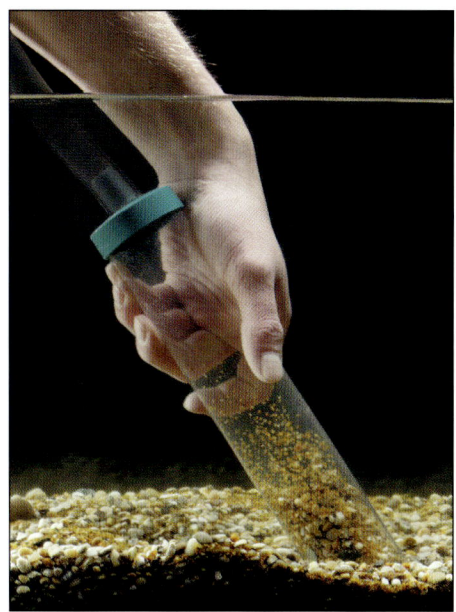

Oben: Ein Mulmsauger ist ein unabding-bares Pflegewerkzeug für jedes Aquarium. Ablagerungen auf dem Kies werden damit entfernt. Die Nährstoffschichten sollten jedoch nicht gestört werden.

rium für größere Fische wie Buntbarsche oder andere Fische aus afrikanischen Rift-Valley-Seen.

In Hart- oder Brackwasseraquarien kann Korallensand oder -grus mit einigen Muscheln kombiniert werden, um den Eindruck eines brackigen oder meerähnlichen Strandes zu erzielen.

Bei sparsamer Anwendung können viele dieser alternativen Bodengründe das bestehende Substrat auf angenehm realistische Art mit anderer Textur bereichern. Ein Aquarium mit einem einzigen, gleichförmigen Füllmaterial wirkt oft zu unnatürlich, um einen echten Lebensraum nachzuahmen.

BODENHEIZUNGEN
In Aquarien mit vielen Pflanzen und einem relativ feinen Bodengrund wie Quarzkies oder kleinkörnigem Feinkies sowie einer nährstoffhaltigen Schicht können Heizkabel benutzt werden, um die Nährstoffe im Becken umher zu bewegen und einer Stagnation vorzubeugen. Das Heizkabel hebt die Temperatur der unteren Bodengrundschicht. Das erzeugt Kon-

vektionsströme, die das warme Wasser nach oben steigen und das kältere Wasser des Aquariums durch das Substrat nach unten sinken lassen. Aufgrund der leichten Wasserströmung bewegen sich die Nährstoffe durch den gesamten Bodengrund, statt sich nur in der Nährstoffschicht zu konzentrieren.

Das Heizkabel muss von einem sehr feinen Füllmaterial bedeckt sein, damit sich die Wärme schnell verteilen und ausbreiten kann und bald die gesamte Bodenschicht des Substrats erwärmt ist. Aquariensand eignet sich hervorragend für diesen Zweck, man bedeckt damit aber nur das Heizkabel, denn eine dickere Schicht könnte sich leicht verdichten und die Wasserzirkulation behindern.

In einem Aquarium mit Pflanzen sind Heizkabel nicht unbedingt nötig, doch ein dicht bepflanztes Becken mit einer nährstoffhaltigen Schicht, heller Beleuchtung und CO_2-Düngung wird von einem Heizkabel sehr profitieren.

BODENGRUNDVORBEREITUNG
Die meisten Bodengründe, vor allem kalkfreier Quarz, enthalten ziemlich viel Staub und Schlamm, die das Wasser trüben, wenn man sie nicht vorher sorgfältig auswäscht. Selbst Substrate, die als „vorgereinigt" verkauft werden, sollten vor der Verwendung ausgewaschen werden. Die einzigen Materialien, die nicht gewaschen werden müssen, sind Aquariensand, nährstoffhaltige Bodengründe und Erden. Man reinigt die Substrate in kleinen Mengen unter dem Wasserhahn oder Gartenschlauch, bis das Wasser klar bleibt. Das nimmt etwas Zeit in Anspruch, ist aber besser als ein getrübtes Aquarium. Wenn der Bodengrund platziert und das Wasser eingefüllt ist, trübt sich das Wasser selbst nach gründlicher Reinigung, obwohl es sich nach einigen Tagen wieder klärt.

PFLEGE DES SUBSTRATS
Mit der Zeit verdichtet sich das Substrat und es sammeln sich viele Ablagerungen an. Dies kann zu Algenausbreitung führen oder die Vermehrung schädlicher Bakterien fördern, mit denen sich gründelnde Fische wie Welse anstecken könnten. Um dem vorzubeugen, sollte man

den Bodengrund zweimal pro Woche vorsichtig aufwühlen. Man „recht" das Substrat und drückt dabei die Finger kräftig bis zur untersten Bodenschicht.

Wenn es nur eine Art von Füllmaterial gibt, können die Abfallstoffe auch mit einem Mulmsauger entfernt werden. Dies kann zur gleichen Zeit wie ein Wasserwechsel erfolgen. In Aquarien mit unterschiedlichen Substratschichten lässt sich auch nur die oberste Schicht mit dem Mulmsauger reinigen, denn in diesem Bereich sammeln sich die meisten Abfälle an.

STEINE UND HOLZ
Ähnlich wie beim Bodengrund gibt es auch viele Stein- und Holzsorten für das Aquarium. Die Auswahl der Materialien sollte den Stil des Aquariums widerspiegeln, das man gestalten möchte. Große, gezackte Schieferbrocken würden z. B. in einer Sumpflandschaft oder einem Amazonas-Tieflandfluss seltsam aussehen, sind aber optimal für das Aquarium eines Gebirgsbachs oder eines felsigen Sees.

DER SCHAUMTEST

Um herauszufinden, ob ein Stein die Wasserqualität verändern könnte, gießt man einfach eine säurehaltige Substanz wie Essig auf den Fels. Wenn es nicht zur Schaumbildung kommt, lässt sich der Stein ohne Bedenken im Aquarium einsetzen.

Unten: Blasen oder „Schaum" entstehen, wenn Säure auf kalkhaltigen Stein trifft.

GESTEINSARTEN

Neben den „Standard"-Steinen werden für Aquarien auch viele ungewöhnliche Steine angeboten, deren interessante Muster und Einschlüsse durch geologische oder vulkanische Tätigkeit hervorgerufen wurden. Manche eignen sich ideal zur Gestaltung einer charakteristischen Landschaft, während andere, wie gefärbte oder „gläserne" Felsen völlig unnatürlich wirken.

Nicht alle Steine passen in jede Landschaft. Manche sondern kalkhaltige Substanzen ab, die den pH-Wert des Wassers verändern und den Härtegrad erhöhen. Zu den bekannten kalkigen Felsen gehören Kreide, Kalkstein, Marmor und Tuff. Die Bezeichnungen mancher Steine wie Meeresfels und Spaghettifels, beide kalkhaltig, findet man nur im Aquarienhandel. Gestein mit mehreren Löchern oder dem Äußeren eines „Schweizer Käses" sind oft kalkhaltig. Die Löcher werden gewöhnlich durch die Erosion brüchiger Kalksub-

stanzen im Fels hervorgerufen. Kalkgestein lässt sich problemlos in Hart- oder Brackwasseraquarien einsetzen und kann sich sogar positiv auf gleich bleibend hohe pH- und Härtegrade auswirken.

Zu den inerten Steinen, die ohne weiteres in jedem Aquarium verwendet werden können, zählen versteinerte Kohle, Basalt, Feuerstein, Granit, Sandstein, Quarz, Schiefer und Lava.

Mit Steinen erzeugt man spannende Effekte. Ein scheinbarer Steinschlag oder verstreute Steine lassen sich leicht mit einigen großen Brocken und mehreren kleinen Steinen und Grus des gleichen Felstyps nachbauen. Für eine Felslandschaft wählt man am besten ein oder zwei sehr große Steine und mehrere kleine Stücke aus. Man verwendet Gestein am besten, um bestimmte Teile der Landschaft, wie kahle oder bepflanzte Bereiche

abzutrennen, oder um Höhlen zu schaffen, in denen sich Fische verstecken oder sogar Brutpflege betreiben können.

GESTEIN BEFESTIGEN

Wenn das Aquarium nur ein paar große oder eine Anordnung kleinerer Steine enthalten soll, kann man sie einfach auf dem Bodengrund platzieren oder sie, aus Sicherheitsgründen, etwas im Substrat versenken. Eine sicher aufgebaute Ansammlung leichten oder porösen Gesteins wie Lava sollte ohne zusätzliche Fixierung auskommen. Aber eine weitläufigere Steinansammlung, die möglicherweise übereinander geschichtet ist, muss sicher befestigt werden. Um ein Umstürzen von schwereren Steinen oder größeren Felslandschaften zu verhindern, was das Glas beschädigen könnte, werden diese mit Silikon verklebt, ehe das Aquarium mit

GESTEIN UND HOLZ

Dieser Westmorland-Stein zeigt eine ansprechende Rotfärbung und interessante Bänderung.

Granit hat eine ungewöhnlich schillernde Textur und wirkt mit der Zeit natürlicher.

Schiefer ist ein schwerer, eckiger Fels, der in unterschiedlichen Formen und Größen erhältlich ist. Man sollte ihn sorgfältig platzieren.

Abgerundete Flusskiesel sind in Aquarienlandschaften sehr wirkungsvoll und eignen sich hervorragend als Futterplätze für Algenfresser.

Grus steht für viele Gesteinsarten zur Verfügung. Diese Schieferstücke lassen sich gut mit größeren Schiefersteinen kombinieren.

Lava-Bruchstücke können zusammen mit größeren Stücken benutzt werden oder um einen außergewöhnlichen Bodengrund zu gestalten.

Zur Schaffung einer dunkleren Landschaft ist versteinerte Kohle die richtige Wahl.

Kleine runde Kiesel sind für die Gestaltung eines Flussbetts optimal.

Wasser gefüllt wird. Größere Steinlandschaften sollte man in mehreren Stadien aufbauen, damit die Felsbrocken während der Konstruktion nicht auseinander fallen. Die Steine werden der Größe nach verwendet, die größten am Boden.

Zur Nachbildung eines Felsüberhangs baut man zuerst die übrige Felslandschaft und dreht die Konstruktion dann vorsichtig auf die Seite. Dann schichtet man den Überhang senkrecht auf, und wenn der Silikonkleber trocken ist, bringt man das Ganze wieder in seine Ausgangsposition. Die Felsmauer sollte unbedingt an der Rückwand des Beckens befestigt sein.

HOLZARTEN

Im Allgemeinen verwendet man in Aquarien Moorkienholz. Es wird so genannt, weil es aus Mooren wie Torfmarschen stammt, wo es viele Jahre im Wasser gelegen hat und so natürlich konserviert wurde. Auf diese Art entsteht Holz, das unter Wasser nicht schnell fault oder von Pilzen oder Bakterien befallen wird. Moorkienholz ist in unterschiedlichen Formen erhältlich und wird häufig als „Jati"- oder „Mopani"-Holz angeboten. Mopani wird durch Sandstrahlen gereinigt und besitzt dann zwei Farbtöne. Eine Seite ist dunkel, während die andere glatt ist und einen helleren, sandfarbenen Ton zeigt. Mopani-Holz ist in Landschaften mit sandigem Bodengrund besonders wirkungsvoll, etwa in Brackwasseraquarien oder sandigen Flussufern. Ein weiterer Holztyp wird einfach „gekrümmte Wurzel" genannt und dient der Darstellung von Baumwurzeln, die sich manchmal in den Uferbereich erstrecken. Gekrümmte Wurzeln passen fast in jedes Aquarium, wirken aber in den Landschaften von Flussufer, Sumpf, Mangrove oder überflutetem Wald besonders naturnah.

Andere Holzarten wie Bambus, Reisig oder Korkrinde sind auch für Aquarien geeignet, manche müssen aber vorbehandelt werden. Bambus ist bei dichtem Pflanzenbewuchs äußerst wirkungsvoll und erzeugt einen sumpfartigen Effekt. Reisig (trockene Zweige) lässt den Eindruck von Baumwurzeln oder überhängenden Pflanzen entstehen und eignet sich besonders zur Nachbildung von Mangrovewurzeln.

Manche Aquariengeschäfte bieten Korkrinde an, mit der sich gut technische Geräte wie Filter verbergen lassen. Sie ist ein ansprechender Hintergrund und kann am Boden lebenden Fischen als Versteck dienen.

Mit der Zeit sondern viele Holzarten, besonders Moorkienholz, Gerbsäure ab, die dem Wasser eine bräunliche, teeartige Färbung geben. Gerbsäure ist für Fische unschädlich, obwohl sie den pH-Wert bzw. den Härtegrad des Wassers verringern kann. Oft kann die leichte

Mopani-Wurzeln sind vorgereinigt, sie besitzen eine raue dunkle und eine glatte, hellere Seite.

Moorkienholz eignet sich hervorragend zur Schaffung von Verstecken, kann bepflanzte Bereiche unterteilen und repräsentiert ins Wasser gefallene oder tote Pflanzenteile.

Gekrümmte Wurzeln können zur Nachbildung überhängender Zweige und Baumwurzeln benutzt werden.

Korkrinde ist leichter als Wasser, sie muss daher beschwert oder fixiert werden. Sie ist ideal zum Verbergen von technischen Einrichtungen.

Verfärbung dem Aquarium auch ein natürlicheres Aussehen verleihen, doch vielen Fischhaltern gefällt das nicht.

Eine chemische Filtersubstanz wie Aktivkohle entfernt alle Verfärbungen, während das Wasser durch den Filter strömt. Man kann das Moorkienholz stattdessen auch einweichen und so vorher den Großteil der Gerbsäure entfernen, doch das kann mehrere Wochen dauern.

Neben den hier beschriebenen Hölzern oder solchen, die im Fachhandel angeboten werden, sollte man auf den Einsatz anderer Holzarten im Aquarium verzichten. Wenn das Holz nicht völlig abgestorben ist oder nicht über einen langen Zeitraum eingeweicht wurde, kann es organische Substanzen enthalten, die schnell einen Pilz- oder Bakterienbefall hervorrufen. Das ist nicht nur gefährlich für die Fische, sondern kann auch das Aquarium stark eintrüben. Nur, wenn das Holz recht dünn, abgestorben und trocken ist oder lange eingeweicht und dann für den Gebrauch im Aquarium hergerichtet wurde, birgt seine Verwendung keine Risiken.

HOLZ-BEHANDLUNG

Moorkienholz kann sofort ins Aquarium eingesetzt werden, doch Bambus muss zuerst getrocknet und dann lackiert wer-

Unten: Große Bambusstücke faulen schnell, wenn sie nicht innen und außen sorgfältig lackiert wurden. Das Holz sollte gut ausgetrocknet sein.

BAU EINER LAVA-HÖHLE

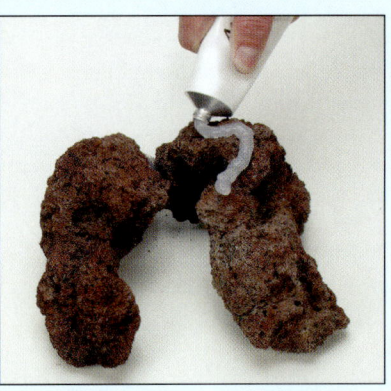

1. Nach Auswahl einiger Steine die größten Stücke für die Basis verwenden und an den oberen Stellen oder dort, wo das nächste Segment ansetzt, das Silikon anbringen.

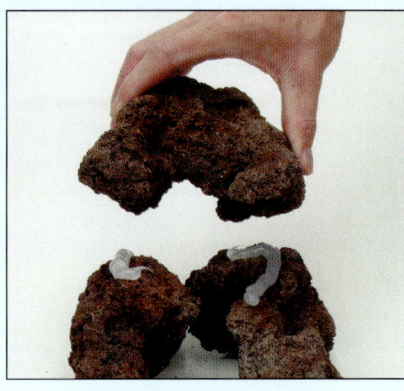

2. Das „Dach" der Höhle kräftig auf die mit Silikon versehenen Stellen drücken. Je nach Höhlenform muss man die Struktur zum Trocknen in eine andere Position bringen.

3. Lücken mit Silikon ausfüllen und mit angefeuchtetem Finger glatt streichen. Diese Stellen sollten in der fertigen Höhle unsichtbar sein, überstehendes Silikon kann mit einem Messer entfernt werden.

4. Die fertige Höhle einige Tage trocknen lassen und überschüssigen Kleber wegschneiden, um das Aussehen zu verbessern. Nun kann die Höhle ins Aquarium gesetzt werden.

den, um Pilz- bzw. Bakterienbildung vorzubeugen. Im Innern des Bambus befindet sich häufig eine Schutzschicht oder -„haut", die vor dem Lackieren entfernt werden sollte. Danach sollten alle sichtbaren Bereiche mit einem Polyurethan-Lack behandelt werden und trocknen. Andere Lacke oder Farbe sind nicht zu empfehlen, da die Chemikalien den Wasserbewohnern schaden.

Reisig benötigt keine Lackierung, aber es ist sinnvoll, die Zweige an der breitesten Stelle zu brechen oder zu sägen, um festzustellen, ob das Holz auch wirklich abgestorben ist. Wenn es auch nur eine grüne Stelle enthält oder sich eher biegen statt brechen lässt, sollte man es nicht benutzen.

Wenn die Äste einen Durchmesser von weniger als einem Zentimeter haben und leicht brechen, ist ihre Verwendung unbedenklich. Reisig schwimmt eventuell, lässt sich aber normalerweise leicht festklemmen.

Bambus und Korkrinde sind äußerst schwimmfähig und müssen beschwert oder anders fixiert werden. Man kann das Holz an ein schweres Objekt wie einen großen Stein, eine Schiefer- oder Glasplatte ankleben. Gräbt man diese Stücke im Bodengrund ein, scheint das Holz direkt auf dem Grund zu liegen.

KÜNSTLICHE DEKORATION

Bei der Gestaltung von Aquarienlandschaften lässt sich die künstliche Dekoration in die beiden Kategorien „natürlich" und „unnatürlich" einteilen. Zu letzterer gehören neuartige Gegenstände wie Totenköpfe und fluoreszierende Brücken, und selbst wenn diese einen gewissen Reiz haben, tragen sie nicht zur Schaffung eines natürlichen Aquariums oder eines Beckens bei, das sich an den Bedürfnissen der Fische orientiert. Künstliche Dekorationen jedoch, die natürlich wirken, können nützlich und eine gute Alternative zu Steinen und Holz sein. Dazu gehören künstliche Wurzeln, Steine, Höhlen oder Holz. Oft sieht das künstliche Material im Aquarium erst nach Ablauf einiger Mo-

nate natürlich aus. Dann sind darauf ein paar Algen gewachsen und die Dekoration wirkt etwas „verwittert". Der Vorteil von Kunstdekor besteht darin, dass es den Fischen willkommene Versteckmöglichkeiten bietet. Nützliche Formen ermöglichen den Aufbau mehrerer Substratschichten oder Pflanzenbereiche. Manche Stücke passen um Filter bzw. Röhren, erleichtern also das Verbergen von Aquarienzubehör.

Vorgefertigte „Stein"-Mauern oder Höhlen beseitigen das Risiko einstürzender Felsen.

RÜCKWÄNDE

Eine Rückwand kann den Gesamteindruck des Aquariums erheblich verändern. Rohre, Kabel oder die Tapete hinter dem Becken sind ohne eine Rückwand deutlich zu sehen, wenn nicht viele Pflanzen oder andere Dekorationsgegenstände die gesamte Rückseite des Aquariums abdecken. Oft genügt bereits ein einfacher schwarzer Hintergrund, um die Ausrüstung zu kaschieren. Schwarze Rückwände bringen außerdem die Farben der Fische und Pflanzen gut zur Geltung, ohne von der Landschaft selbst abzulenken. Alternativ

Diese Plastik-Rückwand (etwa 1 cm dick) mit Oberflächentextur lässt sich leicht zuschneiden. Man verwendet sie innerhalb des Beckens.

werden Hintergründe mit Felsdekor oder dichtem Pflanzenwuchs angeboten.

Strukturierte, vorgefertigte Rückwände haben eine natürlich wirkende Textur und vermitteln so einen etwas dreidimensionaleren Eindruck. Manche stellen einen Felshintergrund oder eine große Baumwurzel dar. Diese Rückwände bestehen gewöhnlich aus kräftigem Styropor oder hartem Schaumstoff, sind also sehr schwimmfähig. Man muss sie daher mit kleinen Mengen Silikonkleber an der Rückscheibe des Aquariums fixieren. Den Hintergrund in Position bringen und das Ganze mindestens zwei Tage durchtrocknen lassen, bevor man das Becken mit Wasser füllt. Während der Wartezeit kann man bereits Bodengrund und Steine ins Aquarium einfüllen. Bestimmte Pflanzen, die nicht im Substrat wurzeln, wie Stufenfarn, Javamoos oder *Anubias*-Arten können sich an strukturierten Rückwänden verankern.

Im Handel sind eine Reihe einfacher oder „Naturszene"-Hintergründe erhältlich, wie diese Baumstämme und Steine.

Entlang einer Seite dieser Plastikfolien verlaufen Längenmarkierungen. Die Folien sollten etwas überstehen, damit man sie zurechtschneiden kann.

Links: Die Hintergründe können auf verschiedene Weise befestigt werden. Meist genügt etwas Klebeband. Man kann die Rückwand passgerecht zuschneiden.

33

Pflanzen im Aquarium

Obgleich manche Aquarienlandschaften felsig oder kahl wirken sollen, bringen die Pflanzen und Fische Bewegung und Leben in die Landschaft. Pflanzen, die „weichen Landschaftsbildner", sollen ebenso wie andere Dekorationselemente den Stil der zu gestaltenden Landschaft widerspiegeln. Aus praktischen Erwägungen sollten die Bedürfnisse der Pflanzen auch hinsichtlich der Nährstoffe erfüllt werden, und sie sollten außerdem zu den Fischarten im Aquarium passen.

Die richtige Pflege der Pflanzen ist eine komplexe Angelegenheit, doch es gilt einige Grundregeln zu beachten, bevor man Pflanzen in ein Aquarium einsetzt. Dazu zählen Licht, Nährstoffe, Bodengrund und Wasserqualität.

LICHT

Pflanzen erhalten Nahrung und Energie, indem sie CO_2 und Wasser in Zucker umwandeln. Dieser Ablauf – die Photosynthese – nutzt die Kraft des Sonnenlichts, um die chemischen Verbindungen zwischen Kohlen-, Sauer- und Wasserstoffatomen ab- und neu aufzubauen. Im Aquarium kann man sich nicht auf natürliches Sonnenlicht als Lichtquelle verlassen, da es nicht kalkulierbar ist und Algenwachstum hervorrufen kann. Die Alternative besteht in der Anbringung künstlicher Lichtquellen.

Wenn auch eine einzelne Leuchtstoffröhre eine Aquarienlandschaft ausreichend erhellt, benötigen die meisten Pflanzen weitaus mehr Licht. Aquarien mit einer begrenzten Zahl an Pflanzen brauchen normalerweise drei bis vier Leuchtstofflampen mit Reflektoren, die möglichst viel Licht ins Becken zurückwerfen. Aber es ist wichtig, Lampen mit dem richtigen Spektrum auszuwählen.

Sonnenlicht produziert Licht vor allem in den blauen und rot-gelben Bereichen des Spektrums, und es gibt heute Leuchtstoffröhren, deren Licht diesem Spektrum entspricht. Diese Lampe kann dem Aquarium allerdings ein etwas seltsam violettes Aussehen verleihen. Dies lässt sich

LICHTZONEN UND PFLANZENWACHSTUM

Im Uferbereich wird das Licht durch überhängende Pflanzen gefiltert. Die Pflanzen sind klein und wachsen langsam.

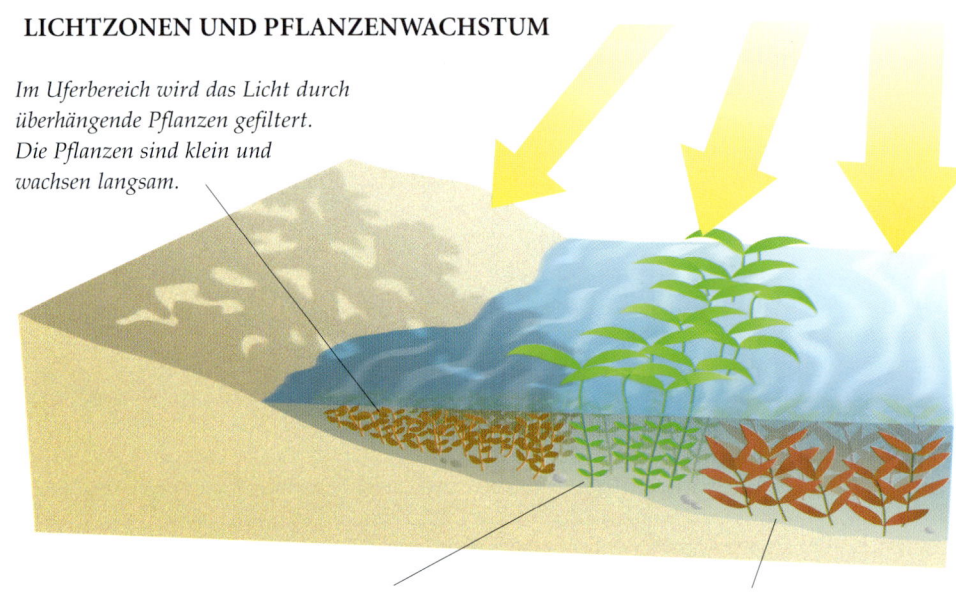

Im tieferen Wasser erhalten dickstängelige Pflanzen helles Licht von oben.

Die Pflanzen in der Mitte bekommen helles Licht, sie neigen sich in Fließrichtung.

vermeiden, wenn außerdem noch eine einzelne Vollspektrum-Röhre angebracht wird. Eine typische Lampenanordnung kann aus zwei oder drei Pflanzenlampen und einer einzelnen Vollspektrum-Röhre bestehen, die das sichtbare Licht ausgleicht und eine angenehmere Farbe erzeugt.

Lampen mit hoher Leuchtkraft wie Quecksilberdampf- oder Metalldampflampen eignen sich hervorragend für dicht bepflanzte oder tiefe Aquarien. Sie versorgen die Pflanzen nicht nur mit ausreichend Licht, sondern heben die Wirkung des gesamten Aquariums.

NÄHRSTOFFE UND BODENGRÜNDE

Pflanzen benötigen eine ständige Zufuhr von etwa 17 verschiedenen Nährstoffen in unterschiedlichen Mengen, um ihre biologischen Funktionen zu erfüllen. Obwohl einige dieser Nährstoffe in den meisten Wasserquellen in ausreichender Menge vorkommen, bringen Aquarianer alle übrigen künstlich ein, um den Bedürfnissen der Aquarienpflanzen nachzukommen. Durch nährstoffangereicherte Substrate werden den Pflanzen Boden-

grundzusätze und Flüssigdünger zugeführt, die sie dann durch ihre Blätter bzw. häufiger mit den Wurzeln aufnehmen.

Der Zusatz von Flüssigdünger ist der einfachste und schnellste Weg, um Nährstoffe ins Aquarium zu geben. Die meisten Flüssigdünger muss man mindestens alle zwei Wochen nachdosieren, denn Sauerstoff, Mineralien und organische Stoffe im Wasser binden oft die flüssigen Nährstoffe und machen sie dadurch unbrauchbar für die Pflanzen.

In vielen Aquarien herrscht häufig ein Mangel an zwei wichtigen Nährstoffen, nämlich Eisen und Kohlendioxid (CO_2). Eisen kann durch die oben beschriebenen Methoden zugeführt werden, doch das Kohlendioxid wird von den Pflanzen in Gasform aufgenommen. Als Gas entweicht das CO_2 jedoch aus dem Aquarium in die Atmosphäre an der Wasseroberfläche. Wenn die Oberfläche stark bewegt wird oder das Aquarium zusätzlich belüftet wird, verflüchtigt sich das CO_2 sogar noch schneller.

Oft nützen zusätzlicher Dünger oder Beleuchtung den Pflanzen wenig, wenn sich nicht ebenfalls eine ausreichende

Menge gelöstes Kohlendioxid im Wasser befindet. Daher muss dem Aquarium permanent Kohlendioxid mithilfe einer Markenanlage zur CO_2-Zufuhr zugesetzt werden. Dieses System stellt sicher, dass das Wasser einen hohen Gehalt an gelöstem Kohlendioxid behält. Das Gas wird ins Wasser geleitet und über einen ausreichenden Zeitraum im Wasser gehalten, um zu gewährleisten, dass zumindest ein Teil von den Pflanzen absorbiert wurde. Für größere Aquarien können externe CO_2-Zylinder mit Kontrollregulator und Blasenzähler benutzt werden. Je nach Bauart gestattet der Blasenzähler das langsame Entweichen der Gasblasen aus dem Zylinder, sodass sie im „Zickzack" oder kreisförmig nach oben steigen, sich an der Oberfläche sammeln und schließlich in die Atmosphäre entweichen. Während die Blasen mit dem Wasser Kontakt haben, wird das Gas absorbiert und erhöht damit den Bestandteil an gelöstem CO_2 im Aquarium. Komplexere Anlagen enthalten weitere Funktionen wie Schalter, die eine nächtliche Abgabe von CO_2 unterbinden, wenn die Pflanzen es nicht benötigen.

Für kleinere Aquarien gibt es im Handel kompakte Anlagen. Diese besitzen keine Regler, sorgen aber für eine gleichmäßige Versorgung mit CO_2-Gas. Sie be-

CO_2-ZUFUHR AUS EINER FLASCHE

Diese Kohlendioxid-(CO_2)-Anlage benutzt einen Druckbehälter und eignet sich gut für größere Aquarien.

Ein mit dem Ventil verbundener Timer unterbricht die CO_2-Zufuhr, wenn das Licht ausgeschaltet ist.

Das komprimierte CO_2-Gas kommt aus der Gasflasche und wird in kontrollierten Abständen durch den Regulator abgegeben.

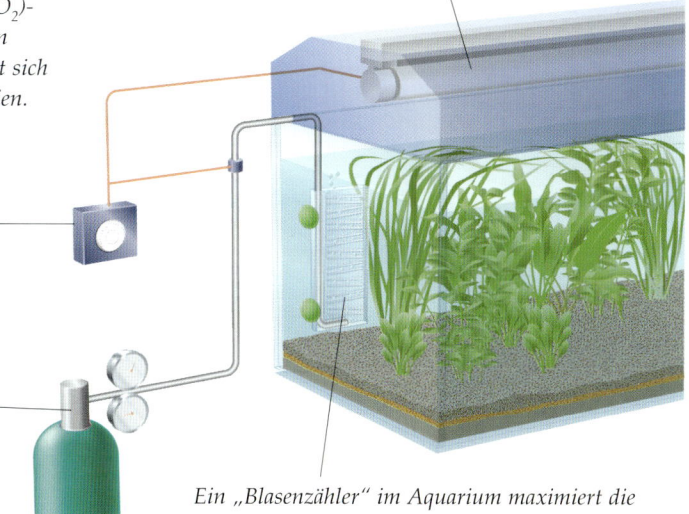

Die Aquariumbeleuchtung stellt die Energie für die Photosynthese zur Verfügung.

Ein „Blasenzähler" im Aquarium maximiert die Kontaktzeit zwischen Wasser und CO_2.

stehen normalerweise aus zwei Teilen: einem Kanister, in den man entweder eine Tablette, etwas Pulver oder Flüssigkeit und Pulver gibt sowie einen Auffangbehälter, in dem sich das CO_2-Gas befindet. Durch eine chemische Reaktion im Kanister wird das CO_2 langsam freigesetzt, meist innerhalb eines Monats, und vom Auffangbehälter ins Wasser abgegeben. Also nochmals: Das CO_2 muss bei Tageslicht kontinuierlich ins Wasser gelangen,

um ein ausreichend hohes Niveau an gelöstem Gas zu gewährleisten. Verfügt ein Aquarium über die passende Beleuchtung, einen relativ feinen Bodengrund, zusätzlichen Flüssigdünger und gleichmäßigen Nachschub an CO_2-Gas, so genügt dies für eine angemessene Versorgung mit Pflanzennährstoffen.

In Aquarien mit einer höheren Pflanzendichte ist Substratdüngung eine langfristigere und nützlichere Methode, um

UNTERSCHIEDLICHE BELEUCHTUNGSSTRATEGIEN

Oben: *Die violette Färbung dieser Leuchtstoffröhre unterstützt das Pflanzenwachstum und betont die Farben der Fische. Verwendet man sie zusammen mit anderen Röhren, verschwindet dieser Farbeffekt.*

Oben: *Weiße oder Vollspektrum-Röhren erzeugen realistisches und ausgewogenes Licht, das die Pflanzen und die Fischfärbung betont. Eine Vollspektrum-Röhre ist häufig heller als zweckbezogene Lampen.*

Oben: *Spots liefern ein sehr intensives Licht, ideal für Pflanzen und ausreichend zur Hervorhebung von Fischfarben. Spots eignen sich auch, um Pflanzen oder bestimmte Aquarienbereiche hervorzuheben.*

Oben: Als Pflanzgrund eignet sich eine Substratmischung. Jeder Bodengrund hat eine andere Funktion, die wichtig für die optimale Gesundheit der Pflanzen ist.

eine konstante Nährstoffzufuhr sicherzustellen.

Eine detaillierte Beschreibung von Bodengründen findet sich auf den Seiten 24–33, doch ein gutes Substrat ist kurz gesagt relativ feinkörnig (1 bis 2 mm), enthält nährstoffreiche Inhaltsstoffe und sollte mindestens 5 cm tief sein. Nährstoffhaltige Zusätze im Bodengrund bieten allen Aquarienpflanzen über ihre Wurzeln Zugang zu den Nährstoffen, und aufgrund des niedrigen Sauerstoffgehalts in fast allen Substraten stehen sie meist in nutzbarer Form zur Verfügung.

WASSERQUALITÄT

Entsprechend ihrer natürlichen Herkunft bevorzugen die Pflanzen hartes oder weiches Wasser und gedeihen meist nur schlecht, wenn diese Bedingungen nicht erfüllt sind. Das liegt daran, dass die von den Pflanzen benötigten Nährstoffe in der Natur in hartem oder weichem Wasser in unterschiedlicher Konzentration vorkommen. Eine Hartwasserpflanze kann mühelos die Nährstoffe aus hartem Wasser aufnehmen, während eine Weichwasserpflanze an die Stoffe in weichem Wasser gewöhnt ist. Man kann dies kompensieren, indem man dem Aquariumwasser die jeweils richtigen Mengen der Nährstoffe beifügt, die jede Pflanzengruppe braucht. Dadurch ist es möglich, Hart- und Weichwasserpflanzen in einem Aquarium zu kombinieren, das den „falschen" Wassertyp enthält.

Eine weitere Schwierigkeit kann aus der Umgebung erwachsen. So ist beispielsweise das Salzwasser eines Brackwasser-Aquariums für bestimmte Pflanzen untauglich. Andere Pflanzen wiederum vertragen das schnell fließende Wasser eines Gebirgsbach-Aquariums nicht. Solche Gewässer sind reich an Sauerstoff, der Nährstoffe bindet und sie damit für Pflanzen unbrauchbar macht. Wegen der sehr unruhigen Oberfläche eines solchen Aquariums entweicht auch das Kohlendioxid ebenso schnell wie es ins Wasser gelangt.

Derartige Wasserprobleme lassen sich gewöhnlich nicht durch den Zusatz von Nährstoffen lösen. Um ein gutes Pflanzenwachstum zu erzielen, hilft in diesen Fällen nur die sorgfältige Auswahl der Pflanzen. Viele ausdauernde oder langsam wachsende Pflanzen eignen sich für solche Umwelten, so z. B. Javafarn (*Microsorium pteropus*), *Anubias, Vallisneria, Sagittaria* und einige *Hygrophila-Arten*. In manchen Fällen muss man die Eignung der Pflanzen durch Ausprobieren herausfinden.

Eine Reihe anderer Umweltfaktoren beeinflusst die Pflanzen ebenfalls. Wie die Fische entstammen auch die Pflanzen unterschiedlichen Wassertemperaturen, und es ist wichtig, dies im Aquarium entsprechend zu berücksichtigen. Die Wassertemperatur wirkt sich auf die Stoffwechselrate aus – das ist die Geschwindigkeit, mit der das Zellsystem funktioniert und mit der die Pflanze Nährstoffe verbraucht und wächst. In warmem Wasser wächst eine Pflanze naturgemäß schneller, benötigt jedoch auch mehr Licht, Nährstoffe und Kohlendioxid, um diese höhere Wachstumsrate zu unterstützen.

Verunreinigtes Wasser beeinträchtigt Pflanzen in ähnlicher Weise wie Fische. Wasser, das in hohem Maße metallische Schadstoffe bzw. biologische Verunreinigungen enthält, mindert die Gesundheit der Pflanzen, beeinträchtigt das Wachstum und kann sie auch absterben lassen. Doch kleine Mengen mancher Stoffe wie Ammonium oder Nitrate wirken sich positiv aus und dienen als Quelle für Stickstoff, einem wichtigen Pflanzennährstoff. Das bedeutet aber nicht, dass dem Aquarium Ammonium und Stickstoff zugesetzt werden sollten. Obwohl Filter und eine gute Aquariumpflege solche Stoffe entfernen, gelangen geringe Mengen kontinuierlich durch die Aktivitäten von Fischen und Bakterien ins Wasser. Pflanzen assimilieren diese Verunreinigungen oft schneller als ein Filter sie beseitigen kann. Tatsächlich agieren Pflanzen wie ein natürlicher Filter und entfernen schädliche Substanzen aus dem Wasser.

PFLANZENAUSWAHL

Die Vielfalt der fürs Aquarium erhältlichen Pflanzen ist erstaunlich und erlaubt eine Auswahl für fast jeden Standort in jeder Art von Landschaft. Ein Blick auf die Lebensräume im zweiten Teil des Buches zeigt jeweils einige geeignete Pflanzen für jede Umgebung. Pflanzen für Biotop- oder Habitat-Aquarien wählt man entweder aufgrund ihrer Herkunft, oder weil sie den Pflanzentyp am jeweiligen Standort repräsentieren. In einem typischen Aquarium werden die Pflanzen entsprechend ihrer zu erwartenden Größe in Vorder-, Mittel- und Hintergrundarten eingeteilt, wobei die Größten im Hintergrund stehen. Ergänzend kann man

Vordergrund-Pflanzen sind vielseitig. Die Sagittaria platyphylla *eignet sich als Einzelpflanze, in Gruppen oder zusammen mit anderen Pflanzen.*

Ein gut geplantes Aquarium zeichnen vielfältige Blattformen aus. Viele gezüchtete Arten wie diese Hygrophila guianensis *besitzen interessante Blattfärbungen und -formen.*

besten den Stil verkörpern, den man darstellen möchte. Auch praktische Erwägungen spielen eine Rolle, wie Wasserqualität und Temperatur, Wachstumsrate und Verträglichkeit mit den Fischen im Aquarium.

OBERFLÄCHENPFLANZEN

Schwimmpflanzen wirken in Naturnachbildungen nicht nur sehr dekorativ, sondern sind bei vielen Fischen beliebt. Sie bieten Schatten, Verstecke und für manche Arten sogar Brutplätze. Wie andere über der Oberfläche wachsende Pflanzen brauchen auch sie eine gute Belüftung, damit die Blätter sich unter den Aquarienlampen nicht zu stark aufheizen. Die meisten Schwimmpflanzen sind sehr anpassungs- und widerstandsfähig, können rasch wachsen und sollten daher regelmäßig ausgedünnt werden. Besonders wirkungsvoll sind sie in Sumpf-, See- oder Teichaquarien. Eine Reihe tropischer Lilien sind für Aquarien erhältlich, obwohl sie nicht die Blattgröße erreichen oder sich ausbreiten wie die Arten aus gemäßigten Zonen für Gartenteiche. Bei guter Beleuchtung und Nährstoffverfügbarkeit kann eine tropische Lilie im gut beheizten Aquarium schnell zur Oberfläche wachsen und einige Blätter ausbilden, man sollte ihr also genug Platz lassen.

LAND- UND SUMPFPFLANZEN
Zur Schaffung interessanter Landschaften lassen sich in Aquarien häufig auch

Pflanzen einsetzen, die keine „reinen" Wasserpflanzen sind. In Becken, die auch Oberflächenelemente beinhalten, können Feuchtigkeit liebende Landpflanzen wie Moose, Farne und Alpenpflanzen über der Wasseroberfläche auf Steinen und Holz angepflanzt werden. Manche dieser Pflanzen benötigen nur wenig Boden, schon kleine Mengen Blumenerde in Lücken, Vertiefungen und Spalten im Gestein sind ausreichend. Viele niedere Sumpfpflanzen, wie sie auch für Teiche verkauft werden, lassen sich entweder völlig unter Wasser oder im Flachwasser pflanzen, wo der Großteil der Pflanze über Wasser ist. Bei einer solchen Anordnung ist es wichtig, dass man den Oberflächenbereich gut belüftet, damit die Beleuchtung nicht zu viel Hitze erzeugt, da die Blätter sonst austrocknen und verbrennen. Manchmal ist es sinnvoll, feinen Wassernebel zu versprühen, der über dem Aquarium eine feuchte Atmosphäre erzeugt.

Einige Aquariumpflanzen sind eigentlich Landpflanzen, die in periodisch überfluteten Gebieten wachsen. Diese „Nicht-Wasserpflanzen" überleben viele Monate unter Wasser, ehe man sie austauschen muss, und einige besitzen recht ungewöhnliche Blattmuster oder -formen. Andererseits können manche

Die dicken, fleischigen Blätter der Echinodorus osiris *setzen Akzente und wachsen auch über der Oberfläche.*

noch an verschiedenen Stellen Schwimmpflanzen und auf Stein oder Holz wurzelnde Pflanzen hinzufügen.

Pflanzen mit langen, dünnen Blättern wie die *Vallisneria*-Arten passen in ein bachähnliches Aquarium oder eines mit schneller Strömung. Sie „biegen" sich in Flussrichtung und erhöhen den Effekt des fließenden Wassers. In einem sumpfartigen Aquarium sollte man kleinere, „buschigere" Pflanzen mit leicht zerzaustem Aussehen wie das Seegrasblättrige Trugkölbchen (*Hetanthera zosterifolia*) oder Schaumkraut (*Cardamine lyrata*) zusammen mit langen Schwimmpflanzen verwenden, die lange, flatternde Wurzeln bilden. Die Pflanzen sollten hier nicht erkennbar in Gruppen angeordnet werden, sondern ineinander übergehen. In den seichten Bereichen eines Tieflandflusses können Pflanzenbetten von Cryptocorynen vorkommen, aber auch höhere, an die Oberfläche wachsende Pflanzen wie *Echinodorus*-Arten.

Die Auswahl der passenden Pflanzen für ein Aquarium sollte von ästhetischen Überlegungen – einer Mischung aus Größe, Blattform und Farbe – und Pflanzen bestimmt sein, die am echten Wasserpflanzen unter feuchten Bedingungen auch über Wasser gedeihen, z. B. Javafarn, *Anubias*- und *Eleocharis*- sowie einige *Echinodorus*-Arten.

PFLANZTECHNIKEN

Ehe man Pflanzen in ein Aquarium setzt, müssen sie vorbereitet werden, damit sie schnell anwachsen. Zunächst sollten tote oder welke Blätter entfernt werden. Bei großen Pflanzen wie manchen *Echinodorus*-Arten, gilt das auch für gesunde Blätter, die um einiges größer als der Rest sind. Dadurch reduziert sich der Nährstoffbedarf der Pflanze, wenn sie frisch eingesetzt wird. Ist sie im Aquarium voll angewachsen, bildet sie neue Blätter, die größer werden können als die vorherigen. Danach sollte man die Wurzeln auf 2–3 cm zurückschneiden. Beim Einpflanzen werden lange Wurzeln leicht verletzt. Auch das hilft der Pflanze, schneller anzuwachsen. Man pflanzt Wasserpflanzen in ähnlicher Weise wie Landpflanzen. Die Pflanze wird in eine Mulde gesetzt und die Wurzeln werden mit Substrat bedeckt. Stängelige Pflanzen sollte man in Gruppen arrangieren und zwischen den Pflanzen mindestens 2–3 cm Platz lassen, je nach Größe der Blätter. Großblättrige Pflanzen können in größerem Abstand gesetzt werden.

PFLANZEN AUF STEINEN UND HOLZ

Viele Pflanzen sind so genügsam, dass sie über dem Bodengrund auf festen Gegenständen wie Steinen oder Holz wurzeln. *Microsorium*-, *Anubias*-, *Vesicularia*- und *Bolbitis*-Arten ziehen solche Wurzelgründe dem Substrat vor. Der Vorteil besteht darin, dass die Pflanzen auch senkrecht an einem Holzstück wachsen, statt nur am Boden entlang. Durch diese Pflanzmethode lassen sich in einem Aquarium interessante Effekte erzielen. Man kann die Pflanzen aber auch in größeren Felslandschaften, an einer Beckenrückwand oder sogar auf Steinen über Wasser verankern.

Dazu kürzt man die Wurzeln auf 2–3 cm ein und befestigt die dicken Wurzeln oder Rhizome mit Angelschnur oder schwarzem Faden am Holz, Stein oder einem anderen Objekt. Danach setzt man die Pflanze an ihren Platz in der Landschaft. Mit der Zeit bilden sich neue Wurzeln und bei guten Bedingungen breitet sich die Pflanze aus. Den besten Effekt erzielt man durch Ansiedlung unterschiedlicher Pflanzen, etwa mit Javamoos (*Vesicularia dubyana*) im Wurzelbereich mehrerer großer Gewächse.

ECHINODORUS PFLANZEN

1 Der Wurzelbereich ist meist in Steinwolle eingebettet und sollte vorsichtig aus dem Topf gezogen werden. Die Entfernung überschüssigen Wurzelwerks erleichtert dies.

Die Steinwolle um die Wurzeln sorgfältig entfernen.

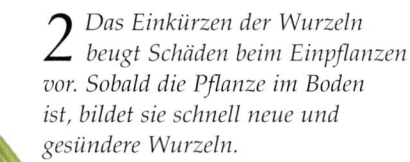

2 Das Einkürzen der Wurzeln beugt Schäden beim Einpflanzen vor. Sobald die Pflanze im Boden ist, bildet sie schnell neue und gesündere Wurzeln.

Beschädigte Blätter entfernen: Der Blatt„stängel" kann einfach herausgezogen werden.

3 Das Einpflanzen entspricht weitgehend dem von Landpflanzen. Die Pflanze festhalten, mit den Fingern der gleichen Hand eine Mulde im Bodengrund graben.

4 Die Wurzeln in der Mulde platzieren und die gesamte Basis der Pflanze mit Substrat anhäufeln. Der weiße Bereich am Stängelboden sollte unbedingt bedeckt sein.

EINE PFLANZE AUF HOLZ VERANKERN

Schwarzer Baumwollfaden ist kaum sichtbar und verrottet im Aquarium allmählich.

2 *Möglichst viel überschüssiges Wurzelwerk beseitigen, aber nicht die Hauptwurzel (Rhizom) beschneiden oder verletzen. Auch alte oder beschädigte Blätter entfernen.*

1 *Viele Pflanzen, die auf „Gegenständen" wurzeln, haben im Topf recht verworrene Wurzelballen. Den Steinwolle-Nährboden sorgsam von den Wurzeln lösen.*

3 *Einen Faden mehrmals um das Rhizom wickeln, damit die Pflanze sicher befestigt ist. Die Pflanze bildet dann neue Wurzeln, die sich am Holz verankern.*

PFLANZEN UND FISCHE KOMBINIEREN

Obwohl die meisten Fische in freier Natur in Bereichen leben, in denen Pflanzen gedeihen, bedeutet dies nicht, dass alle Pflanzen und Fische auf dem begrenzten Raum eines Aquariums miteinander harmonieren. Fische nutzen die Pflanzen im Aquarium meist, um sich zu verstecken oder zu vermehren oder weil sie eine vertraute Umgebung bieten. Auch knabbern Fische gelegentlich zur Nahrungsergänzung an Pflanzen, was aber keine bleibenden Schäden hervorruft. Oft fressen sie auch die verrottenden Pflanzenteile. Doch für manche Fische stellen Pflanzen ein Hauptelement ihrer natürlichen Nahrung dar, und trotz der regelmäßigen Verfügbarkeit alternativer Futterquellen verlieren sie diesen Instinkt auch im Aquarium nicht. Zu den bekannten herbivoren Fischen oder Pflanzenfressern gehören Scheibensalmler (*Metynnis spp.*), Brachsensalmler (*Abramites* spp.), Argusfische (*Scatophagus* spp.), *Distichodus*-Arten und einige Buntbarsche. Viele dieser Fische können ein bepflanztes Aquarium in Kürze kahl fressen und vertilgen die meisten Pflanzen schneller als diese neue Blätter bilden können. Ein ähnliches Problem ergibt sich mit ungestümen Fischen wie großen Barben, Welsen oder Cichliden, die die Pflanzen nicht durch Abfressen, sondern durch ihre bloße Unbeholfenheit beschädigen. Manche Cichliden wie Pfauenaugenbuntbarsche versuchen, Gegenstände im Aquarium zu bewegen, um ihr Territorium abzugrenzen. Solche großen Fische zerfetzen Blätter einfach nur, weil sie in „ihrem" Bereich stehen.

Andererseits nützen manche Fische den Pflanzen sogar. In jedem Aquarium wachsen Algen, oft auch auf den Blättern. Das kann Wachstum und Gesundheit der Pflanzen schädigen. Kleine, Algen fressende Welse wie *Otocinclus* oder *Peckoltia* sind perfekt darauf spezialisiert, solche Algen zu fressen, ohne die Pflanze zu beschädigen. Manche Lebendgebärenden und Schmerlen entfernen ebenfalls Algen von den Blättern.

Neben Algen können sich auch Abfallstoffe von Fischen, welke Pflanzenteile und verrottende Substanzen im Blattwerk der feinblättrigeren Pflanzen ablagern. Eine Detritusschicht zwischen den Blättern verhindert den Lichteinfall und damit die Photosynthese. Um dies zu vermeiden, setzt man kleine Aufwuchsfresser ins Aquarium. Während sie nach Futter suchen, bewegen sie die Blätter der Pflanzen und sorgen dafür, dass Ablagerungen herabfallen. *Corydoras*-Arten und Dornaugen (*Pangio kuhlii*) eignen sich dafür hervorragend.

Unten: *Friedliche* Otocinclus-*Welse bieten den Pflanzen einen willkommenen „Reinigungsdienst".*

Die richtigen Wasserbedingungen

Für einen Aquarianer ist es einfach, die verschiedenen sichtbaren Elemente der Unterwasserwelt zu verändern und zu pflegen, doch für Fische und andere Lebewesen machen vor allem die unsichtbaren Wasserbedingungen das Aquarium zu einem zweiten Zuhause. Selbst in scheinbar idealer Umgebung kränkeln manche Fische leicht, zeigen nie ihr vollständiges Farbenkleid oder alle Verhaltensmerkmale, es sei denn, das Wasser hat genau die richtigen Eigenschaften. Ein guter Aquarianer sollte ein ebenso guter „Wasser"- wie Fischhalter sein.

Rechts: Gelöste Salze und Mineralien, die allgemein als „Härte" bezeichnet werden, sind mit dem bloßen Auge nicht erkennbar. Die Fische im Malawi-See benötigen hartes Wasser und wären ohne diese Substanzen im Wasser krankheitsanfällig.

DIE UNSICHTBARE UMGEBUNG

In freier Natur findet man nur selten das ganze Jahr über kristallklares Wasser, und in vielen Gewässern, wo Aquarienfische leben, ist das Wasser oft trüb und voller Schwebstoffe. Die Fische beeinträchtigt daher Farbe oder Aussehen des Aquarienwassers eher wenig. Ein Fehlen von Schlamm oder Detritus in Verbindung

Unten: Das klare Wasser in diesem Fluss macht den Eindruck eines gesunden Lebensraums, doch Stoffe, die ungünstige Verhältnisse erzeugen, sind unsichtbar.

mit konstanter mechanischer Filterung gewährleistet, dass das Wasser im Aquarium klar bleibt, und chemische Stoffe entfernen Verfärbungen. Ein guter Filter, richtige Fütterung und regelmäßige Pflege beseitigen unsichtbare Schadstoffe wie Ammonium und Nitrite, die den Fischen schaden können. Die Umgebung ist frei von Unreinheiten und kristallklar, was zunächst alle Bedürfnisse der Fische abdecken sollte. Aber das Wasser, in dem Fische in freier Natur (und im Aquarium) leben, ist nicht rein, sondern enthält eine Reihe chemischer, organischer und mineralischer Stoffe. Ein ausgewogenes Verhältnis zwischen all diesen Faktoren sorgt für optimale Bedingungen.

Die Physiologie eines Fisches ist an die typischen Wasserwerte angepasst, die dort zu finden sind, woher er stammt. Aufgrund der landschaftlichen Umgebung und der Eigenschaften, die das Wasser annimmt – vom Moment an, in dem es als Regen fällt, bis zur Ankunft in einem bestimmten Lebensraum – variieren die Wasserwerte in den einzelnen Lebensräumen. Entlang der afrikanischen Rift-Valley-Seen ist die Landschaft beispielsweise felsig und recht unfruchtbar. Der Regen sickert in diesem Gebiet durch mehrere Felsschichten, viele davon vulkanischen Ursprungs, und wird mit Mineralien angereichert. Manche dieser Mineralien verbinden sich mit anderen Elementen und bilden Karbonate. Der Mineralgehalt des Wassers ist entscheidend für dessen Härte, je mehr Mineralien enthalten sind, desto härter ist das Wasser. Das Wasser in den Rift-Valley-Seen ist recht hart, und die Fische (hauptsächlich Cichliden) dieser Seen fühlen sich daher in Weichwasser-Aquarien nicht wohl. Im Gegensatz dazu bevorzugen Tetras und manche Buntbarsche wie Skalar und Diskus, die in Nebenflüssen des Amazonas zu finden sind, weiches Wasser. Das Wasser in diesen Flüssen ist durch sehr viel Erdreich geflossen, das viele organische Stoffe enthält, die Mineralien auf-

DIE pH-SKALA

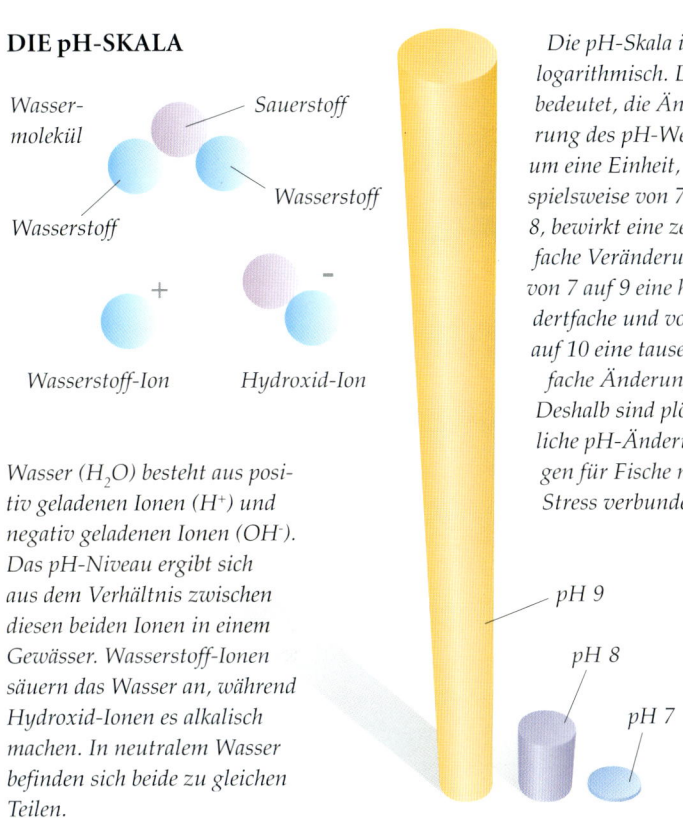

Wasser-molekül — Sauerstoff

Wasserstoff — Wasserstoff

+ —

Wasserstoff-Ion   Hydroxid-Ion

Wasser (H₂O) besteht aus positiv geladenen Ionen (H⁺) und negativ geladenen Ionen (OH⁻). Das pH-Niveau ergibt sich aus dem Verhältnis zwischen diesen beiden Ionen in einem Gewässer. Wasserstoff-Ionen säuern das Wasser an, während Hydroxid-Ionen es alkalisch machen. In neutralem Wasser befinden sich beide zu gleichen Teilen.

Die pH-Skala ist logarithmisch. Das bedeutet, die Änderung des pH-Werts um eine Einheit, beispielsweise von 7 auf 8, bewirkt eine zehnfache Veränderung, von 7 auf 9 eine hundertfache und von 7 auf 10 eine tausendfache Änderung. Deshalb sind plötzliche pH-Änderungen für Fische mit Stress verbunden.

pH 9

pH 8

pH 7

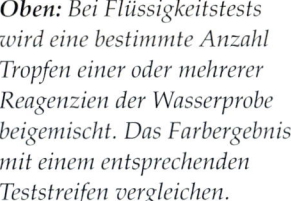

Oben: *Bei Flüssigkeitstests wird eine bestimmte Anzahl Tropfen einer oder mehrerer Reagenzien der Wasserprobe beigemischt. Das Farbergebnis mit einem entsprechenden Teststreifen vergleichen.*

Oben: *Dieser Breitband-pH-Test zeigt einen Wert von 8,5 pH, was alkalischen Wasserverhältnissen entspricht. Für sehr exakte Messungen sind speziellere pH-Tests erhältlich.*

nehmen und Säuren abgeben. Dies bewirkt eine Absenkung von Wasserhärte und pH-Wert.

In solchen Gebieten können die Härte- und pH-Niveaus so stark absinken, dass Hartwasser-Arten wie die Buntbarsche nicht überleben könnten.

Die oben beschriebenen Fische sind Beispiele für alkalophile (alkalisches Wasser) und acidophile (säurehaltiges Wasser) bevorzugende Fische, doch viele Arten bevorzugen die goldene Mitte. Manche Fische sind sehr anpassungsfähig und können in Wasser leben, das sich nicht immer genau mit bestimmten Bedingungen decken muss. Will man seine Fische jedoch gesund erhalten, sollte man möglichst Verhältnisse herstellen, die die Fische in freier Natur vorfinden würden. Es gibt verschiedene Methoden, um die Eigenschaften des Wassers zu verändern, ehe man es ins Aquarium gibt.

DIE pH-SKALA

Der Säure- oder Basegrad wird auf der pH-Skala gemessen, die von 1 bis 14 reicht.

Die Skala zeigt das Verhältnis von positiv geladenen Wasserstoff-Ionen (H⁺) und negativ geladenen Hydroxid-Ionen (OH⁻) an. Reines Wasser mit einem neutralen pH-Wert von 7 besitzt ein ausgeglichenes Verhältnis von Ionen. Wenn ein Gewässer mehr Wasserstoff-Ionen enthält, wird es als sauer bezeichnet (pH unter 7); befinden sich mehr Hydroxid-Ionen darin, ist es alkalisch (pH über 7). Die pH-Skala ist logarithmisch. Das bedeutet, der Wechsel um 1 pH (z.B. von 7 pH zu 8 pH) bewirkt eine Veränderung um das Zehnfache, der Wechsel um 2 pH (7 pH zu 9 pH) um den Faktor 100 und die Veränderung um 3 pH entspricht dem Faktor 1000. Aufgrund dieser logarithmischen Eigenschaft der Skala kann ein plötzlicher pH-Wechsel von über 1 pH für die Fische einen echten Schock bedeuten. Veränderungen um mehr als 2 pH können empfindliche Arten töten. Wenn die Wasserqualität sich allmählich über einen längeren Zeitraum ändert, können Fische sich im Rahmen ihrer körperlichen Möglichkeiten anpassen. In der Natur finden sich Aquarienfische normaler-

weise in Gewässern, deren pH-Wert zwischen 5 und 9 pH liegt, je nach geografischer Lage, doch für die Mehrheit ist ein pH-Wert zwischen 6,5 und 7,5 pH geeignet.

FAKTOREN, DIE DEN pH-WERT BEEINFLUSSEN

Der pH-Wert des Wassers ist eng mit der darin gelösten Menge Kohlendioxids (CO_2) verknüpft. Kohlendioxid bildet Kohlensäure im Wasser, wodurch der pH-Wert sinkt (und das Wasser saurer wird). Andere natürliche Säuren wie Humin- oder Gerbsäure werden im Aquarium gebildet und senken ebenfalls den pH-Wert über einen längeren Zeitraum. Moorkienholz, Abfallstoffe von Pflanzen, Fischen und einigen Bakterien erzeugen pH-senkende Säuren. Daher wird der pH-Wert in Aquarien mit der Zeit eher sinken.

Bestimmte Stoffe haben einen gegenteiligen Effekt, sie erhöhen den pH-Wert. Manche Steine und Bodengründe enthalten kalkhaltige Substanzen wie Calcium, die die im Aquarium gebildeten Säuren

TAG UND NACHT IM AQUARIUM

TAG

Am Tag wird Kohlendioxid von den Pflanzen verbraucht, während sich Sauerstoff mit organischer Materie verbindet. Die Produktion säurehaltiger Stoffe sinkt, der pH-Wert steigt.

Änderung des pH-Werts innerhalb von 24 Stunden.

NACHT

Pflanzen und andere Organismen produzieren Kohlendioxid und konsumieren Sauerstoff. Die Abgabe säurehaltiger Bestandteile senkt das pH-Niveau.

FISCHE

Alle Lebewesen – einschließlich Fische und Bakterien – atmen, wobei sie Sauerstoff verbrauchen und Kohlendioxid erzeugen.

FISCHE

Bakterien und Pflanzen atmen in gleich bleibendem Rhytmus, während die Fischatmung sich verlangsamt.

PFLANZEN

Bei Tageslicht findet in den Pflanzen Photosynthese statt, die Kohlendioxid verbraucht und Sauerstoff produziert.

PFLANZEN

Ohne Licht ist keine Photosynthese in den Pflanzen möglich, sie verbrauchen also weder Kohlendioxid noch geben sie Sauerstoff ab.

binden und das Absinken des pH-Werts verhindern.

Sind genügend kalkhaltige Bestandteile vorhanden, werden Wasserstoff-Ionen gebunden, was einen höheren Anteil an Hydroxid-Ionen hervorruft. Der pH-Wert steigt und erzeugt eher alkalische Bedingungen.

DER TAGESZYKLUS

Die pH-Werte stehen wie gesagt in engem Zusammenhang mit der Menge des im Wasser gelösten Kohlendioxids. Lebende Organismen produzieren und entnehmen dem Wasser im Aquarium kontinuierlich Kohlendioxid. Bei der Atmung wird es generell von allen Organismen konstant gebildet – Sauerstoff wird aufgenommen und Kohlendioxid abgegeben. Die größten Kohlendioxid-Produzenten durch Atmung im Aquarium sind die Bakterien. Das Kohlendioxid erreicht im Aquarium aber normalerweise keine kritischen Mengen, denn es wird durch einen ständigen Gas-Wasser-Austausch an der Wasseroberfläche entfernt und gleichzeitig Sauerstoff gelöst. Aufgrund der Atmung

und des Gas-Wasser-Austauschs bleiben Sauerstoff und Kohlendioxid innerhalb von 24 Stunden auf relativ konstantem Niveau, haben also wenig Einfluss auf den pH-Wert. Doch ein anderer Prozess kann dieses Gleichgewicht empfindlich stören und damit einen Tageszyklus in Gang setzen. Dieser Prozess ist die Photosynthese der Pflanzen, und zu einem gewissen Maß, der Algen.

Während der Photosynthese verbrauchen Pflanzen Kohlendioxid und erzeugen Sauerstoff. Das verringert das normale Kohlendioxid-Niveau, sodass nicht länger Kohlensäure gebildet wird und der pH-Wert entweder nicht weiter sinkt oder steigt (abhängig von anderen bereits genannten Faktoren). Da bei Pflanzen im Dunkeln (nachts) keine Photosynthese stattfindet, sie aber weiterhin atmen, sinkt das Sauerstoff-Niveau und der Kohlendioxidanteil steigt. Dies führt zur Produktion von Kohlensäure und zum Absinken des pH-Werts.

Diese tageszyklischen Schwankungen sind in Aquarien mit vielen Pflanzen oder konstanter Kohlendioxid-Düngung hö-

her. Die meisten Fische sind diesen Kreislauf in der Natur gewöhnt und sollten daher keinen Schaden nehmen. Aber im Aquarium können solche Effekte oft stärker spürbar sein und sollten in einem dicht bepflanzten Becken überwacht werden. Wenn die täglichen pH-Schwankungen bei 1 pH-Stufe oder mehr liegen, sollte man nachts zusätzlich belüften, um den Gas-Wasser-Austausch zu erhöhen und die übermäßige Anreicherung mit Kohlendioxid zu unterbinden. Die Luftzufuhr sollte jedoch nur nachts stattfinden, da die Pflanzen am Tag das Kohlendioxid zur Photosynthese benötigen.

WASSERHÄRTE

Das Wasser wird oft als hart oder weich bezeichnet, und die Wasserhärte ist eng mit dem pH-Wert verbunden. In der Natur ist saures Wasser gewöhnlich weich und alkalisches Wasser hart. Wasserhärte misst die im Wasser gelösten Salze und Mineralien; eine hohe Konzentration von Salzen und Mineralien macht das Wasser hart, während eine geringe Konzentration weiches Wasser charakterisiert.

Hartes Wasser, das viele Mineralien und Salze enthält, erzeugt oft alkalische Bedingungen (hoher pH-Wert), weil saure und organische Stoffe, die normalerweise den pH-Wert senken würden, durch die Bindung an Mineralien schnell entfernt werden. Im Gegensatz dazu enthält weiches Wasser wenige Mineralien, durch abgegebene Säuren wird das pH-Niveau also niedriger.

In der Trinkwasserversorgung ist eine Kombination aus hartem Wasser mit niedrigem pH-Wert möglich. Dies lässt sich erreichen, wenn dem Wasser Mineralien oder Salze zugesetzt werden, die sich nicht mit säurehaltigen oder organischen Substanzen verbinden. Das Gleiche geschieht, wenn dem Wasser zugeführte saure Stoffe (wie Kohlendioxid-Düngung) die Mineralien und Salze im harten Wasser „überwiegen".

EINE GUTE WASSERQUELLE?

Je nachdem, wo man wohnt, können pH-Wert und Härtegrad dem entsprechen, was die Fische benötigen, die man halten will. Doch meistens muss man das Wasser verändern oder eine andere Quelle finden, die den Bedürfnissen der Fische angemessen ist. Obwohl Leitungswasser eine praktische Wasserquelle darstellt, gilt es noch andere Faktoren zu berücksichtigen, weshalb eine alternative Quelle vielleicht vorzuziehen ist.

LEITUNGSWASSER

In den meisten Fällen muss Leitungswasser zu einem gewissen Grad behandelt werden, ehe es sich für die Verwendung im Aquarium eignet. Worauf man vor allem achten muss (außer auf pH und Härte), sind Chlor/Chloramin-, Nitrat- und Schwermetallgehalt. Chlor und Chloramin werden dem Leitungswasser beigefügt, um Bakterien zu töten, die für den Menschen schädlich sind, doch sie töten auch nützliche Bakterien im Aquarium ab und können die Fischkiemen beschädigen. Obwohl eine gute Durchlüftung in 24 Stunden praktisch das gesamte Chlor durch den Wasser-Gas-Austausch entfernt (Chlor wird als Gas zugesetzt), kann Chloramin (in das Chlor über einen längeren Zeitraum übergeht) nicht durch Belüftung beseitigt werden. Zur Entfernung von Chlor und Chloramin muss das Wasser vor Einfüllen des Aquariums mit einem passenden Chlorentferner behandelt werden. Entchlorende Zusätze sind im Zoofachhandel erhältlich. Einige sorgen auch für das Verschwinden von Schwermetallen, die manchmal in so großen Mengen vorhanden sind, dass sie bestimmte empfindliche Fische wie Diskus oder Prachtschmerlen schädigen können. Wenn ein Aquarium dicht bepflanzt ist, sind Schwermetalle nicht so besorgniserregend, weil die Pflanzen bei der Beseitigung solcher Schadstoffe äußerst effizient sind.

Schließlich kann Trinkwasser manchmal viel Nitrat enthalten, obwohl auch hier normalerweise der Anteil nur sehr empfindlichen Fischarten gefährlich werden kann. Nitrate lassen sich durch Vorfilterung mit Aktivkohle oder ein ähnliches chemisches Filtermedium entfernen. Stattdessen kann man jedoch auch ein Nitrat filterndes Medium als Teil der Aquarium-Filteranlage verwenden.

REGENWASSER

Viele Aquarianer benutzen für ihre Aquarien Regenwasser, weil diese Wasserquelle praktisch keine Härte besitzt und sich

HÄRTEGRAD DES WASSERS UND DER pH-WERT

In hartem Wasser agieren Mineralien als „Puffer", verbinden sich mit Säuren und neutralisieren sie. So erhalten sie die harten und alkalischen Eigenschaften (hoher pH-Wert) des Wassers. Manche Typen von Hartwasser-Mineralien haben nicht diese Wirkung, wie diese einfache Grafik zeigt.

Weiches Wasser (hoher pH-Wert)

Hartes Wasser (hoher pH-Wert)

Hartes Wasser (niedriger pH-Wert)

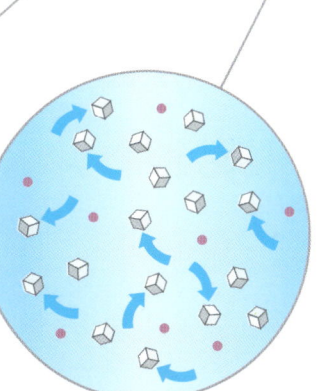

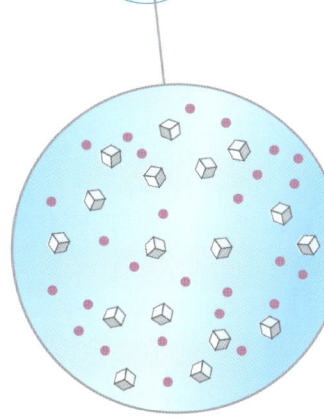

In weichem Wasser befinden sich weniger mineralische Substanzen, um Säuren zu absorbieren. Weiches Wasser ist säurehaltig und Schwankungen unterworfen.

Hartes Wasser enthält meist ein hohes Maß an Mineralien, die sich mit den Säuren verbinden und so ein hohes pH-Niveau ohne Schwankungen halten.

In manchen Wasserquellen gibt es nur bestimmte Mineralien, die sich nicht mit Säuren verbinden; das Wasser ist hart mit niedrigem pH-Wert.

Oben: *Regenwasser ist eine gute Quelle für beinahe reines, leicht saures Wasser ohne Härte. Das Wasser sollte durch ein chemisches Medium gefiltert werden, um etwa enthaltene Schadstoffe zu entfernen.*

daher ausgezeichnet für Acidophiles wie die meisten Tetras und Cichliden aus dem Amazonas eignet. Aber Regenwasser sollte stets ein chemisches Filtermedium durchlaufen, weil es auf seinem Weg zum Boden oft atmosphärische Verschmutzungen aufnimmt.

Abgesehen von diesen Verunreinigungen ist Regenwasser praktisch rein, weich und besitzt einen pH-Wert von 6,5–7. Sobald die Schadstoffe entfernt sind, sollte das Regenwasser mit etwas Leitungswasser gemischt oder zusätzliche „Spurenelemente" zugefügt werden. Dazu gehören Stoffe, die etwas Härte zuführen oder extreme pH-Schwankungen vermindern, sobald das Wasser im Aquarium ist.

UMKEHROSMOSE-WASSER

Um nahezu reines Wasser zu erhalten, müssen alle zusätzlichen Stoffe entfernt werden. Dies geschieht in einer Umkehrosmose-Anlage. Darin wird das Wasser

durch eine sehr feine Membran gepresst, die nur die Wassermoleküle hindurch lässt und alle größeren Moleküle zurückhält. Das entstandene Wasser ist rein und dem Regenwasser ähnlich, ohne Härte und mit niedrigem oder neutralem pH-Wert.

Der Vorteil von Umkehrosmose-Wasser gegenüber Regenwasser besteht darin, dass die Wahrscheinlichkeit der Verunreinigung weit geringer ist. Doch ebenso wie Regenwasser ist auch Umkehrosmose-Wasser zu rein, um es im Aquarium direkt einzusetzen. Es muss daher entweder mit Leitungswasser oder Spurenelementen vermischt und erst dann ins Becken gefüllt werden.

WEICHES WASSER HART MACHEN

Es ist relativ einfach, die richtigen Bedingungen für Hartwasserfische wie afrikanische Rift-Seen-Cichliden oder mexikanische Lebendgebärende einzustellen, denn dazu müssen dem Wasser Substanzen zugesetzt werden. Dafür stehen spezielle Präparate zur Verfügung. Andererseits kann man auch kalkhaltiges Gestein bzw. Bodengründe ins Aquarium geben.

UMKEHROSMOSE

Wasser besitzt die natürliche Fähigkeit, darin befindliche Bestandteile „auszugleichen" und darin gelöste Salze und Mineralien zu verteilen. Die Umkehrosmose ist eine Art von mechanischer Filterung, das erzwungene Gegenteil der hier gezeigten „natürlichen" Osmose.

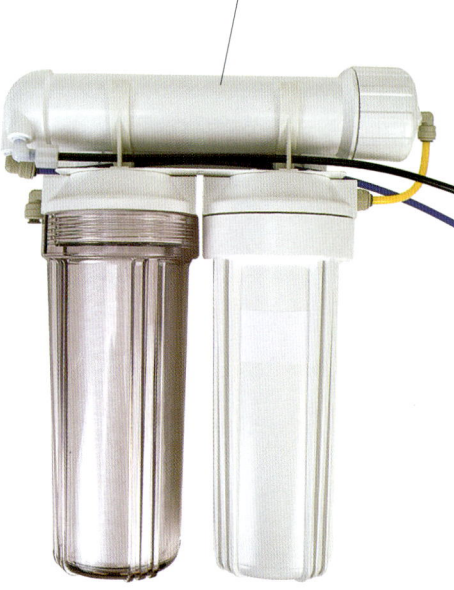

Umkehrosmose-Anlagen mit chemischen und mechanischen Vorfiltern entlasten die Hauptanlage.

Oben: *Eine handelsübliche Umkehrosmose-Anlage erzeugt Wasser mit einem pH-Wert von 6,5–7 ohne Härte. Puffer, Spurenelemente und Nährstoffe müssen beigegeben werden, ehe Pflanzen und Fische im Aquarium leben können.*

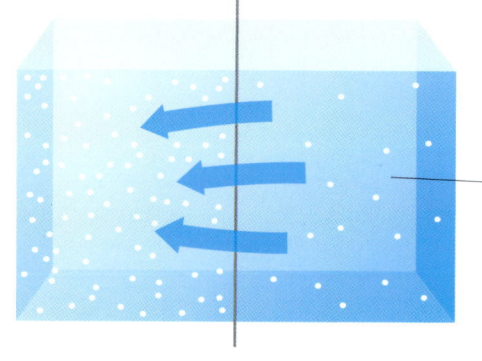

In der „natürlichen" Osmose fließt Wasser durch eine teilweise durchlässige Membran von einer verdünnten in eine konzentrierte Lösung.

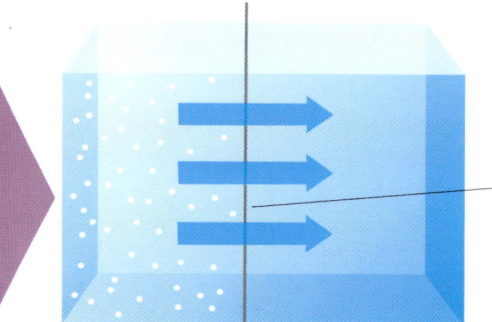

In der Umkehrosmose wird das Wasser durch eine sehr feine Membran gepresst, dabei bleiben gelöste Salze und Mineralien zurück.

Die Membran ist so fein, dass nur Wassermoleküle hindurchgelangen können und so reines Wasser entsteht.

PUFFER-KAPAZITÄT

Natürliche Wasserquellen besitzen einen bestimmten Härtegrad und eine eng damit zusammenhängende Puffer-Kapazität. Manche Fische benötigen andere Wasserverhältnisse, die an unterschiedliche Puffer-Kapazitäten geknüpft sind.

Säuren   Puffer   pH-Niveau

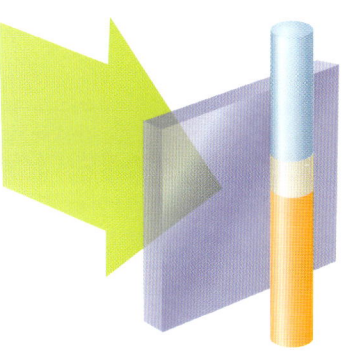

Eine hohe Puffer-Kapazität entfernt oder bindet saure Bestandteile, sobald sie gelöst werden, und verhindert pH-Änderungen.

Die Puffer-Kapazität sinkt allmählich, häufig vor allem in weicherem Wasser. Einige Stoffe werden nicht gebunden und erzeugen pH-Schwankungen.

Wenn die Puffer-Kapazität schwindet, oder in härtefreiem Wasser treten durch säurehaltige Bestandteile massive pH-Änderungen auf.

Calcium ist ein sehr wirksamer Puffer, doch nur für Hartwasser-Arten nutzbar. Auf Calcium basierende Kiese unterbinden pH-Schwankungen.

Fische und Pflanzen aus Hartwasser-Umgebungen gedeihen im stark gepufferten Aquarium gut.

Fische aus Weichwasser-Gebieten und die meisten Pflanzen sind an leichte Schwankungen gewöhnt.

Plötzliche pH-Änderungen sind schädlich und können Fische und Pflanzen töten.

Die enthaltenen Mineralien erhöhen den Härtegrad, halten folglich den pH-Wert über dem neutralen Niveau und verhindern die Absenkung.

Diese Steine und Substrate sollten nur in Becken verwendet werden, in denen alkalophile Fische leben, denn die Härte kann gravierend ansteigen und einen pH-Wert von bis zu 8,5 erreichen.

Für Fische, die nur leicht erhöhte Härtegrade vertragen, sind daher Spurenelement-Zusätze das probate Mittel.

HARTES WASSER WEICH MACHEN

Da die Verringerung der Wasserhärte eine Entfernung von Elementen nötig macht, ist dieser Prozess etwas schwieriger als eine Härtesteigerung. Zunächst kann man eine andere Wasserquelle verwenden und Umkehrosmose-Wasser oder Regenwasser hinzufügen, um es weicher zu machen.

Oder man legt Materialien wie Moorkienholz ins Aquarium, die Säure abgeben, bzw. führt eine CO_2-Düngung durch, die Härte bildende Salze und Mineralien im Wasser bindet.

Der Erfolg dieser Methode hängt aber weitgehend davon ab, welche Salze und Mineralien sich tatsächlich im Wasser befinden. Die säurehaltigen Substanzen reagieren mit manchen dieser Stoffe nicht, es entsteht somit ein niedriger pH-Wert, das Wasser bleibt jedoch recht hart.

Zur Senkung von Härtegrad und pH-Wert sind besondere Präparate auf dem Markt, doch sollten sie nur in Wasser von 7–8 pH oder weniger verwendet werden. Bei höherem pH-Niveau werden Karbonate manchmal unlöslich und trüben das Wasser (durch vorher gelöste Mineralien), was die Filter möglicherweise verstopfen könnte.

PUFFER-KAPAZITÄT

Als Puffer-Kapazität bezeichnet man die Fähigkeit, in einem Gewässer einen stabilen pH-Spiegel einzustellen, oder genauer, die Senkung des pH-Werts zu verhindern. Das Wasser enthält Puffer, oft als Karbonate, die die Konzentration der Wasserstoff-Ionen und damit eine extreme Absenkung des pH-Werts verringern. Die Puffer-Kapazität hängt eng mit der Wasserhärte zusammen. Hartes Wasser ist generell besser gepuffert als weiches und besitzt einen höheren pH-Wert als weiches Wasser. Die Puffer-Kapazität wird durch regelmäßige Wasserwechsel stabil gehalten. Es ist daher äußerst wichtig, die Karbonat-Härte in bepflanzten Aquarien regelmäßig zu messen. Wenn alle verfügbaren Karbonate aufgebraucht werden, kann es zu einer extremen Senkung des pH-Spiegels kommen, dies schadet Fischen und Pflanzen.

Planung eines Aquariums

Die Gestaltung einer beeindruckenden Aquarienlandschaft, besonders mit einem speziellen Lebensraum, erfordert umfangreiche Planung und Vorbereitung. Zunächst ist ein geeigneter Platz für das Aquarium zu wählen – wo es am besten betrachtet werden kann und zugleich die Bedingungen für seine Bewohner günstig sind –, Ausrüstung und Dekoration sollten sorgfältig auf die angestrebte Landschaft abgestimmt sein. In den vergangenen Jahrzehnten hat sich das Aquaristik-Hobby bedeutend weiterentwickelt, und es ist heute relativ einfach, unterschiedliche Becken, Ausrüstung und Dekoration zu bekommen.

AUSWAHL DES GEEIGNETEN PLATZES

In jeder Wohnung gibt es gute und schlechte Plätze fürs Aquarium, obwohl einige ungeeignete Standorte zunächst gar nicht so wirken mögen. Doch wenn ein Aquarium einmal aufgestellt ist, kann eine Umstellung problematisch werden. Bei der Platzwahl sollten in erster Linie drei Punkte berücksichtigt werden: der beste Standort für die Betrachtung, die praktikabelste Stelle für die Unterbringung der Ausrüstung und Pflegearbeiten und das angenehmste Umfeld für die Fische. Der passende Beobachtungsstandort ist eine Frage der persönlichen Vorliebe, doch im Hinblick auf Geräte, Wartung und Umgebung des Aquariums sollte man mehrere Faktoren beachten.

AUSRÜSTUNG UND WARTUNG

In den meisten Fällen steht das Aquarium auf einem Schränkchen oder Gestell, und ein Großteil der Hilfsmittel wie externe Filteranlagen können darunter verstaut werden. An der Rückseite und den Seiten des Aquariums benötigt man mindestens 7,5 cm Platz für Kabel bzw. Rohrleitungen. Eine Steckdose sollte unbedingt in der Nähe sein. Um zu vermeiden, dass Wasser an den Kabeln entlang zur Steckdose fließt, sollten diese unter der Dose eine

Schlaufe bilden und dann erst in die Höhe zum Stecker verlaufen. Auch über und vor dem Aquarium besteht Platzbedarf, damit sich Wasserwechsel und Filterreinigung mühelos erledigen lassen. Ein Wasserhahn in der Nähe ist nicht unbedingt nötig, da man das Wasser auch in Eimern von und zum Aquarium tragen kann.

DIE UMGEBUNG

Geräusche, Vibrationen, Bewegungen, Wärme und Licht rund um das Aquarium wirken sich direkt auf die Gesundheit der Fische aus, denn viele äußere Umwelteinflüsse können die Fische stressen und ihr Wohlbefinden beeinträchtigen. Die Wahl eines guten Standorts trägt daher dazu bei, dass die Fische gesund, zufrieden und farbenprächtig sind. Vibrationen von Haushaltsgeräten wie Waschmaschinen, Fernsehgeräten oder Stereoanlagen oder andere laute Geräusche übertragen sich durchs Aquarium und beeinträchtigen

dessen Bewohner. Fische reagieren empfindlich auf Schall und nutzen ihn, um andere Fische und Gegenstände im Aquarium wahrzunehmen. Bei zu starken Vibrationen von außen erleben die Fische eine „Reizüberflutung", die ihr Immunsystem schwächt, gesundheitliche Probleme und manchmal Fischsterben zur Folge hat. Auch plötzliche Vibrationen durch eine zuschlagende Tür, Menschen, die am Aquarium vorbeigehen oder an das Glas klopfen, haben eine ähnliche Wirkung. Im Idealfall wählt man einen ruhigen Ort an der Wand oder gegenüber der Tür, wo die Fische die ins Zimmer tretenden Menschen schon von weitem sehen können.

Auch die Lichtverhältnisse sollten in Betracht gezogen werden. Obgleich das Aquarium beleuchtet ist, sollte das Licht im Zimmer keinen Einfluss darauf haben. Plötzliche Beleuchtungsveränderungen von hellem Licht zu vollkommener Dun-

Links: Ein Aquarium ist auch ein Möbelstück und sollte daher mit Sorgfalt gewählt und platziert werden, damit es mit der Einrichtung von Zimmer und Umgebung harmoniert. Einmal aufgestellt, lässt sich ein Aquarium nicht mehr problemlos bewegen, praktische Erwägungen sollten vor dem Aufbau stattfinden.

PLATZIERUNG DES AQUARIUMS

Für Pflege, Kabel oder Rohrleitungen sollte um das Aquarium und dahinter genügend Platz sein. Der Raum unter dem Aquarium kann zur Aufbewahrung von Futter und Geräten dienen.

Das Hauptlicht im Zimmer sollte nach Möglichkeit mit einem Dimmer ausgestattet werden. Plötzliche Lichtveränderungen, die die Fische schockieren, werden so umgangen.

Das Aquarium kann durch die Wärme von Sonneneinstrahlung oder Heizkörpern beeinträchtigt werden. In diesem Zimmer scheint die Sonne nur für kurze Zeit ins Becken.

Steckdosen sollten sich in der Nähe des Aquariums befinden. Es ist sicherzustellen, dass Kabel unterhalb der Dose eine Schlaufe bilden, ehe sie den Stecker erreichen.

Vibrationen von Fernsehgeräten oder Stereoanlagen können die Fische stören. Solche Geräte sollten stets in entsprechend großem Abstand vom Aquarium stehen.

Sich plötzlich öffnende oder schließende Türen können die Fische stressen. Das Aquarium ist in diesem Zimmer so platziert, dass die Fische die Tür aus sicherer Entfernung sehen können.

kelheit können den gleichen negativen Effekt auf die Fische haben wie Vibrationen. Meist lässt sich dies vermeiden, indem man das Aquariumlicht so einstellt, dass es sich in der Dämmerung einschaltet, wenn im Zimmer noch Tageslicht vorhanden ist. Man sollte es mindestens 20 Minuten früher als die Zimmerbeleuchtung ausschalten. Schließlich ist das Aquarium auch nicht direktem Sonnenlicht auszusetzen, weil sich das Becken im Sommer zu stark aufheizen kann, was das Algenwachstum fördert und das Wasser grün färbt. Auch andere Wärmequellen wie Heizkörper sind aus dem gleichen Grund zu meiden.

DAS RICHTIGE AQUARIUM
Was Formen und Größen von Aquarien angeht, gibt es eine unglaublich große Auswahl, daher ist die Entscheidung für das richtige Becken hauptsächlich vom Budget und vorhandenem Platz abhängig. Im Allgemeinen entschließt man sich für das Größte, das man an der gewählten Stelle unterbringen kann. Ein größeres Aquarium ist in der Regel leichter zu pflegen als ein kleines, denn die Stabilisierung einer größeren Wassermenge ist einfacher. (Schadstoffe oder überschüssiger Abfall wirken in einem Aquarium mit größerer Wassermenge nicht so stark, da die Verunreinigungen stärker verdünnt sind). Außerdem bietet dies mehr Möglichkeiten zur Gestaltung einer interessanten Landschaft, obwohl das nicht bedeutet, ein kleines Aquarium könne keine Basis für eine beeindruckende Gestaltung sein.

Nun sollte man sich Gedanken über den Stil des Aquariums machen. Manche sind komplett mit Abdeckungen und Unterschränken erhältlich, man kann die Teile aber auch einzeln kaufen. Obwohl es günstiger sein mag, ein vollständiges Set mit Filtern, Beleuchtung und Heizung zu kaufen, sollte man nicht vergessen, dass Veränderungen später nicht leicht durchzuführen sind, denn Filter- und Beleuchtungsanlagen sind dann bereits fest installiert. Sollte ein Aquarium in einen bestimmten Standort eingepasst werden, kann man im Zoofachhandel auch eine Sonderanfertigung in beinahe jeder Größe und Form bestellen.

PLATZIERUNG DES AQUARIUMS
Ein mit Wasser gefülltes Aquarium ist sehr schwer und übt einen enormen Druck auf den Boden aus. Wenn es auf einem Holzboden stehen soll, empfiehlt es sich, herauszufinden, wo die Querbalken verlaufen, und Schrank oder Gestell darüber zu platzieren. Durch das Gewicht des Was-

sers wird auf den Glasboden des Beckens Druck ausgeübt, daher sollte er abgestützt werden.

Wenn sich der Wasserdruck auf einen Bereich des Bodens konzentriert, kann das Glas des Aquariums einen Sprung bekommen. Um dieses Risiko auszuschließen, haben viele neuere Aquarien einen Rahmen um den Boden, der das Becken vom Schrank oder Gestell darunter abhebt. Wenn das Aquarium keinen Rahmen besitzt, legt man zwischen Aquarium und Schrank oder Gestell eine Styroporplatte oder Schaumstoffmatte. Diese Schicht gleicht eventuelle Unebenheiten aus und verteilt den Druck gleichmäßig.

WAHL EINES BIOTOP-STILS

Der Stil des Aquariums, das man gestalten möchte, bestimmt die benötigte Ausrüstung. Für ein Aquarium, das einen Bergbach nachbilden soll, braucht man z. B. zusätzliche Pumpen, während ein Malawi-See-Aquarium eines größeren Filters bedarf, um mit einer höheren Menge an Abfallstoffen aus einem stark besetzten Aquarium fertig zu werden. Ein

dicht bepflanztes Biotop beansprucht umfangreiche CO_2-Düngeanlagen oder ein besonderes Substrat. Es ist daher wichtig, vor Erwerb oder Installation von Geräten zu wissen, welche Art von Biotop-Aquarium man einrichten möchte. Die Entscheidung bestimmt natürlich in erster Linie der persönliche Geschmack, doch die Wartung sollte bedacht werden. Ein dicht bepflanztes und besetztes Aquarium mit besonderen Wasserbedingungen erfordert weit mehr Pflege, Erfahrung und Zeitaufwand als ein relativ leeres Aquarium ohne spezielle Wasseranforderungen.

GESTALTUNG EINER AQUARIENLANDSCHAFT

Mit Ausnahme der vorherigen Befestigung von Felsgebilden und Rückwänden sollte der Aufbau einer Aquarienlandschaft am besten in einem Zug erfolgen. Auf diese Weise verwandelt sich das Aquarium von einem leeren Kasten in eine wertvolle Landschaft.

Sobald man sich auf den Landschaftsstil festgelegt hat, entscheidet man im

GRUNDAUSSTATTUNG

Alle Aquarien benötigen eine bestimmte Grundausstattung, zu der Heizung, Filter und Beleuchtung gehören.

Aquariumheizer

Heizer/Thermostate (Regelheizer) ähneln sich in Funktion und Aussehen, bieten aber auch zusätzlichen Komfort, z. B. mit verstärktem Glas, das für Becken mit vielen Felsen oder lebhaften Fischen empfehlenswert ist. Bestimmte Filter verfügen über eingebaute Regelheizer oder Fächer, in die Thermostate eingelassen werden können. Unabhängig von der Konstruktion ist der wichtigste Faktor die Wattleistung der Heizeinheit. Je größer das Aquarium ist, desto höher sollte die Wattleistung des Heizgeräts sein. Dabei gilt es zu beachten, dass die Wattleistung auf den Gebrauch bei Zimmertemperatur oder etwas darunter ausgelegt ist. An einem wesentlich kühleren Platz benötigt man eine Heizung, mit höherer Wattleistung.

Unten: Ein Schutzgitter bewahrt den Regelheizer vor Schaden (durch feste Gegenstände oder Fische) und die Fische vor Überhitzung, falls sie sich zu nah an der Heizung aufhalten.

Aquarien-Filter

Bei der Wahl eines Filters für ein bestimmtes Aquarium spielen vor allem Filterleistung, -volumen und Standort in Bezug auf das Becken eine Rolle. Größere Filter haben gewöhnlich eine höhere Filterleistung. Doch schnell durchfließendes Wasser ist in einem Aquarium nicht wünschenswert, wenn sich darin viele Pflanzen befinden oder es z.B. einen Sumpf mit schwacher Strömung oder einen teichähnlichen Le-

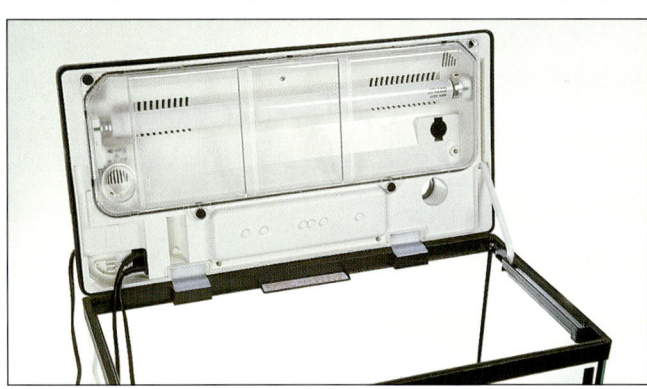

Links: Diese sonderangefertigte Beckenabdeckung hat ein eingebautes Beleuchtungsfach und einen Kabelbehälter, wodurch es möglich ist, Licht, Heizung und Filter an einer Steckdose anzuschließen.

Rechts: In einem „nackten" Becken kann man eine besondere Gestaltung vornehmen und dabei spezielle Geräte einbeziehen. Dieses 90x30x45 cm große Becken wurde für die im Buch gezeigten Landschaften verwendet.

Oben: *Ein Außenfilter im Behälter bietet eine wirksamere Filterung und schafft im Aquarium mehr Platz zur Landschaftsgestaltung. Unterschiedliche Filtermedien kontrollieren die Wasserbedingungen.*

bensraum darstellt. Eine rasche Strömung hemmt nicht nur das Pflanzenwachstum, sondern mindert auch den Eindruck eines ruhigen, ungestörten Habitats.

Aber in einem Aquarium, das einen Gebirgsbach oder schnell fließenden Fluss nachahmt, ist die rasche Filterleistung wichtig, sie muss unter Umständen sogar von zusätzlichen Pumpen unterstützt werden. In diesen Aquarien kann es sich sogar lohnen, einen engen Auslass am Filter zu installieren, um das Aussehen einer stark sauerstoffhaltigen Wasserströmung zu betonen.

Das Filtervolumen hängt direkt mit dessen biologischer Leistung zur Entfernung von organischen Verunreinigungen wie Ammonium, Nitriten und manchmal auch Nitraten zusammen. Innenfilter (im Aquarium) besitzen aus praktischen und ästhetischen Gründen ein geringes Volumen. Ein Außenfilter hat generell mehr Volumen. Seine Größe richtet

sich nach dem verfügbaren Platz. Das zusätzliche Volumen kann mechanischer (Schwämme), biologischer (Schwämme und spezielle Medien) und chemischer Filterung (Aktivkohle und andere Medien) dienen. Dieses zusätzliche Fassungsvermögen ist besonders in dicht besetzten Becken (z. B. Rift-Valley-Seen-Aquarium), bei großen Fischen (etwa südamerikanischen Cichliden) oder für Fische mit hohen Anforderungen an die Wasserqualität, wie Diskusfische, sinnvoll.

In üppig bepflanzten Aquarien lässt sich ein recht kleiner Innenfilter hinter dichtem Pflanzenwuchs oder Dekorationsmaterial verstecken, doch in einem felsigen Riff-Seen-Aquarium oder einem offenen Brackwasser-Becken ist ein Filter nur schwer zu verbergen. In diesen Fällen ersetzt ein Außenfilter störend wirkende Geräte im Aquarium.

Aquarienbeleuchtung

Im Allgemeinen sorgen speziell abgestimmte Leuchtstoffröhren für die Beleuchtung im Aquarium. Manchmal sind jedoch auch darüber hängende HQI- oder HQL-Lampen sinnvoll. Leuchtstoffröhren werden von passenden Transformatoren mit gleicher Wattleistung wie die Röhre betrieben, obgleich manche Lampen einige Watt Toleranz haben. Der Transformator sollte sich außerhalb des Aquariums befinden, er sollte nicht nass werden. Im Idealfall platziert man ihn im Unterschrank des Aquariums. Der Transformator wird komplett mit Kabeln und Kappen zum Anschluss an die beiden Röhrenenden geliefert.

Leuchtstoffröhren werden nicht sehr heiß und nehmen durch Wasserspritzer keinen großen Schaden. Wenn sich an den Röhren jedoch für lange Zeit permanent Kondens-

wasser bildet, kann das die Lebensdauer der Röhre verkürzen.

Punktstrahler wie Metall- oder Quecksilberdampflampen sind ideal, um bestimmte Bereiche im Aquarium zu betonen oder das Pflanzenwachstum zu verbessern. Diese hellen Lampen sind teurer als Leuchtstoffröhren, erzeugen jedoch mehr Licht und lassen, vor allem bei größeren Landschaften und besonders in Becken, die tiefer als 45 cm sind, deutliche Unterschiede erkennen. Strahler sollten an der Decke oder einer passenden stabilen Konstruktion aufgehängt werden, wobei die Lampen mindestens 45 cm von der Wasseroberfläche entfernt sein müssen. Da Punktstrahler über einem offenen Aquarium hängen, kann bedeutend mehr Wasser verdunsten; um den richtigen Wasserspiegel zu halten, ist daher regelmäßiger Wasserwechsel nötig.

Unten: *Leuchtstoffröhren sind die beliebteste Form der Aquarienbeleuchtung. Die verschiedenen Lampen dienen unterschiedlichen Zwecken, wie Pflanzenwachstum oder Betonung der Fischfarben. Eine Kombination erzielt die beste Wirkung.*

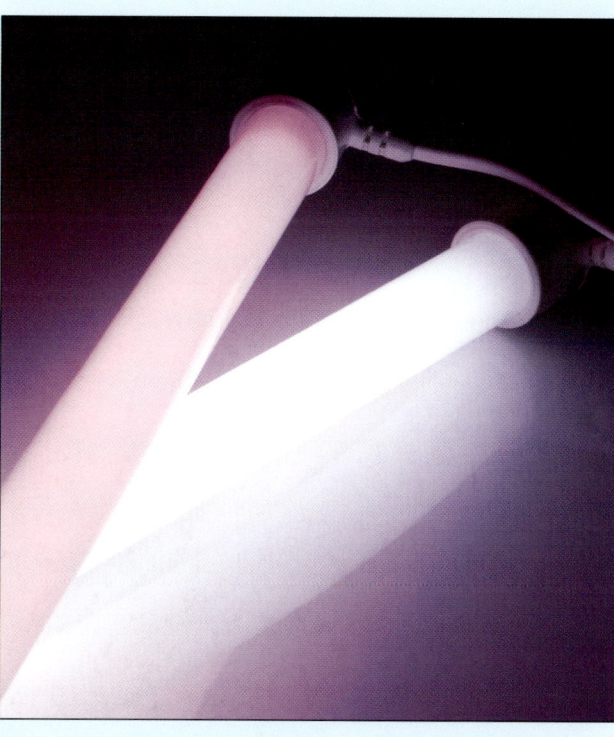

nächsten Schritt, wohin Dekoration und Pflanzen gesetzt werden und wie viel man davon benötigt. Einfache Skizzen der Vorderansicht und Aufsicht der geplanten Landschaft helfen dabei.

Wenn man etwas mehr Zeit auf die Herausarbeitung von Details verwendet, erhält man oft die Ideen, die nachher zu einem außergewöhnlichen Ergebnis führen. Zu diesem Zeitpunkt der Planung sollten die Bedürfnisse der Fische berücksichtigt werden. Brauchen sie eine kleine Höhle, dichten Pflanzenwuchs, Schwimm-pflanzen oder Verstecke? Man kann auch den Ehrgeiz entwickeln, im Aquarium Fische zu züchten, dann sollte auch an die Materialien gedacht werden, die passende Brutplätze bieten. Anabantoiden benötigen dafür eine Reihe kleiner Schwimmpflanzen, feinblättrige Arten wie *Cabomba* und eine ruhige Oberfläche, an der Schaum-nester gebaut werden können. Zwerg-Buntbarsche wie *Kribensis*- oder *Apistogramma*-Arten mögen Höhlen oder kleine, fla-che Felsen und gut abgegrenzte Reviere. Das Anfertigen einer Liste aller Teile des Aquariums sorgt dafür, dass alles bereitsteht, wenn man mit der Landschafts-gestaltung beginnt.

AUFBAU DES AQUARIUMS
Sobald das Aquarium aufgestellt ist, prüft man, ob es waagerecht steht und sich die Ränder auf einer Ebene mit Schrank oder Gestell befinden. Man sollte auch kontrollieren, ob hinter dem Aquarium genügend Platz für Kabel, Rohre und die Entlang-

Oben: Vor Beginn der Arbeit empfiehlt sich die Anfertigung einer Skizze. Die Bedürf-nisse der Fische sollten ebenso berücksichtigt werden wie die Gesamtgestaltung.

führung elektrischer Leitungen und Stecker besteht.

BEFESTIGUNG DER RÜCKWAND
Die Rückwand sollte immer zuerst befestigt werden. Sind bereits Geräte oder Dekorationsstücke im Becken, ist das Fixieren oder Bewegen der Rückwand wesentlich schwieriger. Einfache, farbige Plastikfolien-Hintergründe kann man mühelos zurechtschneiden und innen oder außen festkleben. Wird das Becken voraussichtlich viel Dekor enthalten, und

die Rückwand dient in erster Linie dazu, Rohrleitungen, Kabel und Tapete zu verbergen, fixiert man sie mit etwas Klebeband. Wenn die Ausstattung relativ spärlich ist, empfiehlt es sich, den Hintergrund im Aquarium anzubringen, um so die typischen blasenartigen „Flecken" zu vermeiden, die entstehen, wenn sich Kondenswasser zwischen Aquarium und Rückwand bildet.

EINFÜLLEN DES BODENGRUNDS
Je nach Landschaft besteht das Substrat entweder aus einer einfachen Schicht Feinkies oder einer vielschichtigen Zu-sammenstellung verschiedener Boden-gründe, angemessen für eine dicht be-pflanzte Landschaft. In jedem Fall muss er gut gewaschen werden, ehe man ihn ins Aquarium füllt (siehe S. 29). Nach der Reinigung kann man „Einzel"-Substrate direkt ins Aquarium geben und nach Bedarf verteilen. Komplexere Pflanzsubstrate sollten in einer bestimm-

Unten: Hinter größeren Dekorationsstücken lassen sich erhöhte Pflanzenbeete bauen, die man dann mit passendem Bodengrund auf-füllt. Dieser wichtige Bestandteil gehört zur Aquarienlandschaft auf den Seiten 142–143.

Rechts: Diese eindrucksvolle Landschaft, in der Moorkienholz dominiert, ist das Ergebnis sorgfältiger Planung und Vorbereitung.

ten Reihenfolge eingeschichtet werden. Verwendet man ein Heizkabel, wird es jetzt angebracht (siehe S. 28–29).

Der Bodengrund kann flach ausgebracht werden oder zur Rückseite des Aquariums ansteigen, um den Eindruck von Tiefe zu erzeugen. Das Substrat ist häufig das unnatürlichste Element einer Landschaft. Man sollte nicht vergessen, dass in der Natur der Boden nur selten einheitlich und flach verläuft, sondern eher geschwungen ist und von kleinen Steinen, Holz und organischem Mulm bedeckt wird. Zusätzliches Material wie Steingrus, Kiesel und Holzstücke über dem Hauptsubstrat erweckt einen viel natürlicheren Eindruck. Um die Wirkung noch zu erhöhen, kann man versuchen, über Felsen und Holz Substrat zu häufen. Das ist besonders wirkungsvoll, wenn man das von der Strömung gestaltete Bett eines Baches oder schnell fließenden Flusses nachahmen will.

INSTALLATION DER GERÄTE

Filter, Lampen und Heizung müssen vor Inbetriebnahme des Aquariums angebracht werden. Der Regelheizer lässt sich ohne große Mühe befestigen. Man montiert ihn im 45°-Winkel in dem Bereich, wo das Wasser bewegt ist, dabei befindet sich der Thermostat oben in Flussrichtung. Dadurch kommt es zu einer gleichmäßigen Temperaturverteilung und die ausströmende Wärme beeinträchtigt nicht sofort die Wirkung des Thermostats. Den Heizer niemals außerhalb des Aquariums einschalten, da sonst das Glas springen kann und das Gerät unbrauchbar wird. Die Heizung sollte etwa in der Mitte der Aquarienwand platziert werden, sodass sie vollständig von Wasser bedeckt und weit genug von großen Steinen entfernt ist, die umstürzen und sie beschädigen könnten. Schutzgitter aus Plastik bewahren den Regelheizer vor Schäden durch herabfallende Steine oder vor der Aufmerksamkeit großer, lebhafter Fische.

Man platziert Innenfilter so, dass sich der Auslass etwa 5 cm unter der Wasseroberfläche befindet. Die Strömung muss nicht stark sein. Wenn an der Oberfläche etwas Wasserbewegung erkennbar ist, sollte das Aquarium mit genügend Sauerstoff versorgt werden. Innenfilter lassen sich hinter Dekoration oder Pflanzen verbergen, sie sollten sich für die regelmäßige Wartung mühelos entfernen lassen.

Außenfilter platziert man am besten unter dem Aquarium. Obwohl sie sich auch neben – oder sogar über – dem Becken anbringen lassen, müssen sie sich zur richtigen Einstellung bei erster Inbetriebnahme oder nach Wartungsarbeiten unter dem Becken befinden. Die Rohrleitung zwischen Aquarium und Filter sollte lang genug und der Filter zur Wartung mühelos erreichbar sein. Um im ge-

samten Aquarium Strömung zu erzeugen, liegen Ein- und Auslassleitungen an den beiden Schmalseiten des Beckens. Der Filterzulauf sollte unmittelbar über dem Aquariumboden platziert werden, wo der Zustrom am meisten Detritus aufnimmt. Entsprechend sitzt die Filterausleitung an der Wasseroberfläche, um eine gute Sauerstoffversorgung zu gewährleisten. Ist der Ausstoß eines Innen- oder Außenfilters zu stark, lässt sich die Wasserbewegung mit einer Sprühleiste über einen weiteren Bereich verteilen.

PLATZIERUNG DER DEKORATION

Die Anordnung von Pflanzen, Holz, Steinen und anderen Dekorationsgegenständen folgt künstlerischen Überlegungen, doch die Beachtung einiger Regeln kann dabei hilfreich sein. Zur Gestaltung eines abwechslungsreichen Terrains für die Fische sollte man genügend Verstecke und Deckungsmöglichkeiten, aber auch offene Bereiche zum Schwimmen schaffen.

Dekorationsstücke bzw. dichte Bepflanzung an den Rändern und im hinteren Teil des Aquariums bieten nicht nur Verstecke, sondern verbergen auch Geräte und lassen so in der Mitte Platz zum Schwimmen.

Abgesehen von den Pflanzen sollten alle Gegenstände einen ähnlichen Stil haben. Beispielsweise verwendet man im gesamten Aquarium die gleiche Art von Moorkienholz. Das gilt auch für Steine: Man wählt höchstens ein oder zwei Gesteinsarten, die sich möglichst mit der Zusammensetzung des Bodengrunds decken. Solch eine Begrenzung der Dekorationsstücke gibt dem Aquarium eine besondere Note und sieht viel natürlicher aus. Es ist manchmal schwieriger, ein „natürlich" aussehendes Aquarium zu schaffen, statt eines Beckens, das künstlich wirkt. Der Erfolg steht und fällt eher mit wenigen kleinen Bestandteilen, nicht mit den großen Dekorstücken.

FÜLLEN DES AQUARIUMS

Nun kann man das Aquarium mit Wasser füllen. Dazu gießt man das Wasser vorsichtig auf einen Teller oder in einen Messbecher im Aquarium, um das Substrat nicht zu stark aufzuwirbeln. Das Wasser verteilt sich gleichmäßig und Störungen bleiben auf ein Minimum beschränkt. Ist das Aquarium gefüllt, gibt man ein Entchlormittel hinein, das eventuell enthaltenes Chlor oder Chloramin entfernt. Schließlich schaltet man Filter, Heizung und Licht ein und überprüft, ob alles ordnungsgemäß funktioniert. Das Aquarium sollte sich mindestens drei bis vier Tage aufheizen und setzen, bevor man mit dem Fischbesatz beginnt. In dieser Zeit kann man die Pflanzen einsetzen und der Landschaft den letzten Schliff geben.

AUFBAU EINER AQUARIENLANDSCHAFT

Diese Fotoserie gibt die wichtigsten Stadien beim Aufbau einer Aquarienlandschaft wieder. Nehmen Sie sich Zeit dazu.

Feinster Feinkies ist ein guter Pflanzgrund.

Mittelgrober Feinkies als Mischsubstrat.

Grober Feinkies zur Gestaltung von sandigen Bachbetten.

Zunächst muss die Rückwand befestigt werden. Sie lässt sich an der hinteren Scheibe außen mit Klebstreifen fixieren.

Schritt 1

Das Substrat gründlich waschen, ehe man es gleichmäßig über den Boden des Aquariums verteilt. Den Bodengrund am besten mit einem kleinen Gefäß einfüllen. Wenn man große Mengen von weit oben schüttet, können Kieselsteine hochspringen und das Glas verkratzen oder splittern lassen. Etwas Material zurückbehalten, um damit später kleine Erhöhungen zu gestalten.

Schritt 2

Zunächst die größeren Dekorstücke im Aquarium platzieren. Dabei sollte man gewährleisten, dass schwere Teile wie große Steine sicher liegen und nicht gegen das Glas rollen können. In diesem Stadium können auch Filter, Heizer und Rohrleitungen angebracht werden. Keinesfalls sollte irgendein Gerät eingeschaltet werden, solange das Becken nicht mit Wasser gefüllt ist.

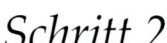

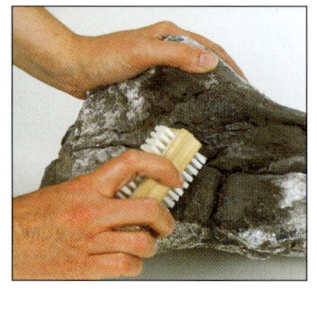

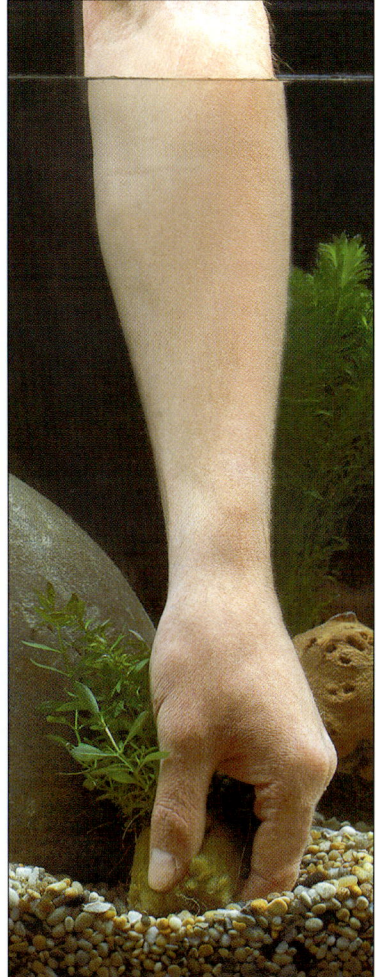

Schritt 3

Leitungswasser kann problemlos verwendet werde, beim Einsatz eines Schlauchs sollte es aber erst ein bis zwei Minuten laufen, um schales Wasser zu entfernen. Das Wasser langsam über einen großen Stein oder im Aquarium liegenden Teller fließen lassen, um möglichst wenig aufzuwirbeln. Pflanzen und weitere Dekorationsstücke werden noch Wasser verdrängen, das Becken daher nicht bis zum Rand füllen. Ist das Aquarium gefüllt, ein Entchlormittel zugeben und die Geräte einschalten.

Schritt 4

Jetzt die Pflanzen einsetzen. Dazu möglichst mehrere Pflanzen einer Art nebeneinander platzieren, aber noch Raum für Wachstum lassen. In diesem Stadium überprüft man die Geräte, um sicher zu gehen, dass Filter und Heizer richtig arbeiten. Außenfilter benötigen meist einige Minuten, bis sie funktionieren, weil gefangene Luftblasen sich nur allmählich durch die Leitungen voranbewegen.

Schritt 5

Nun kann man dem Bodengrund den letzten Schliff geben. Das Einstreuen von gröberen Substraten, Steinen, Holz oder Kieseln kann eine solche Wirkung erzielen, die die ganze Landschaft natürlicher erscheinen lässt. Man sollte dabei auf Gesteinsarten und Holzstücke zurückgreifen, die mit dem Bodengrund oder größeren Hölzern übereinstimmen.

Schritt 6

Befinden sich alle Pflanzen und Dekorationsstücke an ihrem Platz, füllt man das Aquarium ganz auf. Das Becken benötigt einige Zeit zum Aufheizen und Einfahren, ehe man Fische hineinsetzen kann. Am besten lässt man das Aquarium für 14 Tage ruhen und testet die Wasserwerte, ehe man die Fische hineingibt. In dieser Abschlussphase sollte man sich eine bestimmte Pflanzenpflege- und Wartungsroutine angewöhnen, die man für die gesamte Lebensdauer dieses Schauaquariums beibehält.

Teil 2

Aquarienlandschaften

Die Basis einer erfolgreichen Fischpflege beruht auf vielen unterschiedlichen Faktoren. Ein Aquarium mit vollkommen gesunden Bewohnern, das eingefahren ist und gut versorgt wird, lohnt die Mühe kaum, wenn es nicht natürlich aussieht. Der Brückenschlag zwischen einer gesunden und einer eindrucksvollen Landschaft gelingt, indem ein Aquarianer von der Natur lernt. In zahlreichen natürlichen Lebensräumen und Umgebungen leben überall unterschiedliche Fische, die jeweils besondere Eigenheiten und Bedürfnisse haben. Die physischen Merkmale eines Lebensraums sind bereits sehr aufschlussreich – dazu gehören Regen, Wasserqualität, Umgebungsvegetation und Bodengrund, aber auch Verhalten und äußere Beschaffenheit der darin lebenden Pflanzen und Tiere. Ein kurzer Blick auf die natürliche Umgebung des Kardinalfischs zeigt ein klares, sauerstoffreiches und schnell fließendes Habitat mit geringem Pflanzenwuchs. Daraus lässt sich ableiten, dass der Fisch an eine schnelle Strömung und Platz zum Schwimmen angepasst ist, man bietet ihm daher einen starken Filter und einen offenen Bereich. Doch so ist noch kein beeindruckendes Aquarium entstanden. Betrachtet man die weitere Umgebung, sieht man Wasserfälle, verstreutes Geröll, Pflanzen und herabgefallene Äste oder Buschwerk. All diese Elemente können in die Aquarienlandschaft eingebracht werden.

Diese Herangehensweise lässt sich für jede Landschaft oder Fischart umsetzen. Tetras bringt man mit breiten, im Flussufer festgewachsenen Baumwurzeln und einem von Schlamm bedeckten Grund in Verbindung, während man Guramis in dicht bewachsenen, von Bambus bestandenen Sümpfen findet. Manche Lebensräume, wie die der Buntbarsche im Malawi-See, sind unglaublich schlicht, nur Felsen und ein sandiges Substrat. Doch baut man daraus eine Landschaft, kann ein faszinierendes Aquarium entstehen.

In diesem Kapitel beschäftigen wir uns mit einer Reihe unterschiedlicher Umgebungen und Lebensräume, mit ihren geologischen und landschaftlichen Gegebenheiten, der Wasserqualität und Vegetation. Jeder Lebensraum wird unter Verwendung von Dekoraionsstücken und anderen Elementen aus der Natur gestaltet. Das Ergebnis ist ein gesundes, lebendiges Aquarium, das den Fischen ebenso gefällt wie dem Aquarianer.

Chinesischer Bergbach

Meist entsteht ein Fluss durch viele kleine, zusammenströmende Bäche. Diese bilden kleine Zu- oder größere Nebenflüsse, ehe sie sich mit dem Hauptstrom vereinigen. In weitläufigen Ebenen entstehen Bäche an der niedrigsten Stelle von Mooren oder Sümpfen, an der sich Wasser sammelt, oder durch unterirdische Quellen in der Nähe des Hauptflusses. Aber häufiger entspringt ein Bach viel weiter oben in Berg- oder Hügelregionen. In großer Höhe fällt weitaus mehr Regen als im Flachland. Die beinahe täglich auftretende Wolkenbildung durchfeuchtet die dünnen Erdschichten, die manchmal sogar in den Sommermonaten nicht austrocknen.

Ein Teil des Regens sickert durch das Gestein darunter und erscheint in tiefer gelegenen Regionen als unterirdische Quelle, doch der Hauptanteil fließt nicht weit und speist bald kleine Wasserläufe. Oberflächen- und Sickerwasser lassen diese schnell anschwellen. Die Rinnsale verbinden sich zu größeren Bächen, in denen verschiedene Lebewesen auftreten, die eine komplexe Nahrungskette bilden, zu der auch kleine Fischarten gehören.

Gebirgsbäche existieren das ganze Jahr über, ihre Wassermenge ist jedoch, je nach Abschnitt, saisonalen Schwankungen unterworfen. Bei Regen schwellen die Bäche, die groß genug sind, um Fische zu beheimaten, auf ihren höchsten Wasserstand an. In Trockenperioden sind sie wenig mehr als ein dünnes Rinnsal im ausgetrockneten Flussbett. Doch in tiefer gelegenen Regionen bestehen die größten Bäche auch in der Trockenzeit weiter, und daher leben dort auch die meisten Bachfische. In dieser Zeit sind die Tieflandbäche relativ ruhig, doch sobald Regen einsetzt, schwellen sie sehr stark an und verwandeln sich in reißende und schäumende Gewässer mit starker Strömung.

VIELE BÄUME, VIELE FISCHE

Welche Pflanzen und Tiere in Bergbächen leben, hängt auch stark von den geologischen Gegebenheiten der Gegend ab. In hügeligen, tiefer gelegenen Regionen ist die Bodenschicht möglicherweise tiefgründig genug, dass Bäume und größere Pflanzen darin wurzeln können und wiederum viele größere Tiere, andere Pflanzen und zahlreiche kleine Säugetiere und Insekten ernähren. Diese weit reichende Artenvielfalt bietet den Wasserlebewesen, und damit auch den Fischen, Nahrung. Früchte, Samen, Insekten, Pflanzen und viele winzige Organismen, die von den Wald-„Abfällen" leben, dienen kleinen Fischen als Nahrungsquelle, die selbst das Futter für größere Arten sind. Die Wurzeln der Bäume und anderer Pflanzen halten große Mengen Wasser im Erdreich fest. Dieses „Reservoir" schützt die größeren Wasserläufe vor starken jahreszeitlichen Pegelschwankungen, daher können die Fische in manchen Bächen das gesamte Jahr über leben.

Doch in hohen, steilen Lagen ist die Erdschicht dünn. Daher können hier

Gebirgsbäche

Der Ursprung eines Flusses sind viele kleine Bäche, die sich im Laufe der Jahreszeiten verändern. Das Wasser ist klar, sauerstoffreich und enthält nur wenige organische Stoffe. Die Zahl der Arten ist in diesem Lebensraum begrenzt, doch dort ansässige Tiere überleben trotz widriger Bedingungen und einer unwirtlichen Umwelt und finden ausreichend Futter.

Bergbäche gibt es überall auf der Welt, doch viele Aquarienfische entstammen chinesischen Bergregionen.

Oben: Dieser Bach im Woolong-Nationalpark der chinesischen Provinz Sichuan fließt durch einen Mischwald, in dem der Große Panda zu Hause ist. Das Gewässer ist bekannt für seinen immensen Fischreichtum.

weder Bäume noch große Pflanzen wurzeln, die tiefen Boden benötigen. Die Vegetation in diesen Regionen besteht aus Farnen, Moosen, kleinen Büschen und Gräsern. Manche Insekten und Früchte bieten einer begrenzten Zahl von Fischen Nahrung, doch meistens müssen die Fische anderweitig nach Futter suchen.

JE NÄHER MAN HINSIEHT, DESTO MEHR ERKENNT MAN

Ein Bergbach ist kein günstiger Lebensraum für Pflanzen. Das Wasser in diesen Bächen enthält nur einen geringen Anteil organischer Materie und wenig Nährstoffe. Gelöste Nährstoffe sind für Wasserpflanzen häufig unerreichbar, weil sie entweder oxidiert sind oder sich im schnell fließenden, sauerstoffreichen Wasser mit Mineralien verbunden haben. Es gibt praktisch keine größeren Pflanzen, weil die Erde nicht tief genug reicht, um umfangreicheres Wurzelwerk zu halten, und die jährlichen Pegelschwankungen geben den Pflanzen kaum die Möglichkeit, sich dauerhaft zu etablieren. Doch die fehlende Vegetation ermöglicht stärkeren Lichteinfall in das flache Gewässer. So kann in Algen, kleinen Ufer- oder Moorpflanzen und Moosen, die oft unter der Wasseroberfläche wachsen, Photosynthese stattfinden.

Oft besteht der Bachgrund nur aus verstreuten Felsbrocken ohne Erde, außer an den Rändern oder in kleinen Becken neben dem Hauptbett. In diesen felsigen Bereichen wachsen nur Algen, doch sogar diese spärliche Vegetation bildet die Basis einer Nahrungskette. Zwischen den Algen und anderer Unterwasservegetation leben viele winzige Tiere und Infusorien. Sie werden von manchen kleinen Fischen, hauptsächlich aber von Filtrierern, Insektenlarven und anderen Wirbellosen und Krustentieren gefressen. Diese Organismen bilden die Nahrungsgrundlage für kleine Fische.

In Bergbächen lebende Fische besitzen oft Barteln oder Bartfäden, mit denen sie am Bachboden nach Nahrung „spüren", während Welse und Schmerlen sich so angepasst haben, dass sie sich ausschließlich von auf Einzelsteinen wachsenden Algen ernähren.

VERMEIDUNG EINES PLÖTZLICHEN ANGRIFFS

Obwohl die geringe Größe vieler Bergbäche und die relativ begrenzte Nahrungskette es den meisten größeren Raubfischen unmöglich machen, in diesem Umfeld zu leben, sind die kleineren Fischarten nicht vollkommen vor Räubern sicher, denn viele Vögel und Landtiere fischen ihre Mahlzeit gern aus dem Bergbach. Nur wenige Plätze bieten ein Versteck, um sich vor diesen Räubern zu verbergen. Die beste Verteidigung ist daher eine schnelle Reaktion. Die Fische in Bergbächen sind optimal für schnelle Energieschübe ausgestattet, um einer solch gefährlichen Situation zu entkommen. Ihre äußerst stromlinien-, ja oft torpedoförmigen Körper haben nur eine minimale Abdrift in den rasch dahinschießenden Wassern.

Passend zur Körperform besitzen die Fische kurze, abgerundete Flossen, mit denen sie sehr schnell über kurze Entfernungen schwimmen, rasch beschleunigen und ebenso abbremsen können. Diese ruckartigen Bewegungen machen es möglich, plötzlichen Angriffen auszuweichen und erlauben es ebenso, zwi-

Oben: Der Pseudogastromyzon fasciatus *ist rascher Strömung angepasst. Der stromlinienförmige Körper lässt das Wasser schnell vorbeifließen und gestattet es dem Fisch, mühelos Algen von den Steinen abzuweiden.*

schen passenden Ruhe- und Futterplätzen hin- und herzuschwimmen. Außer der Fähigkeit, schnell zu schwimmen, können Fische dieses Lebensraums im Wasser „stehen", d. h. sie bleiben durch eine ruckartige Auf-und-ab-Bewegung, die durch schnelle, zuckende Stöße ihrer Brustflossen erzeugt wird, auf einer Stelle. Dies lässt sich beobachten, wenn sie sich verstecken oder sich in ruhigerem Wasser aufhalten, vielleicht hinter einem Felsen oder im tieferen Wasser. Sogar an solchen Stellen kann die Strömung unberechenbar sein, daher helfen kleine Anpassungen der Flossen, den Fisch aufrecht und am gleichen Platz zu halten.

Bach- und andere, gründelnde Fische haben ein bestimmtes Fressverhalten entwickelt. Mittwasser-Fische stehen über dem Boden und scheinen an bestimmten Steinen oder anderen Aufwuchsbestandteilen im Bodengrund zu „picken". Meist nehmen sie Organismen aus dem Substrat auf, die

so winzig sind, dass sie mit bloßem Auge oft nicht erkennbar sind, oder suchen zwischen den Steinen nach größeren Lebewesen.

ANDERE ANPASSUNGEN

Anstelle einer torpedoförmigen besitzen viele Fische im Gebirgsbach eine vollkommen andere Körperform. Algen fressende Schmerlen und Welse sind gewöhnlich recht klein und haben, was viel wichtiger ist, einen abgeflachten Körper. Ein typisches Beispiel ist der Chinesische Flossensauger (*Pseudogastromyzon cheni*). Er wird etwa zehn Zentimeter lang, doch wenn man ihn von der Seite betrachtet, ist er nicht höher als einen Zentimeter. Mithilfe dieses dynamischen, zusammengedrückten Körpers und eines besonders geformten Mauls kann sich der Flossensauger in der starken Strömung an Felsen und Steinen festhalten und den reichhaltigen Algenbewuchs abgrasen.

Im schnell fließenden Wasser der Bergbäche schleift sich die Oberfläche der Steine glatt.

Kantige Steine dienen im Aquarium dazu, einen Wasserfall zu gestalten. Die glatten Oberflächen lenken den Strom des Wassers.

Die Körperform verhält sich in ähnlicher Weise wie der Flügel (oder die Tragfläche) eines Flugzeugs und reduziert den Großteil der Abdrift des vorbeiströmenden Wassers.

Fische mit so einer Körperform verbringen gewöhnlich den größten Teil ihrer Zeit am Bachboden und haben daher wenig Verwendung für eine gut entwickelte Schwimmblase. Wenn sie sich von Platz zu Platz bewegen, nutzen sie stattdessen ihre Unterseite, um einen Hub-Effekt zu erzeugen, ehe sie zurück auf den Grund gleiten.

EIN GEBIRGSBACH
Eine gute Möglichkeit, den Eindruck eines seichten Baches mit starker Strömung zu erzeugen, besteht darin, den offenen Wasserbereich mit großen Steinen „einzugrenzen" und als Element an der Wasseroberfläche ins Aquarium einströmendes Wasser einzubeziehen. Man füllt dazu das Aquarium nur halb oder zu drei Vierteln und schafft an einer Seite einen Wasserfall. In größeren Becken lassen sich nach Wunsch sogar zwei Wasserfälle konstruieren – ein großer und ein kleiner. Doch um den Eindruck fließenden Wassers zu erwecken, benötigt man nicht unbedingt einen Wasserfall. Zusätzliche Antriebsköpfe oder Filter mit Luftpumpen vermitteln ebenfalls das Aussehen einer turbulenten Wasserlandschaft.

Unter der Oberfläche sollte es nur spärlichen Pflanzenbewuchs geben, denn nur wenige Pflanzen fühlen sich wie gesagt in so einer Umgebung wohl. Über dem Wasser kann man einige Pflanzen zwischen die Steine setzen. Oder man lässt Blätter und Zweige von außen ins Becken hineinhängen. Da, wenn überhaupt, nur wenige Pflanzen im Wasser wachsen, kann das Substrat recht schlicht belassen werden. Am besten verwendet man für den Grund grobkörnigen Feinkies und streut kleinere Kiesel- und Kopfsteine darauf. Sie sollten aus dem gleichen Gestein sein oder ähnlich aussehen wie die Steine für den Wasserfall bzw. an den Rändern des Aquariums. Das hier verwendete Substrat ist Aquariensand mit etwas eingestreutem Feinkies und abgerundeten Schieferkieseln. In diesem Aquarium bietet der Aquariensand eine gute Basis für den Aufbau der Gesteinsformation, obwohl er nicht genau die Art von Bodengrund repräsentiert, den man gewöhnlich in den Gebirgsbächen der Welt antrifft.

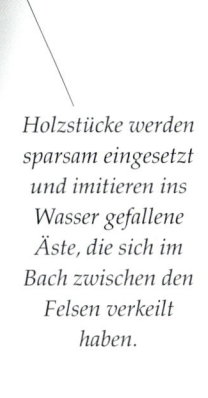

Holzstücke werden sparsam eingesetzt und imitieren ins Wasser gefallene Äste, die sich im Bach zwischen den Felsen verkeilt haben.

BAU EINES WASSERFALLS
In diesem Aquarium wurde zur Gestaltung des Wasserfalls Schiefer verwendet. Diese Steine sind groß, schwer und eckig und können recht gefährlich werden, wenn man sie nicht sorgfältig fixiert. Für die meisten Felslandschaften (siehe S. 30) platziert man die größeren Steine am Boden und schichtet kleinere darüber auf.

Bei dieser Art von Landschaft ist es wichtig, den Standort einer passenden Pumpe zu berücksichtigen. In diesem Aquarium befindet sie sich im Wasserfall, wo sie nicht sichtbar ist. In größeren Becken kann die Pumpe auch an einem anderen Platz untergebracht werden oder sogar außerhalb in einer separaten Wanne.

Wo die Pumpe auch platziert wird, sie sollte zur Wartung gut zugänglich sein. Hier besteht der Wasserfall aus zwei Teilen. Hinter den Steinen im unteren Teil ist genügend Platz für Pumpe und Schläuche, während der obere Teil wie ein „Deckel" funktioniert, um andere Geräte zu verbergen. Beide Abschnitte sollten sorgfältig aufgeschichtet und jeder Stein mit den benachbarten Teilen verklebt werden. Auch der „Deckel"-Bereich muss sicher konstruiert sein, sich aber mühelos abnehmen und aus dem Aquarium entfernen lassen, um Zugang zur Pumpe zu gewähren.

Die Pumpe sollte leistungsstark genug sein, um die starke Strömung eines Gebirgsbachs zu erzeugen. Wie stark die Strömung sein soll, hängt davon ab, welche Landschaft man gestalten will. Soll es ein rauschender Gebirgsbach sein oder nur das leichte Rieseln von Wasserlauf oder Quelle? In dieser Wasserlandschaft ist die Strömung recht stark und entspricht der 20-fachen Wassermenge des Aquariums pro Stunde. Zur Erzeugung einer so starken Strömung mag sich eine kleine Teichpumpe besser eignen als ein großer Antriebskopf oder Filter fürs Aquarium. Die Pumpe muss einen passenden Vorfilter oder Schwamm am Einlass besitzen, um zu verhindern, dass Fische in die Anlage hineingesaugt werden.

OBERFLÄCHENVEGETATION
Ohne etwas Grün mag der Charakter dieser Landschaft etwas trostlos wirken,

Diese alpinen Pflanzen Sedum rupestre *(links) und* Arenaria caespitosa 'Aurea' *(rechts) gedeihen in Felsspalten.*

besonders wenn ein beträchtlicher Teil des Aquariums nicht mit Wasser gefüllt ist. Die Felsen des Wasserfalls haben jedoch Vertiefungen, Spalten und Lücken, wo man einige ausdauernde Landpflanzen ansiedeln kann.

Die geringe Wurzelmöglichkeit beschränkt die Zahl passender Pflanzen, doch das ist in der freien Natur genauso, stellt also kein echtes Problem dar. Für diese Landschaft eignen sich drei Pflanzentypen: Moose sowie Alpenpflanzen und Farne. Alle Moose und viele alpine Pflanzen und Farne können an feuchten Plätzen mit wenig Haftgrund wachsen und werden sich in dieser Aquarienlandschaft wohl fühlen. Moose und Alpenpflanzen sollten sich über das Gestein ausbreiten und schnell den Bereich über Wasser dominieren.

Auch bestimmte Wasserpflanzen eignen sich für eine Umgebung dieser Art. Zu ihnen gehören Arten wie das Javamoos (*Vesicularia dubyana*), Javafarn (*Microsorium pteropus*), *Anubias*- und *Bolbitis*-Arten und viele Teichrand-Pflanzen.

PASSENDE FISCHE

Für diese Landschaftsform eignen sich viele Fische, obwohl wenige in freier Natur tatsächlich in einer ähnlichen Landschaft leben. Andere kommen aus Fluss-

Systemen mit rascher Strömung oder aus Tiefland-Bächen. Zu den Fischen, die tatsächlich Gebirgsbächen entstammen, gehören viele chinesische Arten wie der Chinesische Flossensauger (*Pseudogastromyzon cheni*), die Siamesische Saugschmerle (*Gyrinocheilus aymonieri*) und der Kardinalfisch (*Tanichthys albonubes*). Kleine, Algen fressende Welse eignen sich besonders gut für diese strömungsreiche Umgebung, während größere Arten wie die beliebten Harnischwelse (*Hypostomus* spp.) möglicherweise so groß werden, dass sie Felsen umwerfen könnten.

In einem solchen Aquarium sind viele kleine bis mittelgroße Barben und Bärblinge für den Mittwasser-Bereich ideal. Bärblinge (*Brachydanio* spp.) sind sehr betriebsam und fühlen sich in starker Strö-

mung wohl. Eine Gruppe kleinerer Zebrabärblinge (*Brachydanio rerio*) zusammen mit mehreren Malabarkärpflingen (*Brachydanio aequipinnatus*) können schon beinahe allein ein abwechslungsreiches Aquarium füllen. Kleine Barben wie Sumatrabarbe (*Puntius tetrazona*) oder Zweipunktbarbe (*Puntius ticto*) sind auch geeignet, obwohl manche größeren Arten (bis zu 10 cm) wie Linienbarbe (*Puntius eugrammus*), Prachtglanzbarbe (*Puntius arulius*) und Prachtbarbe (*Puntius conchonius*) farbenprächtiger wirken.

Unten: *Der Kardinalfisch* (Tanichthys albonubes) – *im Gattungsnamen nach den Weißen-Wolken-Bergen in China benannt, woher er stammt – ist ein beliebter Aquarienfisch, ideal für diese Unterwasserlandschaft.*

Links: Gyrinocheilus aymonieri *ist in chinesischen
und südostasiatischen Gewässern zu Hause. Obwohl er
ein nützlicher Aquarienfisch
ist, zeigt er ein ausgeprägtes
Territorialverhalten und
kämpft oft mit anderen Fischen
seiner Gattung.*

Unten: *Der Zebrabärbling ist
ein Fisch, der dauernd in Bewegung ist und es zu
genießen scheint, gegen
eine starke Strö-
mung anzu-
schwimmen. Für
dieses Aquarium
eignen sich wahr-
scheinlich alle Bärbling-Arten.*

Chinesischer Bergbach

Obwohl unter der Oberfläche fast keine Vegetation sichtbar ist, wirkt dieses Aquarium wegen der raschen Strömung und des „groben" Aussehens optisch ansprechend.

Feuchtigkeit liebende Zimmerpflanzen lassen sich über oder hinter dem Aquarium platzieren, sodass die Blätter in das Wasser ragen.

Das Moorkienholz mildert den Eindruck der Felsen ab und stellt einen herabgefallenen Zweig oder eine Wurzel dar.

Schiefer eignet sich gut für den Hintergrund. Obwohl dieser Stein sehr groß wirkt, bedeckt er nur einen kleinen Teil des Substrats.

Kleinere, abgerundete, über den Bodengrund verteilte Schieferstücke setzen das Felsthema fort.

Die starke Strömung wird von einer versteckten Pumpe erzeugt und schafft diesen lebendigen Wasserbereich.

Es gilt, den Lauf des Wassers sorgfältig über die Felsen zu lenken, um einen lebendigen Effekt zu erzeugen, ohne zu viel Wasser zu verspritzen.

Alpine Pflanzen können in kleinen Spalten wurzeln und sollten sich nach und nach über die Steine ausbreiten.

Auf dem Substrat verstreuter Feinkies rundet den Eindruck eines Bachbetts ab.

Der Sand kann mit der Zeit vom Wasser weitergetragen werden. Zur Stabilisierung des Substrats kann man zwischen Kies und Sand ein feinmaschiges Netz legen.

Diese Steine sind schwer und sollten äußerst vorsichtig in Position gebracht werden.

Mittelamerikanischer Bach

Im Gegensatz zu den Flüssen und Wasserläufen in der nahe gelegenen Amazonas-Region, wo das Wasser weich und säurehaltig ist, sind die Bedingungen in den Bächen Mittelamerikas eher hart und alkalisch. In vielen Gebieten enthalten Erde und Bodengründe kalkhaltige Substanzen, da das darunter liegende Gestein Kalkstein ist. Hier sinkt der pH-Wert selten unter 7 und liegt oft eher bei 8,0–8,5. Das harte Wasser erschwert es Pflanzen, Nährstoffe aufzunehmen, daher sind viele Abschnitte nur spärlich bewachsen. Wasserpflanzen finden sich oft im ruhigeren Wasser in dichten Betten und wachsen gewöhnlich an Stellen, wo unterirdische Quellen einmünden und stets Nährstoffe zur Verfügung stehen. Die Vegetation entlang der Bäche wechselt auch je nach Gebiet. Manche Bäche fließen durch dichte Wälder, andere durch Tieflandbewuchs oder nackte Felslandschaften. Ein typischer Bach in Mittelamerika hat häufig ruhige Bereiche, in denen das Wasser gemächlich über einen seichten, schlammigen oder sandigen Boden fließt,

die von strömungsreichen Abschnitten über Felsen und Kies abgelöst werden. Doch Fische und Wassertiere leben nicht nur in den Bächen, in ganz Mittelamerika beherbergen Sümpfe, Lagunen, Teiche und kleine Flüsse ähnliche Fischpopulationen. Die Bäche sind an den meisten Stellen klar und sauerstoffreich, und viele Fische sind bei der Futtersuche auf ihren Sehsinn angewiesen.

KLEINE FISCHE, KLEINE BEUTETIERE
Außer den gründelnden Welsen fressen die meisten Fische dieser Region an der Oberfläche, sie ernähren sich dabei überwiegend von Insekten und Insektenlarven. Insekten, und hier vor allem Moskitos, gibt es in diesen Bächen im Überfluss, besonders wenn sie von dichter Vegetation umgeben sind. Der Texaskärpfling (*Gambusia affinis*) wird auch Moskitofisch genannt, weil er sich beinahe ausschließlich von Moskitos und deren Larven ernährt. Dieser kleine Fisch ist ein so effizienter Vertilger von Moskitolarven, dass er in vielen Gebieten einzig zu dem Zweck

Mittelamerikanische Bäche

Viele der mittelamerikanischen Lebendgebärenden sind auch in Mexiko und dem Süden der Vereinigten Staaten anzutreffen.

Zahlreiche Bäche entspringen entlang der zentralen Bergrücken und fließen in Teiche und Wasserläufe, ehe sie in größere Flüsse münden.

Die in den Bächen Mittelamerikas lebenden Fische sind kleiner als ihre beeindruckenden Kollegen in den Flüssen und sind bei Aquarianern sehr beliebt. Die bekannteste Gruppe, die Lebendgebärenden, ist in mittelamerikanischen Bächen weit verbreitet.

Links: Dieser Bach im Carara-Nationalpark von Costa Rica ist typisch für die strömungsreichen Abschnitte mittelamerikanischer Bäche. Der Regenwald wächst bis ans Ufer.

Oben: Obwohl der Hechtkärpfling (Belonesox belizanus) *nur etwa 10 cm lang wird, ist er ein erfahrener Räuber, der mühelos kleinere Fische fängt.*

tigen Kiefer und die scharfen Zähne ein, um seine Beute zu packen und festzuhalten. Die Fische in diesen Bächen sind alle relativ klein, nur wenige werden größer als 10 cm. Daher sind es zumeist die kleineren Tiere und Jungfische, die dauernd riskieren, gefressen zu werden.

Obwohl die meisten Jungen von anderen Fischen, einschließlich ihrer Eltern, gefressen werden würden, können genügend überleben, stets vorausgesetzt, dass ausreichend Futter und Verstecke zur Verfügung stehen. Lebendgebärende dominieren aufgrund ihrer hohen Anpassungsfähigkeit, Vermehrungsrate und dem Fehlen von Räubern die Fischpopulationen in diesen Bächen. In größeren Flüssen oder Wasserläufen würde es ihnen nicht so gut gehen. Da sie keine gute Tarnung besitzen, würden sie schnell von größeren Fischen gefressen werden.

GEBURTENKONTROLLE

Die Stärke ansässiger Fischpopulationen schwankt je nach verfügbarem Nahrungsangebot in den Bächen. Diese raschen Veränderungen sind außerdem durch das Brutverhalten der lebendgebärenden Fische bedingt. Im Gegensatz zu laichenden Fischen gebären sie voll ausgebildete Jungfische, die bereits schwimmen können. Dadurch haben die Jungen eine weitaus höhere Überlebenschance, außerdem müssen die Eltern keine Energie darauf

eingeführt wurde, die Moskitopopulation in Schach zu halten.

Ein anderer beliebter Aquarienfisch, der Guppy (*Poecilia reticulata*), wurde aus ähnlichen Gründen in manchen Wasserläufen eingeführt.

Neben Insektenlarven, die oft an kleinen Pflanzen entlang der Uferböschungen zu finden sind, gibt es viele kleine wirbellose Wassertiere und solche, die sich von Schwebstoffen an der Oberfläche ernähren. Diese winzigen Lebewesen werden von kleinen Mittwasser-Fischen, Allesfressern, an der Oberfläche fressenden Fischen und Welsen gejagt. Die meisten Welse und Aufwuchsfresser sind Abfallverwerter, die beinahe jede am Grund verfügbare Nahrung fressen – meist kleine Wassertiere, Würmer und auch Larven.

In offenen Wasserbereichen mit längerer Sonneneinstrahlung wachsen Algen, doch es gibt nur wenige Fische, die ausschließlich auf Algen spezialisiert sind. Viele Insektenfresser von der Oberfläche fressen auch Algen, aber nur, wenn das Insekten-Angebot gering ist.

In den flachen Bächen leben nur wenige große Fische, unter Wasser existieren somit nur wenige Räuber. Am weitesten verbreitet ist hier der Hechtkärpfling (*Belonesox belizanus*), der nicht größer als 10 cm wird. Er versteckt sich zwischen den Uferpflanzen und wartet auf unvorsichtige Fische, dann setzt er seinen kräf-

Diese Natursteine sind in Farbe und Form fast mit dem Substrat identisch und zur Gestaltung eines „natürlichen" Bachbetts sehr hilfreich.

verwenden, den Laich zu schützen und Brutplätze zu verteidigen. Die meisten Lebendgebärenden werfen in einer Brut zwischen 20 und 100 Junge, wobei Guppys und manche Mollys bis zu 200 Junge gebären können. Lebendgebärende sind paarungswillige Fische, die sich alle vier bis acht Wochen fortpflanzen. Theoretisch könnten 20 weibliche Guppys alle sechs Wochen 100 Junge produzieren, das wären in drei Monaten 4000 Jungfische!

GESTALTUNG DES AQUARIUMS

Obwohl man in freier Natur am Ufer nur vereinzelt dichte Vegetation findet, kann man diese zum Vorbild nehmen, um ein interessantes und reich bepflanztes Aquarium zu entwerfen. Die Pflanzen für diese Landschaft sollten sorgfältig ausgewählt werden, da nur kräftige Pflanzen in diesem harten, alkalischen Wasser überleben können. Das Becken lässt sich allerdings relativ mühelos einrichten, und viele Fische, die in diese Landschaft passen, sind pflegeleicht, es ist also das ideale Anfänger-Aquarium.

DER BODENGRUND

Die meisten Tieflandbäche Mittelamerikas befinden sich unweit ihrer Quelle und ha-

ben daher aus der Umgebung erst wenig organische Stoffe und Erde aufgenommen. Das Substrat besteht deshalb hauptsächlich aus rund geschliffenen Kieseln und Steinen. Nur einige ruhigere Abschnitte haben einen schlammigen oder sandigen Grund, und sogar dort sind die Ablagerungen ziemlich dünn. Im Aquarium bildet ein Bodengrund aus mittelgroßem Feinkies das Bachbett. Enthält eine Landschaft viele Pflanzen, empfiehlt sich ein gemischtes Substrat, in dem der Feinkies die sichtbare Oberfläche bildet. Nährstoffangereicherte Zusätze regen den Pflanzenwuchs an, aber ein Heizkabel ist hier nicht am Platz. Denn im harten, alkalischen Wasser würden sich die nutzbaren Nährstoffe durch das Aufheizen nur mit Mineralien verbinden und so den Pflanzen

nicht mehr zur Verfügung stehen. Zur Gestaltung eines natürlich aussehenden Bodengrunds kombiniert man Feinkies in unterschiedlichen Korngrößen mit größeren Natur- und Kieselsteinen als Abschluss, die in Farbe und Form zum Feinkies passen. Dies erreicht man auch, indem kleinere Kiesel um größere Steine angeordnet werden. Helle und dunkle Kiesel schaffen in diesem Aquarium einen interessanten Kontrast und bilden vor dichtem Pflanzenwuchs einen abwechslungsreichen Vordergrund.

MOORKIENHOLZ

Entlang der mittelamerikanischen Bäche wachsen eher Büsche als dichte Wälder, denn die Erdschicht ist häufig recht dünn und alkalisch, bietet größeren Gewächsen also kaum Halt. Dennoch findet man entlang dieser Gewässer regelmäßig pflanzliche Abfallprodukte wie Äste und Wurzeln. Das Moorkienholz in diesem Becken

Ausgewachsene Echinodorus-*Arten benötigen möglicherweise ein feineres Substrat sowie die Zugabe eines eisenhaltigen Flüssig- oder Bodengrund-Düngers.*

Ins Bachbett passt der mittelgroße Feinkies, in dem widerstandsfähige Pflanzen gut Wurzeln bilden können.

HARTES, ALKALISCHES WASSER ERZEUGEN

Härte und pH-Wert lassen sich im Aquarium mühelos erhöhen, weil zu diesem Zweck Substanzen zugesetzt und nicht entfernt werden müssen. Wenn die verwendete Wasserquelle relativ weich bzw. säurehaltig ist, fügt man einen bestimmten chemischen Stoff bei, damit das Wasser zusätzliche Spurenelemente und Mineralien erhält. Oder man setzt kalkhaltige Steine und Substrate im Aquarium ein, die allmählich Mineralien abgeben und damit eine Senkung von pH-Wert und Härte verhindern. Kies auf Korallenbasis oder Gestein wie Kreide, Kalkstein, Marmor, Ozeanstein und Tuff heben den pH-Wert und Härtegrad.

Javamoos (Vesicularia dubyana) wächst auf Steinen oder Holz oder dem Boden und sollte regelmäßig gekürzt werden.

wird teilweise von Pflanzen verdeckt, spielt jedoch bei der Strukturierung dieser Landschaft eine wichtige Rolle.

Hier werden mehrere Stücke verwendet, die aber wie ein einziges Stück Zweig oder Wurzel wirken. Das Moorkienholz dient zum Verbergen von Heizung oder Filtern.

PFLANZEN

Viele in diese Landschaft passende Fische bevorzugen hartes, alkalisches Wasser, ungünstige Lebensbedingungen für Pflanzen also. In diesen Verhältnissen sind Nährstoffe nur schwer zugänglich, die Pflanzen können sie nur mit Mühe aufnehmen. Eine zusätzliche Gabe von Flüssigdünger kann helfen, doch ein Großteil der enthaltenen Nährstoffe wird durch die im Wasser gelösten Mineralien gebunden. Man kombiniert daher am besten einen Substratzusatz mit einer sorgfältig durchgeführten Kohlendioxid-Düngung. Die Kohlendioxid-Düngung ist jedoch problematisch, weil sie die Bildung von Kohlensäure anregt, die ihrerseits den pH-Wert senkt. Die goldene Mitte be-

steht in diesem Fall aus Kohlendioxid-Düngung und dem Einsatz von kalkhaltigem Gestein oder Substraten, die das Wasser „puffern" und eine Senkung des pH-Werts verhindern.

Am besten setzt man in die Landschaft eines mittelamerikanischen Bachs Arten, die in der Natur an harte, alkalische Bedingungen gewöhnt sind. Bei entsprechender Beleuchtung und passendem Bodengrund sollten sie gut gedeihen. In die-

sem Aquarium sind fünf robuste und anpassungsfähige Pflanzensorten zu sehen, die jeweils an einem separaten Platz des Aquariums gruppiert sind. Durch diese Anordnung gestaltet man unterschiedliche Bereiche, die jede Gruppe gut zur Geltung bringen.

Jede Art besitzt eine andere Blattform, von der feinen, federartigen *Cabomba* bis zur langblättrigen, grasähnlichen *Vallisneria*. Es gibt zwei klar bepflanzte Ab-

Die Blätter dieser Hygrophila-*Art bilden einen guten Kontrast zu anderen Pflanzen und wirken in Gruppen am besten.*

schnitte im Vorder- und Hintergrund, sodass den Fischen noch ausreichend Raum zum Schwimmen bleibt.

Eher im vorderen Bereich des Aquariums befinden sich einige kleinere Triebe von *Hygrophila* und etwas Javamoos (*Vesicularia dubyana*), das an Steinen oder Holz eher Wurzeln schlägt als im Boden. Im Vordergrund sieht man auch einige kleine *Echinodorus*-Pflanzen.

DIE FISCHE

Die interessanten Aquarium-Bewohner dieser Gebiete sind überwiegend Lebendgebärende. Zu den beliebten Fischen gehören Guppy (*Poecilia reticulata*), Platy (*Xiphophorus maculatus*), Molly (*Poecilia sphenops*), Segelkärpfling (*Poecilia velifera*) und Schwertträger (*Xiphophorus helleri*), sie sind problemlos erhältlich und friedlich. Die meisten dieser Arten werden in vielfältigen Farbkombinationen und Flossenformen verkauft, die stark von ihrem Äußeren in der freien Natur abweichen. Von Guppys sind hin und wieder auch Wildformen auf dem Markt. Ihre Männchen tragen eine Reihe bunt gefärbter Flecken über den Körper verteilt. Die Weibchen sind weniger auffällig und besitzen eine gedämpfte, blass-braune Körperfärbung. Die ausgeprägten Flossen-

formen der Männchen sehen sehr attraktiv aus, das kann jedoch dann Probleme mit sich bringen, wenn verschiedene Arten in einem Aquarium leben, denn andere Fische knabbern gern an den übergroßen Flossen.

Auch die Haltung männlicher und weiblicher Lebendgebärender in einem Becken kann aufgrund ihrer Tendenz zu reger und regelmäßiger Paarung zu Schwierigkeiten führen. Die Männchen jagen dauernd den Weibchen hinterher. Oft sind die weiblichen Fische gestresst und krankheitsanfällig, wenn paarungswillige Männchen in der Mehrheit sind. Um die Weibchen vor Stress zu bewahren und „Bevölkerungsexplosionen" im Becken zu verhindern, ist es ratsam, jeweils nur Männchen oder Weibchen einer Art im Aquarium zu halten.

Ein interessanter Vertreter der Gattung Lebendgebärende ist der Segelkärpfling, der so heißt, weil das geschlechtsreife Männchen eine hohe übergroße Rückenflosse besitzt, die sowohl dem Imponiergehabe vor den Weibchen, als auch der Revierverteidigung gegenüber anderen Männchen dient. Männliche Lebendgebärende besitzen oft überproportional große Flossen und starke Farben, um Partner anzulocken. Ein weiteres Beispiel ist der Schwertträger. Hier haben die Männchen aus den gleichen Gründen eine „schwert-

artige" Verlängerung an der unteren Schwanzflosse.

Obwohl Lebendgebärende von Natur aus robust und anpassungsfähig sind, bringt die intensive Zucht bestimmter Farbschattierungen und Unterarten häufig genetisch schwache Populationen hervor, die eher für verbreitete Krankheiten wie bakterielle Hautreizungen, Pilzbefall, Flossenfäule oder Weißpünktchenkrankheit anfällig sind.

Der ungewöhnliche Hechtkärpfling (*Belonesox belizanus*) ist nicht so weit verbreitet und leidet daher nicht unter den Folgen stark kommerzialisierter Zucht. Er ergänzt den Besatz des Aquariums ausgezeichnet, darf aber nur zusammen mit ähnlich großenFischen gehalten werden, denn kleinere Exemplare werden schnell zur Beute.

WELSE UND ANDERE FISCHE

Obwohl in den Bächen Mittelamerikas hauptsächlich Lebendgebärende beheimatet sind, findet man in Bodennähe eine Reihe Aufwuchs fressender Welse. Von besonderem Interesse für dieses Aquarium ist der Engel-Antennenwels (*Pimelodus pictus*). Dieser 10 cm kleine Wels befindet sich stets auf Nahrungssuche im kiesigen Bodengrund. Außerdem gibt es einige Amerikanische Salmler-Arten und im tieferen Wasser Buntbarsche.

Oben: *Der attraktive Engel-Antennenwels (Pimelodus pictus) bewegt sich auf Nahrungssuche dauernd über den Grund. Die Haltung einer ganzen Gruppe von Fischen erzielt im Schauaquarium meist die beste Wirkung.*

Links: *Guppy-Männchen gehören zu den beliebtesten Aquarienfischen, es gibt sie in vielen verschiedenen Farben. Die Weibchen sehen vergleichsweise eintönig aus, daher halten viele Aquarianer nur Männchen.*

Rechts: *Die verlängerte Afterflosse (Gonopodium) dieses kleinen Silberkärpflings (Gambusia affinis holbrooki) ist klar erkennbar. Das Gonopodium dient zur inneren Befruchtung der Weibchen.*

Mittelamerikanischer Bach

Dieses Aquarium bietet Lebendgebärenden genug Platz zum Schwimmen, und mit großen Natur- und Kieselsteinen entsteht ein schönes Bachbett.

Von diesem Bereich breiten sich die Vallisneria schnell aus.

Der beherrschende Eindruck dieser Hygrophila-Gruppe wird etwas von den Pflanzen im Vordergrund abgemildert.

Das Javamoos auf dem Holzstück bewegt sich mit der Strömung und trägt damit positiv zum Gesamteindruck bei.

Eine Mischung aus Natur- und Kieselsteinen bildet in diesem Bereich ein abwechslungsreiches Geröllbett.

Wenn die Flusskiesel zum Teil von Pflanzen verdeckt werden, wirkt dies natürlich und lädt Fische zum Verweilen ein.

Dunkle Stellen mit Holz und Pflanzen bieten den Fischen willkommene Rückzugsmöglichkeiten.

Dieses Moorkienholzstück ist ein wichtiger Bestandteil des Aquariums, obwohl es teilweise von Pflanzen verdeckt ist.

Gut beleuchtete, buschige Cabomba *bildet ein ideales Versteck für Jungfische.*

Einige wie zufällig platzierte Kiesel lassen das Substrat wie ein natürliches Bachbett aussehen.

Vordergrund-Pflanzen dienen dazu, größere Dekorationsstücke wie das Moorkienholz zu verbergen, das seinerseits eine gute Kulisse für die Pflanzen ist.

Die Anordnung verschiedener Pflanzen mit kontrastreichen Blattformen wirkt sehr lebendig.

Mittelamerikanischer Fluss

Die Landschaft der mittelamerikanischen Landbrücke zwischen Nord- und Südamerika ist felsig und vulkanischen Ursprungs. Weithin besteht der Boden aus Kalkstein, was die Wasserqualität verändert, da enthaltene organische Stoffe ausgewaschen werden und pH-Wert und Härtegrad steigen. Die Erdschicht ist in felsigen Regionen dünn und in den Flüssen gibt es nur wenig Substrat. Flussbetten sind aus Schottergestein, von der Strömung geglättet. Im ruhigeren Wasser wird an großen Felsen etwas sandiger Bodengrund angeschwemmt und bietet Fischen Nischen als Verstecke und Brutplätze.

In dieser Gegend gibt es nur wenige große Fluss-Systeme, von der Quelle bis zur Mündung ins Meer ist der Weg oft kurz. In der Regenzeit speisen Bäche die Flüsse mit zusätzlichem Regenwasser, sodass sich größere Flüsse in dieser Zeit ausdehnen und zu reißenden Strömen werden. Die jährliche Flut reißt Schlamm oder feinkörnigen Boden mit sich fort, zurück bleibt der felsige, unfruchtbare Grund. An manchen Stellen werden die rasch fließenden Bereiche in der Ebene von ruhigeren Abschnitten abgelöst, in denen sich oft weitläufige Becken bilden. In der Trockenzeit verwandeln sich diese Flüsse in ruhige Gewässer, die in der Mitte ihres Betts dahin fließen. In der Nähe gibt es viele ausgedehnte Lagunen, die oft in Vulkankratern entstanden sind. Obwohl sie unabhängig von den Flüssen zu bestehen scheinen, gibt es unterirdische Verbindungen, entweder durch offene Höhlen oder das durchfließende Grundwasser.

PFLANZENFRESSER UND RAUBFISCHE

In vielen Flussabschnitten gedeihen nur wenige Pflanzen, doch flaches Wasser und nackte Felsen bieten optimale Bedingungen für Algen. Die Mäuler vieler Welse und Cichliden sind daran angepasst, die an den Steinen festsitzenden Algen abzuweiden. Manche Fische fressen die Algen wegen der Mikroorganismen, die in ihnen leben, ähnlich wie die Buntbarsche im Malawi-See.

Algen sind eine nährstoffreiche Futterquelle, jedoch schwer verdaulich, daher bevorzugen zahlreiche Fische eine andere Nahrung. Viele im Bodengrund zwischen den Felsen lebende kleine Wassertiere,

Die Flüsse Mittelamerikas sind häufig rein und klar und fließen über kahles Gestein. Hier leben viele Fische, auch die beliebten Buntbarsche. Im Gegensatz zu den viel seichteren Bächen ernähren die Flüsse auch wesentlich größere Fische, die oft zu Revierverhalten neigen und aggressiv sind. Diese Verhaltensmerkmale sind für den Aquarianer zugleich erfreulich und lästig.

Lebensräume in mittelamerikanischen Flüssen

In der Region zwischen den trockenen Wüsten Mexikos und den schneebedeckten Anden sind viele beliebte Aquarienfische zu Hause.

Im Nicaragua-See und angrenzenden Gewässern gibt es eine Vielzahl faszinierender Cichliden.

Pflanzen und Krustentiere dienen den Fischen Mittelamerikas als Nahrung. Wo ruhigere Gewässer am Ufer dicht bewachsen sind, findet man etliche kleinere Fische, die sich fast ausschließlich von Moskitos und deren Larven ernähren. Manche dieser Arten leben auch in mittelamerikanischen Bächen, doch im Fluss ansässige Fische sind stärker auf der Hut vor Raubfischen.

In diesen Flüssen leben viele Räuber und Fleischfresser, vor allem Buntbarsche, die immer nach kleinen Beutetieren Ausschau halten. Cichliden besitzen kräftige Mäuler, mit denen sie ihre Beute buchstäblich einsaugen. Diese Fische schwimmen auf der Suche nach kleineren Fischen häufig im offenen Wasser umher, sowohl an der Oberfläche als auch über dem Flussbett.

AGGRESSIVE PAARUNG

Die im offenen Wasser lebenden Buntbarsche sind aggressiv und zeigen Revierverhalten. Regelmäßig messen sie ihre Stärke in Kraftproben, Schaugebaren und gelegentlichen Kämpfen an der Wasseroberfläche. Dieses Verhalten dient dazu, das Überleben der Jungfische zu sichern. Da es im Fluss viele Räuber und wenige Verstecke zwischen dem spärlichen Pflanzenbewuchs gibt, würden die meisten Jungen sonst nicht überleben.

Während der Paarungszeit nehmen die Männchen eine auffällige Färbung an und versuchen, durch Auswahl und Verteidi-

Oben: *Dieser ruhige Abschnitt des Macal in Belize ist dicht von Vegetation gesäumt. Dies lässt den Schluss zu, dass im Wasser kleine Insektenfresser neben großen Raubfischen leben.*

Rechts: *Viele Cichliden sind gute Eltern und verteidigen aggressiv ihre Jungen. Dieses Feuermaulbuntbarsch-Männchen (Cichlasoma meeki) im Vordergrund spreizt die Kiemen in Abwehrhaltung.*

gung eines passenden Brutplatzes Weibchen anzulocken. Die aggressivsten Männchen sichern sich so die besten Brutplätze und damit die Chance, ein paarungswilliges Weibchen anzuziehen.

Nach der Paarung verteidigen beide Partner ihr Gelege gegen jedes Wesen, das sich zu nah heranwagt. Manchmal finden sich die Partner zuerst und erkunden dann gemeinsam den Brutplatz. Die Eier werden vom Weibchen abgelegt und anschließend vom Männchen befruchtet. Meist kleben sie an einem geeigneten Stein oder einer anderen glatten Oberfläche. Nach dem Schlüpfen bleiben die Jungfische in der Nähe der Eltern. Im Allgemeinen verbringt das Weibchen mehr Zeit mit der Brutpflege, während das Männchen das Revier verteidigt. Wenn Gefahr droht, „verbergen" Cichliden ihre Jungen häufig im Maul.

Die Größe des Territoriums ist von der Fischart abhängig, beträgt aber oft mehr als drei Meter im Durchmesser, wobei die Jungfische weit innerhalb dieses Bereichs bleiben. Erkennbare Markierungen wie Steine oder Holz dienen oft zur Identifizierung des Reviers. Größere Fische bewegen sogar Gegenstände über den Boden, um ihr Territorium zu markieren oder einen geeigneten Brutplatz zu bauen.

Trotz der aggressiven Natur der Buntbarsche kommt es bei Kämpfen nur selten zu Körperkontakt. Kreuzen sich die Wege zweier Revierfische, werden Drohgebärden ausgetauscht, wobei Flossen und Kiemen abgespreizt werden. Die meisten Meinungsverschiedenheiten werden nach Ablauf einer Reihe komplizierter Verhaltensmuster gelöst, die entscheiden, wer der Dominante ist. Der Verlierer dieses Kommentkampfes schwimmt entweder einfach davon oder wird vertrieben. Im Aquarium kann der unterlegene Fisch jedoch nicht ausweichen. Ein sehr dominanter Fisch wird im Aquarium permanent andere Fische jagen, die nicht davonschwimmen können. Diese Situation wird häufig als „Einschüchterung" bezeichnet. Man kann dieses Verhalten einschränken, indem man ausreichend Verstecke schafft und nur wenige Fische gleicher Größe ins Aquarium einsetzt.

MITTELAMERIKANISCHER FLUSS

Das bestimmende Element in diesem Aquarium ist der dunkle, sperrige und eckige Schiefer. Wenn man sich für eine andere Gestaltung entscheidet, sollte man bedenken, dass viele große Buntbarsche ziemlich zerstörerisch sein können, kleinere Gegenstände bewegen und Pflanzen ruinieren.

DER BODENGRUND

Der hier verwendete Bodengrund besteht aus mittelgroßem bis großem Feinkies, einem „typischen" Aquarium-Substrat. Zu dieser Landschaft passt das ausgezeichnet, weil der Kies sich nicht so mühelos bewegen lässt wie feineres Material und die Cichliden sich mit dem Maul nicht an der glatten, abgerundeten Oberfläche verletzen können. Viele mittelamerikanische Buntbarsche graben gern, was entweder mit ihrem Paarungsverhalten, den Fütterungsmethoden oder schlichter Langeweile zu tun haben mag. Das Substrat sollte also tief genug sein, um das Gewicht der größeren Steine zu tragen und sie fest am Platz zu halten. Das kann jedoch schwierig werden, wenn die Fische beginnen, unter oder neben Felsen zu graben. Die Verwendung einer feinmaschigen Netzmatte aus Plastik unter der Kiesober-

Mit großen Felsbrocken lassen sich Höhlen bauen, sie sollten aber gut fixiert sein, um nicht einzustürzen.

fläche bietet hier die beste Lösung. Die Fische können dann nur bis zum Netz graben und stoßen so die Felsen nicht um.

Für den Aufbau des Aquariums platziert man zunächst den Großteil des Substrats auf dem Boden des Beckens, legt die Matte aus und stellt die Steine darauf. Nachdem die oberste Kiesschicht darüber und um die Steine gelegt wurde, ist von dem Plastiknetz nichts mehr zu sehen.

STEINE

Die in diesem Aquarium verwendeten Steine sind sehr unförmige, große und eckig wirkende Schieferbrocken. Auch andere Gesteine eignen sich, und da der natürliche Lebensraum dieser Fische hart und alkalisch ist, könnte man sogar kalkhaltige Steine verwenden.

Links: Im Aquarium wirken große Steine in Verbindung mit Feinkies künstlich. Man kann die Wirkung aber abmildern, wenn man kleinere Stücke des gleichen Gesteins um die größeren Felsen gruppiert.

Dieser Javafarn Microsorium pteropus 'Windeløv' *ist robust und sollte der Aufmerksamkeit kampflustiger Buntbarsche standhalten.*

Die Steinbrocken so platzieren, dass Verstecke, Lücken und Höhlen entstehen, in denen die Fische sich verbergen oder sogar laichen können. Steine mit glatter, flacher Oberfläche regen bei manchen Arten das Fortpflanzungsverhalten an. Man sollte dafür sorgen, dass alle Steine gut verankert sind, damit sie von den Fischen nicht bewegt oder umgeworfen werden können. Kleinere, auf dem Bodengrund liegende Steine sollten mit Silikon festgeklebt werden. Felsschotter kann dem Aquarienboden ein interessanteres Aussehen verleihen. Dieser kleinere Grus sollte vom gleichen Gestein stammen wie die größeren Stücke. Wenn

keine passenden Steinchen zur Verfügung stehen, bricht man einen größeren Brocken vorsichtig in mehrere Einzelteile.

Kleinere, rundliche Schieferstücke lassen sich über das gesamte Substrat verteilen.

HOLZ UND PFLANZEN

In diesem Aquarium gibt es nur ein einziges Holzstück, das man beinahe übersieht. Es dient in erster Linie zur Verankerung von Pflanzen, weniger ästhetischen Zwecken. Holz lässt sich in einer Landschaft dieser Art gut einsetzen, sollte aber nicht den Blick von der umfangreichen Felsformation ablenken. Außerdem befindet sich im Aquarium nur eine Pflanze, eine fein verzweigte, kleinblättrige Form des Javafarns namens *Microsorium pteropus* 'Windeløv'. Der Javafarn eignet sich für dieses Becken, weil seine Blätter eine widerwärtig schmeckende chemische Substanz enthalten, die ihn vor Angriffen Pflanzen fressender oder zerstörungswütiger Cichliden schützt. Andere widerstandsfähige Pflanzen wie große *Echinodorus-*, *Anubias-* und *Sagittaria*-Arten sind auch verwendbar. In einem Aquarium, das nur kleinere Buntbarsche enthält, lassen sich beinahe alle robusten Pflanzen einsetzen.

DIE FISCHE

Aus Mittelamerika stammen hauptsächlich Buntbarsche, viele davon sind im Zoofachhandel erhältlich. Manche der größeren Arten sind eindrucksvoll und stehen bald im Zentrum des Interesses. Ihre Verhaltensmerkmale geben Einzelfischen häufig eine starke Persönlichkeit und machen sie so zu idealen Schau- oder „Haus"-Fischen. Man sollte allerdings bedenken, dass die Haltung mehrerer dieser Fische ein sehr großes Aquarium erfordert. Fische wie der beliebte Quetzalbuntbarsch (*Parateraps synspilum*) können im Aquarium bis zu 40 cm groß werden, der auffällig gefärbte Flamingobuntbarsch (*Amphilophus labiatus*) erreicht 30 cm. Das sind beachtliche Exemplare, aber es gibt sogar richtige „Riesen" wie die Jaguarcichlide (*Parapetenia managuensis*), die auch Managuabuntbarsch genannt wird und sogar bis zu 50 cm lang werden kann.

ABWEHR-FARBEN

Viele erwachsene Buntbarsche zeigen eine starke Färbung und ausgeprägte Muster. Junge Cichliden besitzen meist eine eintönige, gelblich-braune Farbe,

AUSSTATTUNG

Etliche Cichliden produzieren beim Fressen eine Menge Abfall, daher ist ein gutes Filtersystem nötig. Große Außenfilter mit mehreren Filtermedien sind ideal. Zur Beseitigung der anfallenden Fressabfälle können auch ein paar robuste Aufwuchsfresser wie Welse ins Aquarium gesetzt werden. Da die Gefahr besteht, dass Fische Gegenstände verschieben oder umwerfen, könnte der Regelheizer bewegt oder beschädigt werden. Ein Schutzgitter verhindert dies. Es besteht aus Plastik, passt genau um den Heizthermostat und ist im Fachhandel erhältlich.

doch mit zunehmendem Wachstum ändert sich diese Tönung.

Oft sind die Männchen farbenprächtiger, sie zeigen Paarungsfärbung und starke, markante Muster. Ein gutes Beispiel dafür ist der beliebte Feuermaulbuntbarsch (*Cichlasoma meeki*), der im Vergleich zu zahlreichen anderen mittelamerikanischen Cichliden relativ friedlich und klein ist (15 cm). Seinen Namen trägt er wegen der tiefroten Färbung im Bereich des Mauls und seiner Neigung, Hals und Kiemen drohend aufzublähen. Obwohl er gewöhnlich friedlich ist, entwickelt er in der Paarungszeit ein ausgeprägt aggressives Revierverhalten.

Ein weiterer nach seinem Muster benannter Fisch ist der grauschwarz gestreifte Zebrabuntbarsch (*Cichlasoma nigrofasciatum*). Der Zebrabuntbarsch, eine kleine Art, die etwa bis zu 10 cm misst, ist für dieses Aquarium ideal. Unter geeigneten Bedingungen vermehren sich diese Cichliden mühelos, am besten in einer passenden Höhle, und sind ausgezeichnete Eltern. Zu den anderen Buntbarschen von bis zu 15 cm Größe gehören unter anderem Salvins Buntbarsch (*Cichlasoma salvinii*) und der farbenprächtige Regenbogencichlide (*Herotilapia multispinosa*).

WELSE UND ANDERE ARTEN

Obgleich dieses Aquarium von Buntbarschen beherrscht wird, gibt es noch einige andere Arten, die man einsetzen kann. Welse können in diesem Becken eine wichtige Rolle spielen, weil sie Algen und Fressabfälle vertilgen. Die meisten größeren, robusten Welse werden von den aggressiven Cichliden ignoriert, kleinere Vertreter könnten eingeschüchtert werden. Algenfresser wie die beliebten Harnischwelse (*Hypostomus*- und *Pterygoplichthys*-Arten) werden recht groß und vertragen sich gut mit Buntbarschen. In ganz Mittelamerika findet man Aufwuchs fressende Welse, doch die *Synodontis*-Familie, oft in Afrika und Asien zu finden, ist für dieses Aquarium die beste Wahl. Die *Synodontis*-Arten besitzen oft einen starken „Körperpanzer" und verstecken sich zwischen Höhlen und Felsen, wo sie der Aufmerksamkeit aggressiver Cichliden entgehen.

Ein interessanter mittelamerikanischer Fisch ist der Engelmaulsalmler (*Leporinus affinis*), er besitzt einen ungewöhnlichen, torpedoförmigen Körper und vergrößerte Rücken- und Schwanzflossen. Dieser robuste Pflanzenfresser wird bis zu 30 cm groß und sollte sich gut mit friedlichen, großen Buntbarschen vertragen.

Unten: *Der Harnischwels (Pterygoplichthys spp.) hat einen gepanzerten Körper und verträgt sich sowohl mit größeren aggressiven Fischen als auch mit kleineren friedlicheren Arten. Er kann über 45 cm groß werden und ist imstande, Steine umzuwerfen. Er braucht ein sehr großes Aquarium mit sorgfältig platziertem Dekor.*

Links: *Dieser* Leporinus spp. *kann mit friedlicheren Cichliden zusammen gehalten werden. Er entstammt dem gleichen natürlichen Lebensraum. Wegen seiner ungewöhnlichen Form und Musterung ist er eine willkommene Bereicherung.*

Unten: *Der einschüchternde, kräftig wirkende Acht-bindenbuntbarsch (Cichla-soma octofasciatum) ist ein imposanter Aquarien-fisch, doch seine Becken-nachbarn sollte man sorg-fältig aussuchen.*

Mittelamerikanischer Fluss

Das Thema für dieses Aquarium und seine Bewohner könnte „groß, ausladend und schön" sein. Große Steine bilden die Hauptdekoration.

Durch den Einsatz von etwas Grün gilt den Felsen nicht die ungeteilte Aufmerksamkeit. Dieser Javafarn besitzt gefiederte Blätter, die relativ unempfindlich sind.

Große, aufrecht stehende Steine können mit Silikon an der Aquariumscheibe befestigt werden.

Auf dem Substrat und entlang der größeren Steine sind kleine Schieferstücke verteilt. Dadurch entsteht ein guter Übergang zwischen Felsformation und Bodengrund.

Zur Gestaltung von Höhlen sollten große Felsen sorgfältig angebracht werden.

Algenfresser können
gut auf den flachen
Schieferplatten weiden.

Kleinere Javafarnäste
sind zur Kaschierung von
Felsspalten ideal.

Alle Steinaufbauten sollten sicher
befestigt sein. Es lohnt sich, die
Felsstücke mit Silikonkleber zu fixieren.

Ein Schutzgitter bewahrt
den Heizer vor Fischen
und Steinen.

Cichliden könnten unter den Steinen graben. Der Einsatz
einer Netzmatte unter dem Substrat und unterhalb von
Felsen verhindert ungewollten Steinschlag.

Großkörniger Feinkies ist glatt und
rund und fügt den Mäulern von
Buntbarschen keinen Schaden zu.

Australischer Fluss

Mehrere große Fluss-Systeme durchziehen Australien. Das bekannteste und das fünftgrößte weltweit ist das Murray-Darling-System. Der australische Kontinent wurde bereits vor Millionen von Jahren von anderen Landmassen und Wasserwegen getrennt. Daher gibt es hier im Vergleich zu ähnlich großen Fluss-Systemen in anderen Teilen der Welt nur eine begrenzte Zahl an Süßwasserfischen. Die bekannte Familie der schönen Regenbogenfische ist in ganz Australien und Neuguinea zu finden.

In Australien beheimatete Fische leben in sehr unterschiedlichen Lebensräumen. Tropische Regenwälder, Mangroven, Seen, saisonale Teiche, Bäche, rasch fließende und ruhige Flüsse und Mündungsgebiete gibt es in tropischen, subtropischen und gemäßigten Regionen. Der Regenbogenfisch – und andere australische Fischarten – ist in vielen dieser Lebensräume zu Hause, weil ein Fehlen von Konkurrenz es ihnen gestattete, sich in Bereiche auszubreiten, die gewöhnlich von spezialisierteren Fischen bewohnt werden. Diese Fische sind daher robuste und anpassungsfähige Arten, die mit veränder-

ten Bedingungen gut zurechtkommen. Höchstwahrscheinlich gibt es in Australien einige einheimische Fischarten, die noch nicht entdeckt wurden. Viele Unterwasser-Habitate sind noch nicht vollkommen erkundet, etliche Teiche und Wasserläufe bestehen nur zu einer bestimmten Jahreszeit und ändern sich jedes Jahr.

Wasserwege, die nur durch Regen entstehen, erscheinen alljährlich an anderen Stellen, und obwohl es in ihnen keine Fische gibt, sind sie wichtige Lebensräume für im Wasser lebende Säugetiere, Reptilien und Vögel. Tümpel und Bäche, die durch Überschwemmungen entstehen, beherbergen oft zahlreiche Fische. Häufig befinden sich diese Teiche an ungewöhnlichen Stellen, wo sich große, tiefe Gewässer bilden können. In Flutzeiten oder bei höherem Wasserstand beginnen viele Fische zu laichen, sodass Jungfische in die sonst isolierten Teiche und Bäche gelangen.

HEISS UND SALZIG
Da sich die Lebensumstände durch Überschwemmung, Isolierung und Trockenzeit immer wieder ändern und in ganz Australien sehr unterschiedliche Umwelt-

Australische Fluss-Habitate

Viele beliebte Aquarienfische, darunter auch der Regenbogenfisch, leben in den Flüssen Neuguineas.

Das Murray-Darling-Flusssystem mündet bei Adelaide in Südaustralien ins Meer, obwohl sein Einzugsgebiet sich bis nach New South Wales und Queensland erstreckt.

Wegen der einmaligen geografischen Lage gibt es in Australien zahlreiche unterschiedliche Ökosysteme, von weiten, offenen Wüsten bis zu kühlen Wäldern gemäßigter Zonen. In Flüssen, Seen und Wasserläufen lebt eine große Zahl verschiedener Fischarten, die in allen Lebensräumen zu finden sind. Die Fische Australiens und Neuguineas sind widerstandsfähig, farbenprächtig und friedlich, und damit ideal für ein Leben im Aquarium.

bedingungen herrschen, sind die Fische äußerst anpassungsfähig.

Praktisch alle einheimischen australischen Fische können Temperaturschwankungen zwischen 15 und 35 °C ertragen. Ausnahmen wie die Wüstengrundel (*Chlamydogobius eremius*) können Temperaturen von 4 bis 40 °C überleben.

In Australien findet man auch zahlreiche Lebensräume in Brackwasser-Mangrovengebieten und Flussmündungen, doch manchmal treten hohe Salzkonzentrationen auch weit landeinwärts auf. Ganzjährige Teiche besitzen oft einen hohen Salzgehalt. Sie werden teilweise oder ganz von unterirdischen Quellen gespeist, deren Wasser durch das Gestein aufsteigt. Das Salz stammt von den Mineralien im Fels, und die konstante Verdunstung an der Oberfläche erhöht den Salzgehalt kontinuierlich. Durch Überschwemmungen erhalten die sehr salzhaltigen Tümpel eine Zufuhr von Süßwasser, was den Salzgehalt so stark verringert, dass im Teich beinahe wieder Süßwasserbedingungen herrschen. In einem typischen Jahr müssen sich also die ansässigen Fische zunächst an einen kontinuierlichen Anstieg des Salzgehalts gewöhnen und dann an ein plötzliches Absinken. Viele australische Fische können einen jähen Wechsel des Salzgehalts von bis zu 15 Promille ertragen – fast die Hälfte des Gehalts von Meerwasser.

KÜHL UND KLAR

Die Flüsse sind für die Fische eine bedeutend ruhigere Umgebung, die jährlichen Temperaturunterschiede sind nicht so extrem, und das Wasser ist gewöhnlich das gesamte Jahr hindurch süß, außer natürlich in den Mangroven und Flussmündungen in der Nähe des Meeres. Doch die Flüsse sind nicht konstant, sondern ändern durchs Jahr immer wieder Größe und Form. In größerer Höhe, meist unweit der Quelle, ist das Flussbett fest und ändert sich im Laufe der Zeit nur wenig. Im Bergland bahnt sich der Fluss den Weg durch den Fels und bildet in der hügeligen Landschaft viele Wasserfälle und Becken. Am Fuß von kleinen und großen Wasserfällen bilden sich in dieser Gegend oft große Teiche.

Oben: *Die Landschaft der Northern Territories ist häufig trocken und mit Büschen bewachsen. In dieser Gegend wird das offene Grasland von einigen Bäumen an einem Wasserlauf unterbrochen. Unter der klaren Oberfläche liegt eine reichhaltige Unterwasserwelt.*

Links: *Die Wüstengrundel* (Chlamydogobius eremius) *ist einer der anpassungsfähigsten Fische, sie kommt mit extremen Schwankungen von Temperatur und Salzgehalt zurecht.*

Viele entstehen durch das Aufeinandertreffen zweier verschiedener Gesteinsarten, das kontinuierlich fließende Wasser wäscht jeden Stein unterschiedlich schnell aus. Wenn der Fluss vom „harten" zum „weichen" Fels wechselt, bilden sich kleine Wasserfälle, unter denen sich schließlich große Becken sammeln.

Weiter flussabwärts führt der Fluss mehr Wasser und mäandert in Richtung Meer. In diesen Gebieten hat der Fluss kein festes Bett, sondern verändert es immer wieder. Würde man den Fluss über einen Zeitraum von mehreren Jahrzehnten beobachten, ergäbe sich ein ähnliches Bild wie das einer Schlange, die sich über den Sand bewegt. Auf seinem Weg um Kehren und Windungen fließt er an der Außenseite schneller als an der Innenseite. Dadurch wird das Außenufer abgetragen, steil und überhängend. Dagegen fließt das Wasser an den inneren Kehren langsamer, was zur Ablagerung von Schlamm und Schwemmgut führt.

FUTTERSUCHE

In den Flüssen, Teichen und Bächen finden die Fische nur wenig Futter. Wie in den meisten Gewässern leben hier kleine Wassertiere, Wirbellose und Krustentiere, die von gründelnden Fischen und Welsen gern gefressen werden. Da nur wenige Gebiete von dichten Wäldern umgeben sind, stehen Früchte, Samen und pflanzliche Abfallprodukte nur selten zur Verfügung. Meist fressen die Fische, was vorhanden ist, und ernähren

sich übers Jahr von unterschiedlichem Futter, so z. B. von Insekten und Larven. In den Becken unterhalb von Wasserfällen oder in Gebieten mit dichtem Pflanzenwuchs halten sich viele Landtiere, große oder kleine Säuger, Vögel und Beuteltiere auf.

Alle diese Landtiere ziehen Insekten an, die sich oft über dem Wasser versammeln. Fällt eines ins Wasser, wird es schnell von kleinen Fischen unter der Oberfläche verzehrt.

EIN AUSTRALISCHES FLUSS-AQUARIUM

Da die Flüsse Australiens durch so viele unterschiedliche Gegenden fließen, ist es schwierig, ein Aquarium zu gestalten, das ein überregionales australisches Biotop darstellt, d.h. jede Art von Gestaltung beruht auf einer bestimmten Region.

Eine weitere Schwierigkeit besteht darin, dass nur wenige aus Australien stammende Pflanzen im Aquaristik-Handel erhältlich sind. Doch die Grundelemente eines australischen Gewässers wie Sandboden, herabgefallene Zweige und großblättrige Wasserpflanzen können kombiniert werden, um ein in etwa „australisches" Becken zu schaffen, in dessen Umgebung sich die von dort stammenden Fische wohl fühlen.

DER BODENGRUND

Die meisten australischen Wasserläufe haben entweder einen kahlen Felsboden oder sandig-schlammiges Substrat. Im Aquarium kann man Aquariensand verwenden und hier und dort ein paar größere Kieselsteine, z. B. Feinkies, einstreuen, damit es natürlicher aussieht. Der Sand sollte regelmäßig aufgelockert werden, um Verdichtung und Stagnation zu verhindern. Ein sandartiger Effekt lässt sich auch mit kleinkörnigem, gelbbraunem und kalklosem Bodengrund erzielen. Er eignet sich als Pflanzgrund weitaus mehr, besonders wenn man viele Pflanzen einsetzen möchte, und kann mit anderen, nährstoffhaltigen Substraten vermischt werden.

FELSFORMATIONEN

Die in dieser Landschaft genutzten Steine sind große Schieferstücke, die einen guten Kontrast zum sandigen Grund liefern und massiv erscheinen.

Grasähnliche Pflanzen wie diese Sagittaria spp. gedeihen gut im sandigen Substrat und stellen halb im Wasser wachsende oder Marschpflanzen dar.

Javafarn wurzelt auf Holzstücken und lässt sich einsetzen, um im oberen Bereich des Aquariums für Pflanzenbewuchs zu sorgen.

zu erzeugen. Ihre großen Blätter bieten vielen Fischen im Aquarium Deckung und Verstecke. Am anderen Ende des Beckens zeigen *Vallisneria*- und *Hygrophila*-Arten abwechslungsreiche Blattformen. Die Pflanzen im Vordergrund bestehen aus einigen Cryptocorynen mit ovalen Blättern und mehreren *Sagittaria*-Arten. Eine ähnliche Pflanze, *Lilaeopsis novae zelandiae* (Neuseeland-Graspflanze), eignet sich ebenfalls für den Vordergrund.

FISCH-AUSWAHL

Australische Fische gibt es im Aquarienhandel nicht in so großer Auswahl wie amerikanische, afrikanische oder asiatische Arten. Am weitesten verbreitet ist die Familie der Regenbogenfische. Obwohl viele von ihnen eher aus Neuguinea als aus Australien stammen, sind sie doch ähnlich genug, um in ein Aquarium dieses Stils aufgenommen zu werden. Bestimmte Welse und Grundeln haben eine australische Herkunft, bevorzugen jedoch eher brackiges Wasser. Es ist dabei relativ einfach, ein leicht brackiges Wasser zu erzeugen, das sowohl Regenbogenfischen als auch Brackwasserarten wie Grundel oder Wels gerecht wird. Praktisch alle australischen oder austral-asiatischen Fische sind lebhaft und friedlich (mit der möglichen Ausnahme einiger Grundeln, die gelegentlich

Höhlen und Verstecke. Mehrere mittelgroße Stücke sind nützlich, aber ein einziges, sehr großes und sorgsam ausgewähltes Holz würde dramatischer wirken.

PFLANZEN

Die Zahl der im Aquarium verwendeten Pflanzen ist davon abhängig, mit wie vielen Gegenständen insgesamt gearbeitet wird. Wenn man sich darauf konzentriert, Baumwurzeln oder ein felsiges Substrat zu gestalten, benötigt man nur wenige Pflanzen. Andererseits könnte ein australischer Teich mehrere Schwimmpflanzen und einige „traditionelle" Unterwasserpflanzen enthalten. In dieser Landschaft befinden sich mehrere typische Aquarienpflanzen. Obwohl die meisten amerikanische oder afrikanische Arten sind, eignen sie sich zur Darstellung der Art von Vegetation, die man in einem australischen Flussbett oder Teich finden könnte. Große Amazonasschwertpflanzen (*Echinodorus* spp.) nehmen hier viel Raum ein und sind ideal, um den Eindruck von Uferbewuchs

Die beste und natürlichste Wirkung erzielt man, wenn diese Felsen teilweise durch Pflanzen oder Holz verdeckt werden. Andere Effekte entstehen, wenn man in dieser Landschaft unterschiedliche inaktive Steine verwendet. Für ein sandigeres und etwas brackiges Aussehen wählt man sandfarbene Steine oder Westmorland-Felsen. Lava passt eher in das dunklere Terrain eines Uferüberhangs. Ein Becken am Flussunterlauf oder im Fluss mit schneller Strömung kann unter Nutzung von Pflaster- und Kieselsteinen nachgebaut werden. Da viele Fische an hartes, alkalisches Wasser gewöhnt sind, könnte man sogar auf kalkhaltiges Gestein wie Ozeanstein oder Tuff zurückgreifen.

In diesem Aquarium wurden kleinere, runde Schieferstücke genutzt, oft halb im Substrat vergraben und neben die größeren Felsen gelegt. Verwendet man kleinere Stücke auf diese Weise, sollten sie stets vom gleichen Gestein stammen.

HOLZ

Das Holz in dieser Landschaft soll herabgefallene Äste oder alte Baumwurzeln darstellen. Zur Erzielung dieses Effekts eignet sich besonders „Jati", eine Form von Moorkienholz. Man wählt Stücke aus, die wie Wurzeln oder große Äste aussehen und baut aus gebogenen Teilen

Jati-Holz hat ein recht „rohes" Aussehen, es imitiert daher gut frisch abgebrochene Äste oder Baumbestandteile.

Revierverhalten zeigen), es sollte daher im Zusammenleben kaum Probleme geben.

Manche Welse können allerdings enorme Ausmaße annehmen. Der Haiwels (*Pangasius hypophthalamus*) kann bis zu 25 cm groß werden und benötigt ein großes Aquarium. In dieser Größe ist er durchaus imstande, kleinere Beckennachbarn zu fressen.

GRÜNDELNDE FISCHE

Eine Reihe von Welsen, Grundeln und Gründlingen sind in ganz Australien verbreitet, sie unterscheiden sich jedoch in Verhaltensweisen und äußerer Erscheinung. Welse sind häufig im Brackwasser zu Hause, und viele Süßwasserarten sind mit den Brackwasserfischen verwandt, wahrscheinlich weil sie vor Tausenden von Jahren aus ihren ursprünglichen Lebensräumen im Brackwasser flussaufwärts gewandert sind. Der bekannteste Vertreter ist der Haiwels, der seinen Namen dem metallischen Silberglanz und der haiähnlichen Körper- und Flossenform verdankt. Dieser friedliche Fisch ist tagaktiv und sucht im Boden nach passendem Futter. In einem Aquarium mit sandigem Substrat ist er besonders nützlich, weil er immer wieder die oberste Schicht aufwühlt und damit Stagnation und Algenbildung vorbeugt. Auch Gründlinge wühlen im Boden. Obwohl sie weniger aktiv sind als Haiwelse, sind sie nicht minder interessant. Zwei jederzeit erhältliche Fische sind der Gründling (*Gobio gobio*) und die Tüpfelgrundel (*Mogurnda mogurnda*). Diese beiden Arten werden nicht größer als 10 cm, obwohl manch anderer einheimischer Gründling eine Größe von bis zu 40 cm erreichen kann. In der Natur verstecken sich Gründlinge gern zwischen Baumwurzeln und Pflanzen, daher werden sie sich in einer ähnlich gestalteten Landschaft im Aquarium wohl fühlen.

Weitere kleinere am Boden lebende Fische sind die Grundeln. Die Wüstengrundel, ein in Australien heimischer Fisch, wird nicht mehr als 6 cm groß. Sie

Oben: Bei vielen Regenbogenfischen wie auch dem Juwelenregenbogenfisch (Melanotaenia trifasciata) *intensiviert sich die Färbung mit dem Alter.*

Rechts: Der Celebes-Sonnenstrahlfisch (Telmatherina ladigesi) *lebt im Mittwasser und an der Oberfläche und besitzt als Blickfang ungewöhnliche Flossen. Er passt in Frisch- oder Brackwasser-Aquarien.*

eignet sich ausgezeichnet als Aquarienfisch, und wegen ihrer „witzigen" Verhaltensmerkmale und ungewöhnlichen hin-
und herschießenden Bewegungen ist ihre
Beobachtung interessant.
Wenn man Grundeln genügend Verstecke
im Aquarium bietet, fühlen sie sich sicherer und verbringen letztlich mehr Zeit im
offenen Wasser.

REGENBOGENFISCHE
Nur in Australasien sind Regenbogenfische zu finden. Sie eignen sich als Aquarienfische für Anfänger und Fortgeschrittene gleichermaßen. Viele Jungfische ha-

ben eine trübe Farbe und werden daher
in Aquariengeschäften oft übersehen.
Doch wenn sie heranwachsen, entwickeln
sie eine so interessante Färbung, dass sie
sich mit manchen Seefischen messen
könnten. Die Regenbogenfische sind im
Allgemeinen friedlich, robust, aktiv, pflegeleicht und werden nicht größer als
10 cm.
   Zu den beliebtesten Arten gehören der
Juwelenregenbogenfisch (*Melanotaenia
trifasciata*), der senkrechte rote und blaue
Streifen hat, und der Korallenregenbogen-
fisch (*Melanotaenia boesemani*), der zu den
farbenprächtigsten gehört, mit kräftigem

Oben: *Der purpur gestreifte Gründling
(Mogurnda mogurnda) ist ein
interessanter Fisch mit ungewöhnlichem
Verhalten.*

Gelb-Orange zum Schwanz hin und schil-
lerndem Blau-Grün im Kopfbereich. Der
lachsrote Neuguinea-Regenbogenfisch
(*Glossolepis incisus*) zeigt als Jungfisch eine
matte Farbe, die Männchen entwickeln
jedoch mit dem Alter eine beeindruckende, tiefrote Färbung. Andere interessante
Regenbogenfische sind *Melanotaenia fluviatilis*, *M. splendida* und der Celebes-
Sonnenstrahlfisch (*Telmatherina ladigesi*).

Australisches Fluss-Aquarium

Großblättriger Javafarn und Echinodorus-Arten hinter Moorkienholz und Steinbrocken imitieren die Vegetation am Flussufer.

Große Echinodorus-Arten dominieren diesen Bereich des Aquariums.

Regenbogenfische schwimmen häufig im offenen Wasser und nehmen gern die Deckung an, die diese hohen Stängel ihnen bieten.

Große Schieferstücke wirken sehr massiv und verbergen die Stängel der höheren Hintergrundpflanzen.

Cryptocorynen gedeihen gut in einem sandigen Substrat und mildern den Kontrast zwischen großem Dekor und Bodengrund.

Viele kleine und gründelnde Fische ziehen sich gern in so einen Bereich zurück.

Der Javafarn füllt leeren Raum
und fängt das Licht in der Mitte des
Aquariums ein.

Hygrophila-Arten zeigen
die unterschiedlichsten
Blattformen.

Die massive Wirkung der großen Steine
lässt sich durch sorgfältige Bepflanzung
entlang der Kanten abmildern.

Grasähnliche Pflanzen wie die
Sagittaria spp. breiten sich schön
über den Bodengrund aus.

Einige runde Schieferstückchen und
verstreuter Feinkies erzeugen ein
natürlicher wirkendes Substrat.

Europäischer Fluss

Die Flüsse des europäischen Kontinents ähneln sich in Aussehen und Ursprung. Im Allgemeinen entspringen sie in Gebirgs- oder Hügellandschaften und entwickeln sich dann zu lang gezogenen Wasserläufen, die durch offenes Land und manchmal auch bewaldete Regionen fließen. In den meisten Gebieten ist die Umgebung flach und spärlich bewachsen, doch in den Uferzonen gewähren hohes Schilf und Büsche den kleineren Flussfischen willkommene Deckung.

Ein typischer Fluss lässt sich in drei unterschiedliche Bereiche gliedern: Das offene Wasser in der Mitte des Flusses, das schilfbestandene oder schattige Ufer und kleine Flachwasser-Abschnitte mit Steinen und Kiesgrund. Im Vergleich zu ähnlichen Regionen tropischer Flüsse und dicht bewachsener Sümpfe, Seen und Bäche besteht hier in jedem Teil nur eine relativ geringe Artenvielfalt. Zahlreiche europäische Fischarten halten sich gewöhnlich in einem bestimmten Bereich des Flusses auf, der ihren Bedürfnissen gerecht wird. Daher können in zwei beliebigen Abschnitten des gleichen Flusses vollkommen andere Fisch- bzw. Pflanzenarten beheimatet sein.

RANDEXISTENZEN
Die dichten Schilfgürtel und überhängenden Böschungen am Ufer bieten den kleineren Flussbewohnern Verstecke, Brutplätze und Futterquellen. Viele der hier lebenden kleineren Fische wagen sich selten ins offene Wasser, es sei denn das Wasser ist klar und seicht, sodass Raubfische schnell erkennbar sind. Schilfbetten und andere Pflanzen „fangen" Aufwuchs aus dem Fluss. Das meiste wird von kleinen Tieren, Bakterien und Filtrierern gefressen oder zersetzt. Durch diesen Prozess entsteht ein nährstoffreicher Mulm, der das Wachstum der üppigen Pflanzen über Wasser fördert.

Die hier lebenden kleinen Insekten und Lebewesen dienen als Nahrung den Fischen, die auf der Suche nach Futter am Grund zwischen den Schilfrohren umher-

Lebensräume in europäischen Flüssen

Isolierte Landmassen beheimaten oft weniger Arten, manche einheimischen Fische findet man jedoch auch nur dort.

In den Flüssen Mitteleuropas leben überall ähnliche Fischarten, doch jeder Fluss besitzt seine besonderen Lebensräume.

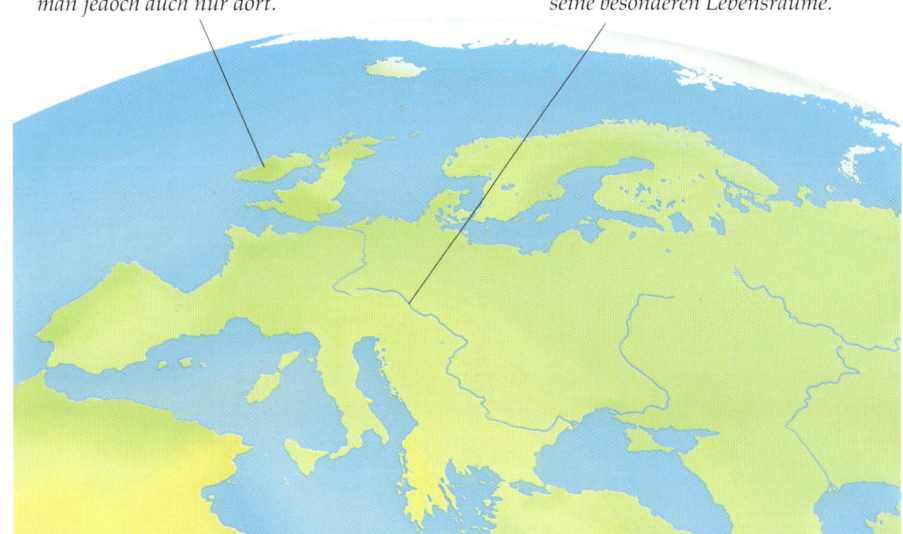

Die Flüsse in Europa fließen im Vergleich zu tropischen Regenwäldern mehr durch offenes Land. In vielen Gebieten gemäßigter Klimazonen ist die Vielfalt der Lebewesen in Gewässern geringer, doch nicht weniger interessant. Die hier ansässigen Fische leben zumeist recht gefährlich, denn viele Räuber und andere Gefahren lauern unter der Oberfläche.

schießen. Winzige Tierchen dienen auch als Nahrungsquelle für Jungfische, die es im Uferbereich ab dem Spätfrühjahr im Überfluss gibt. Hier sind die Jungen vor Räubern sicherer als im offenen Wasser, obgleich sie für viele Fische die optimale und eine sehr nährstoffreiche Nahrung bilden. Neben den Fischen leben an den Uferböschungen auch häufig andere Tiere. Dazu gehören kleine Nagetiere, Enten, Vögel und sogar Otter, die im dichten Schilf rasten, sich vermehren und fressen.

Nicht in allen Uferbereichen gibt es dichten Pflanzenwuchs, viele sind kahl, aber regelmäßig unterbrochen von Überhängen, großen Baumwurzeln oder steinigen Abschnitten, in denen auch Pflanzen gedeihen. In diesen kleinen Lebensräumen nutzen die gleichen kleinen Fische jedes Versteck und jeden Futterplatz. Elritzen, Stichlinge, Bitterlinge und Schlammpeitzger leben gewöhnlich in diesen Uferzonen, aber auch heranwachsende Exemplare größerer Arten wie Rotauge, Rotfeder, Hasel, Goldfisch und Flussbarsch.

SCHWIMMEN WIE DIE GROSSEN

Im offenen Wasser der Flussmitte gibt es nur wenige Verstecke, und hier sind die großen Fische zu finden. Nicht alle sind von Natur aus Räuber, doch kaum einer würde eine vorbeischwimmende Mahlzeit verschmähen. Rotfeder und Aland, oft als Zierfische für den Teich im Angebot, ernähren sich von Insekten, sowohl an der Wasseroberfläche als auch am schlammigen Flussboden. Andere Fische, darunter verschiedene Karpfenarten, Flussbarsch und der berüchtigte Hecht, fressen fast ausschließlich andere Fische. Der Hecht ist das typische Beispiel eines gut angepassten und hoch entwickelten Raubfischs. Aufgrund seiner länglichen Körperform und des stromlinienförmigen Kopfes kann er stundenlang unbeweglich im Wasser stehen, sogar im Fluss, und auf die nächste Mahlzeit warten.

Oben: Ein typischer europäischer Wasserlauf ist flach, hat dicht bewachsene Ufer und beherbergt verschiedene kleine Fische. Größere Arten findet man weiter flussabwärts, wo das Wasser tiefer ist.

Rechts: Die Rotfeder (Scardinius erythrophthalmus) *ist ein Allesfresser, die sich von Insekten, Pflanzenmaterial, Jungfischen und gründelnden Fischen ernährt.*

Sobald sich seine Beute nähert, bewegt der Hecht sich langsam auf sie zu. Eine Verfolgung ist unnötig, denn der Hecht öffnet rasch sein Maul und saugt den arglosen Fisch ein, beißt dann mit scharfen Zähnen zu und macht seine Beute bewegungsunfähig.

Andere Raubfische sind eher für schnelle Bewegungen geschaffen, sie jagen ihre Beute in eine Nische oder einen Felsspalt, führen dann ein „Schnapp"-Manöver aus und verschlucken ihre Beute ähnlich wie der Hecht.

RUHIGERES LEBEN IN SCHNELLER STRÖMUNG

An vielen Stellen sind die Flüsse flacher oder teilen sich in verschiedene Arme und fließen dann rascher über Felsen und Kiesgrund. Hier herrscht eine schnelle Strömung und das Wasser ist sauerstoffreich und klar. Gewöhnlich gedeihen hier

Unten: In vielen europäischen Flüssen, Seen oder Bächen versteckt sich die ungewöhnliche Groppe (Cottus gobio) *gern unter Steinen; mit ihrem witzigen Aussehen und interessanter Musterung ein guter Aquarienfisch.*

nur wenige Pflanzen, doch sie stehen in regelmäßigem Abstand. In diesen seichteren Abschnitten lauern nur selten Raubfische, daher können die kleinen Fische sich hervorwagen, um winzige Lebewesen vom Grund zu picken oder nach Insekten an der Oberfläche zu schnappen. Elritzen und Stichlinge, die meist nur in den dicht bewachsenen Uferbereichen anzutreffen sind, sind ebenso hier zu Hause, wo das Leben wegen fehlender Räuber relativ „stressfrei" ist; auch gründelnde Fische leben hier.

In solchen Flachwasserzonen treten auch ungewöhnliche Arten auf, die es in ganz Europa gibt. Einige Gründlinge und Schleimfische, gewöhnlich in salzigen Lebensräumen beheimatet, sind vom Meer flussaufwärts gewandert und im Laufe von Tausenden von Jahren zu Flussfischen geworden. Man kann vor allem Gründling und Schleimfisch beobachten, wie sie auf der Suche nach kleinen Futterpartikeln am Grund umherschießen. Daneben sieht man vielleicht einen weiteren Vertreter der Gründling-Familie wie die schön gefärbte Groppe oder Mühlkoppe (*Cottus gobio*), außerdem die Schmerle

Oben: Die Schmerle (Barbatula barbatula) *ist ein typischer Vertreter vieler europäischer Grundeln, die Aufwuchsfresser sind und sich gewöhnlich von im Substrat lebenden Kleinstlebewesen ernähren. Um sich wohl zu fühlen, brauchen sie ausreichend Versteckmöglichkeiten.*

(*Barbatula barbatula*) und Aufwuchsfresser aus der *Misgurnus*-Familie wie den Schlammpeitzger oder Schlammbeißer (*M. fossilis*).

Trotz fehlender Unterwasser-Räuber besteht auch hier für die Fische die Gefahr, anderen Tieren zum Opfer zu fallen. Kleine Vögel sitzen oft am Rand dieser flachen Stellen auf herabhängenden Zweigen und warten auf die Ankunft kleiner Fische, um sie zu fangen.

BRUT IM BUSCH

Ein besonders faszinierender Aspekt europäischer Fische ist ihr Brutverhalten, das mit dem der meisten tropischen Arten vergleichbar ist. Im Frühling, wenn es Futter im Überfluss gibt und die Fische aktiv werden, beginnt für die erwachsenen Tiere die Paarungszeit. Viele Fische aus diesen Flüssen besitzen einen hoch entwickelten Seh- und Geruchssinn, den sie unter anderem dazu nutzen, einen geeigneten Partner zu finden. Paarungsbereite Weibchen geben oft Hormone ins Wasser ab, die die Aufmerksamkeit der Männchen erregen.

Die Männchen mancher Arten zeigen eine stärkere Färbung, um paarungswillige Weibchen anzulocken. Angezogen

Dieses synthetisches Holzstück wirkt vollkommen natürlich, sobald es im Aquarium liegt und teilweise von anderem Dekor verdeckt wird.

vom Geruch der Hormone „bedrängen" andere Fische, vor allem aus der Familie der Karpfen, die Weibchen geradezu zur Paarung.

Sobald das Männchen ein Weibchen in einen Bereich mit dichter Vegetation getrieben hat, windet es sich um das Weibchen und drückt ihm die Eier förmlich aus dem Leib. Die Eier werden dann an einem Blatt oder manchmal auch einem passenden Stein oder Holzstück abgestreift, und das Männchen entlässt seine Milch zur Befruchtung der Eier. Es findet später praktisch keine Brutpflege statt. Da viele Tausend Eier gelegt werden, stehen die Chancen gut, dass einige Junge überleben werden.

Andere Arten legen weniger Eier und konzentrieren sich umso stärker auf die Brutpflege. Dabei widmen sich Männchen und Weibchen, (ein Männchen hat oft mehrere Weibchen) dieser Aufgabe mit Elan. Besonders interessant ist der Stichling, der sich auch im Aquarium häufig vermehrt. Der männliche Stichling trägt die Hauptlast der Brutpflege. Zunächst wählt ein paarungsfähiges Männ-

In dieser Landschaft werden runde Kiesel in großer Menge eingesetzt; am Grund lebende Fische fühlen sich hier wohl.

chen einen geeigneten Brutplatz aus und baut anschließend ein „Nest" aus Pflanzenmaterial und Detritus, das es mit einem speziell dafür abgesonderten Kleb- oder Zementierstoff fixiert. Wenn das Nest fertig ist, lockt das Männchen – nun im intensiv roten Paarungskleid – eine Reihe von Weibchen an, die im Nest ihre Eier ablegen, und befruchtet diese. Der männliche Stichling zeigt ein ausgeprägtes Revierverhalten und bewacht das Nest kontinuierlich vor Eindringlingen.

EUROPÄISCHES FLUSS-AQUARIUM
Wegen der unterschiedlichen Lebensräume in den Flusszonen gibt es für die Gestaltung der Aquarienlandschaft mehrere Möglichkeiten. Eine interessante Version, in der eine Vielfalt von Fischen lebt, kann mehrere Elemente aus den Habitaten im offenen Wasser, Flachwasser und Uferbereich enthalten. In diesem Fall lassen sich auch unterschiedliche Bodengründe nutzen. Die Abschnitte im offenen Wasser sind z. B. häufig schlammig, während man am Rand des Flusses Sandbänke findet. Für diesen Aufbau verwendet man ein Grundsubstrat aus Aquariensand, mit dem sich Aufwuchsfresser wie Schmerlen wohl füh-

len. Interessanter wirkt das Ganze, wenn man an vielen Stellen kleine Kieselsteine, Feinkies und größere Natursteine hinzufügt. Eine Gruppierung dieser kleineren Steine um größere Felsen schafft nicht nur „Mini-Lebensräume", sondern ahmt auch das echte Habitat nach. Man verwendet nur gerundete Kiesel und Natursteine, denn die leichte, aber kontinuierliche Strömung im Fluss glättet gewöhnlich alle Felsbrocken.

WURZELN AM UFER
Da es in diesem Aquarium nur wenig Pflanzen gibt, kann man im mittleren und oberen Bereich einige Moorkienhölzer anbringen. Im Fluss bieten viele abgebrochene Holzstücke und Wurzeln Verstecke für die Fische.

Diese Wirkung soll hier erzielt werden. Moorkienholz, das sehr wurzelartig aussieht, kann waagerecht auf den Bodengrund gelegt werden, um Schwemmholz darzustellen. Kleinere, geschwungene Stücke sind ebenso wirkungsvoll. Sie verlaufen in die Höhe und von dort wieder zum Grund und geben so den Eindruck von verzweigtem Wurzelwerk wieder. In diesem Aquarium sind besonders gut einige künstliche „Hölzer" einzusetzen. Viele sollen abgebrochene Zweige oder Wurzeln darstellen.

Das große, astähnliche Stück in der Mitte des Aquariums ist tatsächlich künstlich, doch sobald es mit ein wenig Algen bewachsen ist, wird es vollkommen natürlich wirken.

PFLANZEN NUR BEGRENZT

In dieser Landschaft sind nur zwei Pflanzenarten vertreten. Wasserpest (*Egeria densa*) und Hornkraut (*Ceratophyllum demersum*). Keine der beiden benötigt einen guten Pflanzgrund, da sie einen Großteil der Nährstoffe über die Blätter statt mit den Wurzeln aufnehmen. In freier Natur gedeihen sie häufig als Schwimmpflanzen, obwohl sie im Aquarium attraktiver wirken, wenn man sie auf herkömmliche Art pflanzt.

In einer europäischen Landschaft ließen sich auch noch mehr Pflanzen bzw. Gattungen einsetzen, dies könnte jedoch von den großen Steinen, dem Substrat oder Holz ablenken. Viele tropische Pflanzenarten überdauern auch bei niedrigeren Temperaturen. Die passendsten Arten sind Nadelsimse (*Eleocharis acicularis*), Amerikanischer Wassernabel (*Hydrocotyle verticillata*), Schaumkraut (*Cardamine lyrata*) und einige Arten von *Ludwigia*, *Sagittaria* und *Echinodorus*. Auch viele im Handel zur „Sauerstoffanreicherung" für Teiche erhältliche Pflanzen oder Randpflanzen sind geeignet. Tausendblatt (*Myriophyllum spp.*) und Pfennigkraut (*Lysimachia nummularia*) passen besonders gut, weil beide in Europa wachsen.

Hornkraut (Ceratophyllum demersum) *kann als Schwimmpflanze und im Boden verankerte Stängelpflanze eingesetzt werden.*

Schwimmpflanzen sind in vielen europäischen Flüssen verbreitet, entweder großblättrige Arten wie Seerosen, die eingeführten Muschelblumen und Wasserhyazinthen oder kleinblättrige Pflanzen wie der Schwimmfarn und die Wasserlinse. Diese Schwimmpflanzen in einem Aquarium lenken jedoch leicht von der übrigen Landschaft ab und „überfüllen" das Becken. Setzt man sie in geringem Maße ein, haben sie allerdings eine positive Wirkung, sollten aber regelmäßig ausgedünnt werden.

Praktisch alle Pflanzen für diese Art von Landschaft sind robust und benötigen daher keine speziellen oder nährstoffangereicherten Substrate. Verwendet man nur wenige Pflanzen, erhalten sie genügend Nährstoffe aus den Fischabfällen und ausreichend Licht von einer einzigen Leuchtstoffröhre. Wenn sich jedoch viele Pflanzen im Aquarium befinden, oder sie nicht mehr sehr gesund wirken, empfiehlt sich der Einsatz von Flüssigdünger.

AUSWAHL DER RICHTIGEN FISCHE

Viele Fischarten aus europäischen Flüssen können eine beachtliche Größe erreichen, vor allem unter den wärmeren Bedingungen eines Aquariums. Man benötigt daher zu ihrer Unterbringung ein Becken, das 1,50 m oder mehr misst. Zu den Fischen, die größer als 30 cm werden, gehören Rotauge (*Rutilus rutilus*), auch Plötze genannt, Rotfeder (*Scardinius erythrophthalmus*), Karpfen (*Cyprinus carpio*), Goldorfe (*Leuciscus idus*) und manchmal auch Hasel (*Leuciscus leuciscus*). Unter günstigen Bedingungen können Goldfische (*Carassius auratus*) über 35 cm lang werden, sie sind jedoch leider oft benachteiligt und werden von allen Fischen am meisten vernachlässigt, weil sie so verbreitet und widerstandsfähig sind.

Viele dieser größeren Fische sind ziemlich rabiat und verhalten sich in einer kleinen, engen Umgebung weniger natürlich. Im Hinblick auf Größe und Ver-

Die Wasserpest ist eine weit verbreitete Pflanze, die viele ähnliche Unterarten hat. Sie ist eine widerstandfähige genügsame Pflanze.

halten eignen sich daher kleinere europäische Fischarten besser und sind interessantere Aquarienbewohner. Viele Schmerlenarten wie der beliebte Schlammpeitzger (*Misgurnus anguillicaudatus*) sind gut an die unteren Bereiche eines Aquariums angepasst. Er wird auch Wetterfisch genannt, weil er ungewöhnlich sensibel auf atmosphärische Druckveränderungen reagiert. Er wird dann sehr unruhig und schnappt dauernd an der Oberfläche nach Luft. Viele Aquarianer, die dieses Verhalten beobachten, nutzen den Fisch als „lebendes Barometer", um Zeichen für Wetterveränderungen festzustellen. Andere geeignete Fische, die am Grund leben, sind die Schmerlen (*Barbatula barbatula* oder *Noemacheilus barbatulus*) und verschiedene Welsarten.

Letzterer ist kein echter Europäer, da er hauptsächlich in China zu finden ist, doch seine außergewöhnlichen Flossen und ausgeprägte Farbgebung machen ihn zu einem äußerst beliebten Aquarienfisch.

Groppen (*Cottus gobio*), Schleimfische (*Blennius fluviatilis*) und Gründlinge (*Gobio gobio*) gehören zu den interessantesten gründelnden Fischen. Ihre unge-wöhnlichen, hin- und herschießenden Bewegungen und ihr lebendiger Charakter machen sie zu idealen Aquarienfischen, doch leider sind sie nur sehr selten im Handel.

Elritze (*Phoxinus phoxinus*), Bitterling (*Rhodeus amarus*) und Stichling (*Gasteros-teus aculeatus*) sind eine gute Wahl für den Mittwasser-Bereich.

Einige etwas größere, aber nicht echte europäische Arten wie etwa die Unterarten von „Kürbiskern"- und Sonnenbarschen könnten auch in dieses Aquarium gesetzt werden.

Oben: *Das Rotauge (Rutilus rutilus) sieht der tropischen Brassenbarbe sehr ähnlich und zeigt auch ähnliches Verhalten. Im Aquarium können diese Fische Pflanzen fressen und über 30 cm groß werden, man sollte ihnen daher genügend Platz zur Verfügung stellen.*

Rechts: *Der wunderschöne* Myxocyprinus asiaticus *beweist, dass viele Kaltwasserfische ebenso ungewöhnlich und farbenprächtig wie tropische Fische sein können. Diese Art benötigt ein großes Aquarium mit ausreichend Höhlen zum Verstecken.*

Europäischer Fluss

In dieser Landschaft ist der Aquariumboden von Dekorationsstücken bedeckt, nur leicht aufgelockert von wenigen Pflanzen.

Man sollte die Pflanzen hier sparsam einsetzen. Viele von ihnen wachsen schnell und müssen regelmäßig gekürzt werden.

Dieses Aquarium bietet den Fischen weiträumig Platz zum Schwimmen.

Die Kombination großer Natursteine mit kleineren Kieseln und Feinkies erzielt am Fuß der größeren Steine einen schönen Effekt.

Dieses große Stück „Holz" ist synthetisch, sieht jedoch zwischen dem anderen Dekor natürlich aus.

Feiner Sand lässt sich mühelos an Felsen anhäufen oder man kann darin kleinere Kiesel zur Hälfte versenken.

Einige Pflanzen sollte man direkt unter einer Lampe platzieren, das erzeugt einen dramatischen Effekt.

Im hinteren Teil des Aquariums schafft sorgfältig positioniertes Moorkienholz einen interessanten Hintergrund.

Hornkraut (Ceratophyllum demersum) *kann gepflanzt oder als Schwimmpflanze eingesetzt werden.*

An Holz oder Steinen angelandetes Substrat bietet ein natürlicheres Aussehen, der Boden wirkt eher wie ein mäanderndes Flussbett.

Aus dem sandigen Boden aufragende Steine wirken eindrucksvoll. Algenfresser ruhen sich darauf aus.

Lücken zwischen größeren Steinen werden mit kleinen Kieseln gefüllt.

Europäischer See

Für viele europäische Flussbewohner eignen sich nur besondere Bereiche eines Flusses als Lebensraum, bedingt durch das vorhandene Nahrungsangebot, Verstecke oder Brutplätze. Obwohl ein Fluss also etliche Arten beherbergt, sind sie oft nur in bestimmten Regionen anzutreffen, während andere Flussabschnitte relativ karg und unbewohnt sind. Die größeren europäischen Seen bieten dagegen weitaus abwechslungsreichere Lebensräume. Dort gibt es viele Felsen, Schwemmholz, Flachwasser- und Tiefwasserpflanzen und fruchtbare Bodengründe, die insgesamt die Basis unterschiedlicher Mini-Habitate bilden. In dieser ruhigen, vielfältigen Umgebung neigen Pflanzen, Tiere und Fische dazu, an angestammten Plätzen im See zu bleiben, sich zu vermehren und die Population stabil zu halten. Die Versammlung zahlreicher Arten auf engem Raum bietet dem Aquarianer ideale Beobachtungs- und Gestaltungsmöglichkeiten.

SONNE UND NÄHRSTOFFE

Der Nährstoffgehalt eines Sees nimmt gewöhnlich allmählich zu, dazu tragen der Umbau von Abfallprodukten in einem geschlossenen System ebenso bei wie der kontinuierliche Zuwachs von Nährstoffen aus den Erdschichten der Umgebung und durch einfließendes Regenwasser sowie die Produktion von Biomasse durch Photosynthese der Pflanzen und Algen. Daher enthalten die Substrate der bereits längere Zeit bestehenden Seen mehr Nährstoffe und organisches Material als die Bodenschichten der Flüsse, die in den See münden und aus ihm herausfließen. Obwohl die gleichen organischen Substanzen und Nährstoffe auch im Fluss vorhanden sind, schwemmt die permanente Strömung diese aus, bis sie schließlich im Meer abgelagert werden.

Europäische Seen sind häufig ziemlich flach, da sie während der Eiszeit aus riesigen Gletschern entstanden sind und nicht

Lebensraum Europäischer See

Die Seen in Südeuropa sind warm und flach und trocknen in den langen, heißen Sommern oft aus.

Im Frühling und Sommer sind Nordeuropas Seen voller Leben, in den Wintermonaten gefrieren sie oft bis zum Grund.

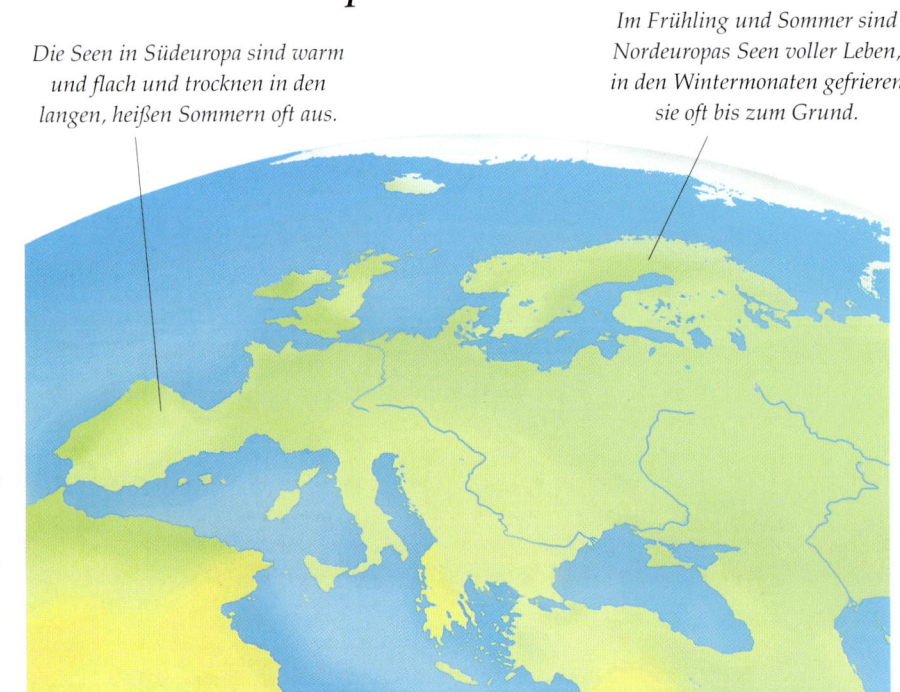

In und um die Seen der gemäßigten Breiten leben häufig zahlreiche unterschiedliche Tiere und Pflanzen aus der Umgebung. In diesen Gewässern herrscht oft eine größere Artenvielfalt als in den Flüssen und Bächen, von denen sie gespeist werden.

durch vulkanische oder tektonische Plattenverschiebungen, die viele tropische Seen geschaffen haben.

Diese seichten Seen, besonders die in eher offenen statt bewaldeten Gebieten, erhalten in den Sommermonaten viel Sonne, die bis zum nicht allzu tiefen Grund vordringt. Zu Beginn des Frühjahrs sprießen dort saisonale Wasserpflanzen, breiten sich rapide aus und verändern das Bild der Unterwasserlandschaft.

INSEKTEN UND LARVEN IM ÜBERFLUSS

In der ruhigen Umgebung des Sees wird das Algenwachstum durch Sonnenlicht und Nährstoffe angeregt. Einzellige Algen sind besonders verbreitet und verwandeln das Wasser im frühen Frühjahr in ein schlammiges Grün, ehe die Wasserpflanzen gedeihen und sie verdrängen. Die einzelligen Algen und andere umhertreibende Organismen bieten vielen Filterfressern im offenen Wasser reiche Nahrung. Muscheln und Wasserflöhe (Daphnien) ernähren sich von diesen Algen ebenso wie Wasserläufer, Libellenlarven und Kaulquappen, die ihrerseits Futterquellen für einige Fische sind. Larven, Würmer, Schnecken, Krustentiere und kleine Wirbellose gedeihen im fruchtbaren Seebett und bilden die Nahrungsgrundlage kleinerer Seefische. Größere Fischarten wie große Karpfen oder Rotfedern ernähren sich nicht nur von diesen Lebewesen am Seegrund, sondern auch von größerem Futter wie Pflanzen, kleinen Fischen und Jungfischen. Manchmal wendet sich auch das Blatt für die Fische, dann werden kleinere Arten von großen Larven, Fröschen und anderen Tieren angegriffen und verspeist.

Die kleine Elritze (Phoxinus phoxinus) *findet sich in ganz Europa. Sie ist ein nützlicher Insektenfresser und dient selbst vielen Raubfischen als Nahrung.*

Oben: Ein ruhiger, klarer See in Südfinnland – typisch für viele europäische Gewässer. In den Schilfbetten des Flachwassers leben viele Wassertiere.

PFLANZEN IM SEE

Am Seeufer gibt es entweder gar keine Pflanzen oder zahlreiche Bodendecker, höhere Binsen und schilfartige Gewächse. Diese beiden Extreme entstehen aufgrund unterschiedlicher Bodentiefe und -beschaffenheit. In vielen Seen fließt das Wasser generell in eine Richtung. Je nach Lage der Uferbegrenzung gibt es daher Bereiche, in denen der See gut sichtbare, schlammige

Stichlinge haben komplizierte Verhaltensmuster im Hinblick auf die Etablierung von Revieren, den Nestbau und die Zurschaustellung von Farbe und Bewegung entwickelt. Bitterlinge zeigen ein einmaliges Brutverhalten, in der die Teich- oder Schwanenmuschel eine Rolle spielt. Wenn ein Paar zur Eiablage bereit ist, legt das Bitterlingsweibchen seine Eier über eine lange Legeröhre in der Atemöffnung der Muschel ab. Das Männchen gibt anschließend sein Sperma ab, das durch die Atemöffnung in die Muschel gelangt und die Eier befruchtet. Sind die Jungfische herangewachsen und können schwimmen, werden sie von der Muschel ausgestoßen. Wie so oft in der Natur, nutzt hier nicht eine Art die andere aus, vielmehr nützt dieser Prozess beiden Organismen. Muscheln geben regelmäßig winzige, mikroskopisch kleine Jungmuscheln nach außen ab. Nur wenige dieser so genannten Glochida wachsen zu voll ausgebildeten Muscheln heran. Aufgrund der Verhaltensweise des Bitterlings können sich viele Glochida an der Haut eines Fisches verhaken und erhalten so eine „Freifahrt" in andere Gegenden des Sees oder Flusses. Dies dient der Vermehrung und erhöht auch ihre Überlebenschancen.

Anlandungen hat und andererseits verwitterte, ausgewaschene Zonen.

In Bereichen mit Geröll oder felsigem Untergrund gibt es nur wenige Nährstoffe, daher wachsen hier nur die kleinsten und widerstandfähigsten Pflanzen; tiefe, schlammige Substrate sind dagegen perfekte Nährstoffspeicher, wo Pflanzen optimal wurzeln können. In der Mitte des Sees bleibt die Beschaffenheit des Bodens ziemlich gleich – eine Mischung aus feinem Schlamm, Rundkieseln und Grus. Hier wachsen viele Pflanzen in gleichmäßigem Abstand zueinander und bilden kaum dichte Gruppen. In diesen offenen Bereichen findet man zahlreiche Pflanzen, die häufig zur Sauerstoffanreicherung von Teichen verkauft werden. Zu ihnen gehören Wasserpest (*Egeria spp.*), Hornkraut (*Ceratophyllum demersum*) und Tausendblatt (*Myriophyllum proserpinacoides*). Andere beliebte Wasserpflanzen für Teich und Aquarium wie Salzbunge (*Samolus parviflorus*), Pfennigkraut (*Lysimachia nummularia*), Nadelsimse (*Eleocharis acicularis*) und Seerosenarten gedeihen auch in den europäischen Seen.

In manchen Seen ist die Oberfläche teilweise nicht nur von Seerosen überwuchert, sondern auch von Schwimmpflanzen wie Muschelblume (*Pistia stratiotes*), Wasserhyazinthe (*Eichhornia crassipes*), *Azolla spp.* und kleineren Arten der Wasserlinse (*Lemna*).

Oben: Die Rotfärbung des männlichen Stichlings wird noch leuchtender, wenn er paarungsbereit ist. Die Beobachtung des Verhaltens dieses gewöhnlichen europäischen Fisches im Aquarium ist faszinierend.

LEBEN AM GRUND
Die Pflanzen, die im Offenwasser-Bereich eines Sees wachsen, sind für viele Tiere, die in und zwischen ihnen leben, äußerst wichtig. Kleineren Fischen wie Stichlingen und Elritzen dienen sie als Brutplätze und Verstecke, sie jagen dort aber auch nach Nahrung. Auch etliche andere Seefische gehen in der Vegetation am Grund auf Futtersuche, unter ihnen gründelnde Fische wie Schlammpeitzger (*Misgurnus anguillicaudatus*) und Gründling (*Gobio gobio*) sowie größere Raubfische, vor allem Hecht (*Esox lucius*), Flussbarsch (*Perca fluviatilis*) und gelegentlich auch die größeren, aber Aufwuchs fressenden Sterlets oder Störe (*Acipenser spp.*).

Die Mehrheit der im See lebenden Fische sind kleine Arten, die sich von winzigen Würmern und Insekten im Boden und auf Pflanzen ernähren, doch einige räuberische Allesfresser, unter ihnen Karpfen- und „Kürbiskern"-barsch-Arten, fressen kleinere Fische, Pflanzen und größere wirbellose Tiere. Doch nicht einmal diese ansehnlichen Fische sind im See sicher, denn im oft flachen Wasser sind sie leichte Beute für Tiere über der

Wasseroberfläche, Otter und große Vögel. Kleinere Vögel warten geduldig auf über dem Wasser hängenden Zweigen und beobachten vorbeiziehende Schwärme kleiner Fische, die sich an schattigen Plätzen versammeln.

Unter Wasser bildet ein ausgewogenes Verhältnis zwischen den Fischarten eine komplizierte Nahrungskette, in der beinahe alle Fische, außer den größten, Jäger und Gejagte sind. Eine Reihe von Seefischen haben Verhaltensweisen oder Körpermerkmale entwickelt, die sie nicht zur Beute werden lassen. Vor allem die Stichlinge (Gasterosteidae-Familie) haben am Rücken Stacheln ausgebildet, um

Diese Sammlung runder Natur-, Kiesel- und anderer Steine ist zur Nachbildung verwitterter Felsen, wie man sie in vielen Seen Europas findet, geeignet. Einen natürlichen Effekt erzielt man durch die Kombination unterschiedlicher Größen.

Raubfische abzuschrecken, die gelernt haben, eine derart trickreiche und schmerzhafte Beute zu verschmähen.

Aufgrund von „Töten-oder-getötet-werden" haben viele Kaltwasserfische interessante Verhaltensmerkmale entwickelt, die für den Aquarianer interessant sind. Witzige Bewegungen, Schwarmbildung, Revierverhalten und spezialisierte Jagdtechniken sind bei kleineren europäischen Fischarten weit verbreitet.

IM WANDEL DER JAHRESZEITEN

Das abwechslungsreiche Leben in diesen Seen verändert sich im Laufe des Jahres und ist saisonal unterschiedlich. Im Frühling, wenn das Wasser sich allmählich erwärmt und Pflanzen und Algen rasch wachsen, bildet sich eine komplizierte Nahrungskette, die Fische und andere Arten ernährt. Im Spätfrühjahr und Sommer ist ausreichend Futter vorhanden, die Fische gehen auf die Jagd und paaren sich. Überall im See gibt es nun Daphnien, Würmer und Larven im Überfluss, die erwachsene und junge Fische gleichermaßen mit Nahrung versorgen. Zum Herbst hin ist die Paarungszeit vorbei, und obgleich die meisten Jungfische von anderen Fischen gefressen wurden, sind die überlebenden größer, schneller und klüger. Aufgrund des reichhaltigen Nahrungsangebots sind sie beachtlich gewachsen. Das Wasser beginnt sich nun langsam ab-

zukühlen, die Pflanzen wachsen nicht mehr und die Fische fressen weniger, da sie keine Energie für Vermehrung oder Revierverteidigung benötigen. Bei Wintereinbruch werden die Nahrungsvorräte spärlich, die Pflanzen sterben ab, wodurch noch weniger Futter verfügbar ist. Der Nahrungsmangel in den Wintermonaten beeinträchtigt die Fische jedoch kaum, da sich ihr Stoffwechsel mit sinkenden Temperaturen verlangsamt und sie in eine Art Winterschlaf fallen. In dieser Zeit suchen sie sich wärmere Plätze unter Überhängen, Felsen oder im Aufwuchs am Seegrund, wo sie sich nur noch selten bewegen oder fressen.

AQUARIUM EINES EUROPÄISCHEN SEES

Der Bodengrund eines europäischen Sees kann schlammig sein oder aus einer Mischung von Kies und Geröll bestehen. Letzteres lässt sich im Aquarium wesentlich müheloser gestalten und wirkt auch interessanter. Viele passende Pflanzen benötigen nur wenig Wurzelgrund, da sie die Nährstoffe weitaus häufiger über ihre Blätter aufnehmen. Ein schlichtes Substrat aus Feinkies ist ausreichend. Man ver-

wendet entweder eine Mischung unterschiedlicher Korngrößen oder einen Kiesbodengrund mittlerer Größe, auf den man große Kieselsteine streut. Die Wirkung eines Mischsubstrats lässt sich steigern, wenn man kleine Kiesel- und Natursteine über die Oberfläche verteilt. Das Aquarium sollte viel freien Raum haben, um die Weite des Sees zu imitieren und den Fischen ausreichend Platz zum Schwimmen zu bieten, obwohl hier durchaus auch einige Pflanzen stehen können. Dieser Effekt lässt sich erzielen, indem man die Dekoration auf wenige große Stücke beschränkt, wie etwa Felsbrocken oder Moorkienholz. Die großen Steine sollten dabei sicher im Bodengrund verankert sein, sich nicht bewegen lassen oder umstürzen. Kleinere Moorkienholzsplitter über den Grund verstreut verhel-

Das Pfennigkraut (Lysimachia nummularia) ist eine verbreitete Aquarien- und Teichpflanze, oft wird die helle gelblich-grüne Gattung „Aurea" angeboten.

fen der Landschaft zu einem natürlicheren Aussehen.

PASSENDE PFLANZEN

Im offenen Wasser des Sees wachsen Pflanzen nicht an einem bestimmten Platz, sondern gleichmäßig über den gesamten Seegrund verteilt. Im Aquarium sollten die Pflanzen daher nicht nach Arten gruppiert werden, sondern gemischt und wie zufällig verteilt stehen. Die Platzierung am Rand und im Hintergrund des Beckens entspricht eher der herkömmlichen Gestaltung und gefällt vielleicht manch einem besser. Langstängelige Pflanzen wie Wasserpest (*Egeria spp.*) und Tausendblatt (*Myriophyllum proserpinacoides*) eignen sich für diese Landschaft ebenso gut wie Hornkraut (*Ceratophyllum demersum*), das eigentlich eine Schwimmpflanze ist. Kurzstängelige Gewächse werden zwischen oder vor diese Arten gepflanzt. Ideal ist dafür das Pfennigkraut (*Lysimachia nummularia*), von dem häufig die „Aurea"-Züchtung angeboten wird. Seine hellgrünen Blätter schaffen einen guten Kontrast zu anderen Pflanzen. Die Nadelsimse (*Eleocharis acicularis*) wächst zwar nur an einigen Stellen in Europa, ist dafür in den Tropen weit verbreitet und wäre für diese Landschaft eine echte Bereicherung. Man kann sie überall am Aquariumboden vertei-

Rechts: Myriophyllum *spp., allgemein als „Tausendblatt" bekannt, ist eine robuste und attraktive Pflanze, die auch über der Wasseroberfläche wächst. Viele widerstandsfähige Kaltwasserpflanzen wachsen im Aquarium schnell und müssen daher regelmäßig beschnitten werden.*

len und so den Eindruck kleinwüchsiger Vegetation erzielen, die überall am Seeboden vorkommt.

Viele außereuropäische Pflanzen gemäßigter Breiten, vor allem aus Nordamerika, lassen sich in einem Aquarium dieses Stils verwenden, um eine möglichst abwechslungsreiche Bepflanzung zu erreichen. Besonders interessant sind der Amerikanische Wassernabel (*Hydrocotyle verticillata*) und das Schaumkraut (*Cardamine lyrata*), die ungewöhnlich runde Blattformen und ein etwas „chaotisches" Aussehen haben. Zu den geeigneten verbreiteten nicht europäischen Pflanzen gehören das Perlenkraut

(*Micranthemum* spp.), *Ludwigia* spp., *Lobelia cardinalis* und mehrere *Echinodorus*- und *Sagittaria*-Arten. Schwimmpflanzen wie *Salvinia* spp. und Kleiner Froschbiss (*Limnobium laevigatum*) bieten den Fischen Schatten und Versteckmöglichkeit. Großwüchsige Schwimmpflanzen sollte man nur in großen Aquarien einsetzen. Viele für Zierteiche angebotene Uferpflanzen lassen sich in dieser Art von Aquarium auch unter Wasser nutzen. Die Pflanzerde muss jedoch vollkommen entfernt werden, damit das Wasser im Becken nicht eintrübt.

DIE FISCHE

Da es schwierig sein kann, im Handel viele unterschiedliche Fische gemäßigter

Ceratophyllum demersum *ist eine typische Seepflanze der gemäßigten Zonen. Seine feinen, nadelartigen Blätter profitieren von einer leichten Strömung, die in den Blättern gefangene Ablagerungen entfernt.*

Egeria *spp. wachsen in kaltem Wasser rasch und benötigen einen regelmäßigen Schnitt.*

Links: Der Gründling (Gobio gobio) ist in ganz Mitteleuropa heimisch und fühlt sich in einem Aquarium wohl, das steinige Bereiche und dicht bewachsene Abschnitte enthält. Diese Fische sind friedlich, robust und gut fürs Aquarium geeignet.

Breiten zu erhalten, bedarf es manchmal einiger Nachforschungen, ehe man eine gute Quelle für diese Arten gefunden hat. Größere Karpfen, Schleien und Rotfedern sind oft empfindlich und schreckhaft und nur für große Becken geeignet.

Bitterlinge (*Rhodeus amarus*), Stichlinge (*Gasterosteus aculeatus*), Blaubandbärblinge (*Pseudorasbora parva*), Haseln (*Leuciscus leuciscus*) und Elritzen (*Phoxinus phoxinus*) sind ideal, ebenso wie der weit verbreitete Schlammpeitzger (*Misgurnus anguillicaudatus*), der ein optimaler Aufwuchsfresser ist. Bitterlinge und Stichlinge sind fürs Aquarium besonders interessant, weil sie ein ungewöhnliches und bemerkenswertes Brutverhalten zeigen.

Viele nicht europäische Fische, häufig aus Nordamerika oder China, können in so einem Aquarium ebenfalls gehalten werden. Amerikanische Rotflossenorfe (*Notropis lutrensis*), Scheibenbarsch (*Ennea-*

Rechts: Der räuberische Flussbarsch (Perca fluviatilis) *ist ein erfahrener Jäger, der seinen gestreiften Körper zur Tarnung nutzt und zwischen den Wasserpflanzen lauert. Kleinere Fische, die sich in seine Nähe verirren, werden rasch gefressen.*

canthus chaetodon), Japankärpfling (*Oryzias latipes*), Schmerle (*Barbatula barbatula*) und Wimpelkarpfen (*Myxocyprinus asiaticus*) sind bemerkenswerte Aquarienfische, die ähnlichen Lebensräumen entstammen.

WIRBELLOSE
Eine Aquarienlandschaft wirkt noch interessanter und wirklichkeitsgetreuer, wenn man ein paar Wirbellose einsetzt. Am besten eignen sich dafür Schnecken und Süßwassermuscheln (*Unio*- und *Anotodonta*-Arten). Mit Schnecken sollte man zurückhaltend sein, da sie sich unter Umständen rapide vermehren. Im Allgemeinen pflanzen sich größere Schneckenarten nicht so schnell fort wie kleine. Posthornschnecken sind optimal für ein europäisches Aquarium. Muscheln bewegen sich im Becken umher, bleiben aber meist an einem Platz. Dennoch sind sie interessante Beobachtungsobjekte. Diese „Filtrierer" ernähren sich, indem sie Wasser aus der Umgebung filtern. In

einem Aquarium finden sie selten passende Nahrung, daher sollte man die Muscheln ab und zu mit Frostfutter aus dem Zoofachhandel füttern. Daphnien und planktonhaltiges Futter, das oft für Meeresaquarien erhältlich ist, sind ideal.

Die Häuser dieser Schnecken sind von Algen bedeckt, obwohl die Schnecken selbst ausgezeichnete Algenvertilger sind.

Europäisches See-Aquarium

Das Aquarium ist ein „Durcheinander" verschiedener Elemente, die sich zu einer spannenden Landschaft für eine Reihe von Fischen aus gemäßigten Zonen verbinden.

Die Kombination verschiedener Stängelpflanzen (Myriophyllum, Egeria und Lysimachia) schafft Abwechslung.

Es wirkt natürlicher, wenn man einige Pflanzen einzeln setzt.

Süßwassermuscheln fühlen sich hier recht wohl und bewegen sich gelegentlich durchs Aquarium.

In diesem Abschnitt ergänzen sich die verschiedenen Steine und Pflanzen recht gut.

Die feinen Blätter dieser Pflanzen können von Stichlingen in der Paarungszeit zum Nestbau verwendet werden.

Wenn über der Wasseroberfläche genügend Platz ist, wächst dieses Tausendblatt (Myriophyllum) auch über Wasser weiter.

Moorkienholz ahmt Schwemmholz und Äste nach und bietet den Fischen Verstecke.

Im Durcheinander der anderen Dekorationsstücke bilden große runde Natursteine ein ruhiges Element.

Diese großen Schnecken sind gute Algenvertilger und eine optisch interessante Bereicherung für das Aquarium.

Überfluteter Regenwald

Durch das in den Amazonas einfließende Wasser aus den zahlreichen Gebirgsbächen und Nebenflüssen der umliegenden Höhenzüge kommt es regelmäßig zu Überflutungen. Von der Mitte des Winters bis zum Frühlingsanfang sorgen übermäßiger Niederschlag und Schmelzwasser aus den Bergen für einen dramatischen Anstieg der Wassermenge. In den flacheren Gebieten kann der Fluss dieses Wasser nicht auffangen, er tritt schon nach kurzer Zeit über die Ufer und überflutet die Umgebung. Wenn der höchste Wasserstand erreicht ist, stehen gewaltige, bis zu 100 000 km² große Flächen des Regenwalds unter Wasser. An vielen Stellen ist das Wasser bis zu 10 m tief.

Der Regenwald übersteht diese Überflutungen, da viele der am Boden lebenden Tiere entweder auf die Bäume oder auf höher gelegenes Land flüchten. Ältere Bäume sind groß genug, um das Hoch-wasser zu überstehen, während kleinere Pflanzen entweder absterben, sich der feuchten Umgebung anpassen oder dem Wasser solange trotzen, bis es sich wieder zurückzieht. Viele Pflanzen nutzen die Flutphasen sogar dazu, Früchte oder Samen abzuwerfen. Die Samen werden dann vom Wasser an einen anderen Ort transportiert, wo sie keimen, sobald die Flut zurückgeht. Angesichts der zahlreichen Fressfeinde an Land haben sie im Wasser häufig bessere Überlebenschancen, obwohl viele Samen von Fischen und anderen im Wasser lebenden Tieren gefressen werden.

NICHTS WIRD VERSCHWENDET
Die überfluteten Gebiete des Regenwalds nehmen große Mengen organischen Materials auf, das hauptsächlich aus Überresten abgestorbener oder sterbender Vegetation besteht. Diese Rückstände wer-

Regenwaldgebiete

Das gewaltige Amazonasbecken umfasst zahlreiche große Zuflüsse. Der plötzlich ansteigende Zustrom aus diesen Nebenflüssen verursacht die Überflutungen.

Da der Amazonas von Zuflüssen beiderseits des Äquators gespeist wird, fließt Wasser aus Gebieten mit unterschiedlichen Regenzeiten ein. Manche Gebiete werden daher sogar zweimal im Jahr überflutet.

Viele große Fluss-Systeme werden zeitweilig überflutet, aber nirgendwo geschieht dies so regelmäßig und in einem solchen Ausmaß wie im Amazonasbecken. Einige ausgedehnte Regionen stehen jedes Jahr bis zu sechs Monate oder länger unter Wasser. Viele Fische nutzen diese „neue Welt" des überfluteten Regenwalds mit seinem reichen Nahrungsangebot zu ihrem Vorteil.

Oben: In Südamerika wird der überflutete Regenwald igapo genannt. Flutperioden sind ideal für das Sammeln von Früchten und Samen aus den Baumkronen.

WASSERQUALITÄT

Das Wasser der überfluteten Amazonasregionen ist häufig sehr weich und besitzt einen niedrigen pH-Wert. Grund dafür sind die großen Mengen organischen Materials, die Huminsäuren im Wasser freisetzen. Damit Tetras, Skalare und Diskusfische bei Gesundheit und ihre Farben frisch und lebendig bleiben, müssen diese Bedingungen auch im Aquarium herrschen. Der pH-Wert sollte zwischen 6 und 7 liegen und das Wasser mittelmäßig hart sein. Wenn der pH-Wert des Wasser etwa bei 7 liegt und der Härtegrad zu hoch ist, sollten chemische Zusätze für Aquarien verwendet werden, um das Wasser weicher und saurer zu machen. Sollte das Wasser zu hart sein oder einen zu hohen pH-Wert besitzen, verwendet man am besten ein Gemisch aus umkehrosmotischem und Leitungswasser.

den nach kurzer Zeit von Tieren und so genannten Detritusfressern – Lebewesen, von denen manche so klein sind, dass man sie mit dem bloßen Auge kaum erkennen kann – zersetzt. Die zahllosen Kleinlebewesen sind eine ideale Nahrungsquelle für gerade geschlüpfte Jungfische, daher pflanzen sich viele Arten während der Flutperioden fort. Fische, die der weit verbreiteten Familie der Tetras zugehören, kommen im Amazonasbecken sehr häufig vor, die meisten von ihnen vermehren sich gleich zu Beginn der Flutperiode.

Ausgelöst wird dies durch ansteigenden Wasserstand und einen leichten Temperaturrückgang, wodurch die kommende Überflutung angekündigt wird. Ein Männchen treibt ein Weibchen dann an eine stark überwucherte Stelle am Flussufer, wo das Weibchen daraufhin Eier oder Laich ablegt, um sie vom Männchen befruchten zu lassen. Wenn die Jungfische schlüpfen, werden sie in den überfluteten Wald gespült, wo sie sich von den zahllosen Detritusfressern ernähren. Einige Tetras können auch im Aquarium relativ leicht zur Fortpflanzung gebracht werden, wenn man für ähnliche Bedingungen sorgt.

FRÜCHTE UND NÜSSE

Die Fische des Amazonas besitzen einen ausgeprägten Geruchssinn, den einige von ihnen nutzen, um in den Weiten des überfluteten Regenwalds Früchte und Samen zu finden. Kurz bevor sie ihre Samen abwerfen, setzen manche Pflanzen Spuren biochemischer Substanzen im Wasser frei. Fische erspüren diese Substanzen und schwimmen zu den dazugehörigen Bäumen, wo sie dann auf die herabfallenden Früchte und Samen warten.

Viele im Amazonas lebende Fischarten sind auch Pflanzenfresser. Zu ihnen gehören die Pacus (*Colossoma* und *Myleus spp.*), die über 60 cm Länge erreichen können, und der Silberdollar (*Metynnis argenteus spp.*), der bis zu 30 cm lang wird. Selbst Arten wie Piranhas ernähren sich von Früchten.

VERHÄNGNISVOLLE FLUT
Wenn die Flut eintrifft, flüchten viele Insekten des Waldes auf die Bäume, doch gelingt es nicht allen, zu entkommen oder höher gelegene Landstriche zu erreichen.

Sie werden zu einer wichtigen Nahrungsquelle für einige Fischarten, die Seitenlinienorgane und Sehvermögen dazu verwenden, ihre Beute aufzuspüren. Der Arowana hat sich auf das reichhaltige Insektenangebot besonders gut spezialisiert. Dieser kräftige, bis zu 1 m große Fisch hat Augen, die oben am Kopf angebracht sind und es ihm ermöglichen, gleichzeitig über und unter Wasser zu sehen, sodass er herabfallende Insekten ausmachen kann. Der Arowana kann sogar aus dem Wasser springen, um Insekten zu fangen oder sie von niedrig hängenden Zweigen zu stoßen. Es wurde sogar schon beobachtet, dass er kleine Vögel, Fledermäuse und andere Säugetiere jagt.

IN DER FALLE
Das üppige Nahrungsangebot des überfluteten Regenwalds ist jedoch nicht von unendlicher Dauer, denn im Hochsommer beginnt sich das Wasser ebenso schnell zurückzuziehen, wie es gekommen ist. Innerhalb

nur eines Monats fällt der Wasserstand dramatisch, wobei im auftauchenden Land viele Teiche und Pfützen unterschiedlicher Größe zurückbleiben. Die meisten Fische finden mit dem abfließenden Wasser wieder den Weg in den Fluss, doch bleiben auch viele von ihnen in den Teichen zurück. Manche Teiche bleiben bis zur nächsten Flut bestehen, und auch die Fische darin können diese Phase der Isolierung überleben.

Allerdings haben Fische in austrocknenden Teichen nur geringe Überlebenschancen. Manche Welse haben Methoden entwickelt, um trockenes Land zu überwinden; wenn sie in einem Becken eingeschlossen werden, kriechen sie aus dem Wasser und kehren über Land in den Fluss zurück. Andere graben sich in den Boden ein und umgeben sich mit einer schützenden Schleimschicht, sie treten in einen dem Winterschlaf ähnlichen Zustand ein und warten so, bis das Wasser wiederkehrt.

EIN REGENWALD-AQUARIUM
Der Eindruck einer natürlichen Umgebung in einem Regenwald-Aquarium hängt vor allem von zwei entscheidenden Elementen ab: von überhängender Vegetation und von den pflanzlichen Ablagerungen auf dem Substrat.

Natürlicher Untergrund besteht aus dunkler Erde und Pflanzenrückständen. Obwohl die Verwendung von Erde im Aquarium ge-

Schwarzer Kies sorgt für einen dunkleren und ausgewogeneren Untergrund.

Dieses Pflanzengemisch ähnelt dem Mulm, der sich auf dem Boden eines überfluteten Waldgebiets ansammelt.

wisse Probleme mit sich bringt, kann man den Effekt auch mit einem feinen Substrat aus Sand oder kalkfreiem Quarzkies erzielen, der mit Torf oder einem dunklen, nährstoffreichen Substrat versetzt ist. Auch geringe Mengen von dunklem Sand oder sogar zerstoßene Kohle sind nützlich. Die Ablagerungen kann man durch kleine Stücke Moorkienholz ersetzen, die auf dem Boden verstreut werden. Teile der überfluteten Bereiche werden von Schwimmpflanzen bedeckt, andere liegen jedoch frei und werden durch überhängende Zweige und Bodenpflanzen aufgelockert. Dafür können auch künstliche Pflanzen eingesetzt werden. Das beste Ergebnis erzielt man mit grünblättrigen Pflanzen, die sich besser machen als Pflanzen mit exotischeren Farben oder Blühpflanzen. Als Alternative bieten sich auch Zimmerpflanzen und kleinere Sumpf-

Baumrinde ist für diesen Typ Aquarium ideal. Da sie sehr leicht schwimmt, befestigt man sie am besten mit Silikonkleber auf einer Glasscheibe, die dann auf den Boden des Aquariums gelegt wird.

pflanzen an, die man so platziert, dass ihre Zweige oder Blätter in das Aquarium hineinreichen. Schwimmpflanzen mit langen Wurzeln wie Muschelblumen (*Pistia stratiotes*) oder Wasserhyazinthen (*Eichhornia crassipes*) verstärken die Wirkung der Vegetation an der Wasseroberfläche.

MOORKIENHOLZ

Moorkienholz spielt für diese Form des Aquariums eine große Rolle. Besonders gut geeignet sind Stücke, die Baumwurzeln oder abgebrochenen Zweigen ähneln. Sie finden überall im sichtbaren Bereich Verwendung.

Korkrinde ist ebenso zu empfehlen, obwohl sie sehr leicht schwimmt und sich nicht so schnell mit Wasser vollsaugt. Um dieses Problem zu lösen, befestigt man die Stücke mit Silikonkleber an einer Glasscheibe oder einem anderen schweren Objekt wie etwa einem Stein.

Andere Holzstücke wie verwachsene Wurzeln können Baumwurzeln oder Zweige darstellen. Auch künstlich nachgebildete Baumstümpfe eignen sich für dieses Aquarium ausgezeichnet. Damit lässt sich auch technische Ausrüstung wie Filter, Heizung oder Rohre abdecken.

Die ungewöhnliche Färbung der Alternanthera reineckii *passt besonders gut zu Holz und Ablagerungen in diesem Aquarium.*

Künstliche Pflanzen können in dieser Landschaft sehr wirkungsvoll sein. Diese nachgebildeten Blätter erwecken den Eindruck einer tropischen, überhängenden Pflanze.

GÄSER UND BÜSCHE

Ein großer Teil der Vegetation am Boden des gefluteten Waldes besteht aus Landpflanzen. Einige von ihnen sterben ab, andere können jedoch die Phasen unter Wasser überleben. Im Aquarium sterben die meisten reinen Landpflanzen bald ab und verrotten, doch gibt es einige semi-terrestrische Pflanzen, die zumeist aus periodisch überfluteten Regionen stammen und für die Verwendung in einem Aquarium verkauft werden. Zu den gebräuchlichen Pflanzen dieser Art gehören grasähnlicher *Acorus* (Graskalmus) und *Ophiopogon* (Schlangenbart), außerdem breitblättriges *Syngonium* (Eselskopf), *Dracaena* (Drachenbaum) und *Spathiphyllum wallisii* (Einblatt).

Grasähnliche Pflanzen entfalten ihre Wirkung vor allem im Vordergrund der Anlage, wo sie kleine Grasflächen auf dem Waldboden imitieren. In unserem Aquarium sorgt dafür die *Lilaeopsis novae zelandiae* (Neuseeland-Graspflanze). Zu den Alternativen gehören *Eleocharis acicularis* (Nadelsimse), *Echinodorus tenellus* (Zwergschwertpflanze) und einige kleinere *Sagittaria*-Arten.

Größere, buschigere Pflanzen wie *Heteranthera zosterifolia* (Seegrasblättriges Trugkölbchen) erwecken ebenfalls den Eindruck von Unterholz. Trugkölbchen können auf verschiedene Längen beschnitten werden, kleinere Zweige im Vordergrund verstärken den buschigen Effekt. Andere Pflanzen mit auffälligen Halmen und ausladenden Blattformen können Landpflanzen darstellen. Mehrere Spezies aus der weit verbreiteten *Hygrophila*-Familie ähneln Zweigen und Ästen. Einige *Echinodorus*-Arten wachsen in der Nähe des eigentlichen Flussbetts und breiten sich während der Überflutung aus. In unserem Aquarium genügen wenige, vielleicht sogar eine einzelne größere *Echinodorus* als zentrale Pflanze. Sie wird entweder in der Mitte oder weiter hinten im Aquarium eingesetzt.

DIE RICHTIGEN FISCHE

Die überfluteten Gebiete des Regenwalds bieten praktisch Lebensraum für alle Fischarten aus dem Hauptfluss und seinen Nebenflüssen. Einige Arten sind für Aquarianer von besonderem Interesse, obwohl manche von ihnen ziemlich groß werden können. Piranhas (*Serrasalmus*), Pacus (*Colossoma* und *Myleus*), Arowana (*Osteoglossum spp.*) und Silberdollars (*Metynnis spp.*) werden zwischen 25 und 100 cm groß. Für die Haltung dieser Fische muss das Aquarium mindestens 180 x 60 cm groß sein, besser wären 250 x 90 cm.

Größere Fische richten auch größere Zerstörungen an, sodass die Pflanzenhaltung problematisch werden kann. Besonders widerstandsfähig sind Javafarn (*Microsorium pteropus*) und *Anubias spp.* Entgegen ihrem schlechtem Ruf ist es möglich,

Piranhas gemeinsam mit anderen Fischarten von ähnlicher Größe zu halten, auch wenn es zu gelegentlichen Flossenbissen kommen kann. Piranhas werden mit zunehmender Größe friedlicher, deshalb sollte man sie auf etwa 15 cm heranwachsen lassen, bevor andere Fische in das Aquarium eingesetzt werden.

Für die meisten Aquarien sind kleinere Fischarten jedoch besser geeignet. Zu den häufigsten Fischarten dieser Region gehören die Tetras, die meist nur 5 cm Größe erreichen. Tetras leben in Schwärmen, man sollte also immer mindestens sechs von einer Spezies zusammen halten. Tetras eignen sich gut für den mittleren Bereich des Aquariums, und besonders farbenfrohe wie der Rote Neon (*Paracheirodon axelrodi*) oder der Rotkopfsalmler (*Hemigrammus bleheri*) kontrastieren sehr schön mit dem dunkleren Substrat und Moorkienholz. Tetras mit gedeckteren Farben wie der Trauermantelsalmler (*Gymnocorymbus ternetzi*) wirken zwar weniger spektakulär, vervollständigen aber den Gesamteindruck und sind durchaus eine Überlegung wert. Beilbauchfische (*Carnegiella*, *Thoracocharax* und *Gasteropelecus stericla*) eignen

sich vor allem für den Oberflächenbereich des Wassers. Ihre ungewöhnliche Form verdanken sie einem übergroßen Muskel an den Brustflossen, der es ihnen erlaubt, fast aus der Bewegungslosigkeit heraus hoch aus dem Wasser zu springen. Normalerweise benutzen sie diese Fähigkeit, um Fressfeinden zu entkommen, aber wenn sich ein solcher Fisch im Aquarium plötzlich erschrickt (etwa durch eine sich öffnende Zimmertür oder andere Vibrationen), könnte er auch versuchen zu springen. Die Oberseite des Aquariums sollte daher immer gut abgedeckt sein.

Auch Große Segelflosser verbringen die meiste Zeit in den oberen Regionen des Aquariums und eignen sich daher ebenfalls gut für dieses Modell. Sie haben zwar den Ruf, kleinere Fische wie den Roten Neon zu fressen, die beiden wachsen jedoch im Allgemeinen problemlos nebeneinander auf. Wenn er eine Größe von 3,5 cm erreicht hat, ist der Rote Neon normalerweise zu groß, um von einem Großen Segelflosser gefressen zu werden, doch sollten keine Fische eingesetzt werden, die weniger als 3 cm Körperlänge aufweisen.

Neben dem Großen Segelflosser passt auch der Diskusfisch (*Symphysodon spp.*) gut zu diesem Typ Aquarium. Allerdings gedeiht diese Spezies nur unter idealen Bedingungen, Anfänger sollten daher zunächst darauf verzichten.

Der *Corydoras*, ein Wels, ist ideal für dieses Aquarium, obwohl er häufig weiter flussaufwärts in den Nebenflüssen des Amazonas lebt, die von Überflutungen verschont bleiben. Die kleinen Fische durchwühlen ständig den Grund auf der Suche nach Nahrung. Für ein Aquarium ist das in doppelter Hinsicht nützlich, denn die Fische entsorgen nicht nur die herabfallenden Nahrungsreste, sondern lockern auch fortwährend den Boden auf, sodass sich keine Algen bilden können.

Ebenfalls von Interesse sind die beiden einander ähnelnden Wels-Spezies *Farlowella* und *Rineloricaria*, auch Nadel- oder Zwergharnischwelse genannt.

Unten: *Der Arowana (Osteoglossum spp.) lebt in überfluteten Waldgebieten und ist ein interessanter Aquarienfisch. Mit einer Länge von bis zu 1 m eignet er sich aber nur für große Aquarien.*

Links: *Diese* Rineloricaria*-Spezies besitzt eine einzigartige, ungewöhnliche Form und ist ein guter Algenvertilger. Der friedliche Fisch hält sich bevorzugt in Verstecken auf, die Holz und Pflanzen des Aquariums bieten.*

Unten: *Der Hohe Segelflosser (Pterophyllum altum) hat einen höheren Körper als die meisten Segelflosser und ist ein faszinierender Aquariumfisch. Bei guten Bedingungen pflanzt er sich regelmäßig fort.*

Unten: *Welse der* Farlowella-*Familie sind Meister der Tarnung, die von anderen Fischen selten erkannt werden. Sie verharren regungslos – selbst bei Berührung – und erscheinen wie ein Zweig.*

Von oben gesehen wirkt die Tarnung des Farlowella noch überzeugender.

Regenwald-Aquarium

Verstreute Holzstücke und dunkles Substrat auf dem Boden des Aquariums, kombiniert mit reichhaltiger Vegetation, erwecken den Eindruck eines überfluteten Regenwalds.

Die roten Unterseiten dieser Alternanthera bringen zusätzliche Farbe in diese Landschaft.

Die dunklen, fedrigen Wurzeln der Wasserhyazinthe schirmen Licht ab und bieten zahlreiche Verstecke.

Pflanzen wie diese Hygrophila besitzen Blätter, die denen von Landpflanzen ähneln.

Die Korkrinde in der Mitte des Aquariums dient nicht nur zur Dekoration, sondern schafft auch den Anschein eines Waldbodens.

Grasähnliche Pflanzen sollten getrennt voneinander überall im Aquarium eingesetzt werden.

Diese Echinodorus-*Art besitzt kräftige, ovale Blätter; sie dient als besonderer Blickfang.*

Kleine Schwimmpflanzen wie diese Muschelblume verbinden sich gut mit anderer Oberflächenvegetation.

Künstliche Pflanzen erwecken einen realistischen Eindruck von herabhängendem Laub.

Schwarzer Kies und Pflanzenmulm lassen den Grund natürlichem Regenwaldboden ähneln.

Die zerfurchte, „frische" Oberfläche von Jati-Holz bietet den am Boden lebenden Welsarten gute Verstecke.

Kleine, buschige Pflanzen wie diese Heteranthera zosterifolia sollten hinter oder um größere Stücke Moorkienholz herum platziert werden.

Saurer Amazonasteich

Ob ein Teich austrocknet oder nicht, hängt häufig davon ab, wo im Wald er sich befindet. Höher gelegene Teiche, die der Sonne ausgesetzt sind, verdunsten schnell oder versickern einfach. Niedriger gelegene Teiche, die sich etwa auf Höhe des natürlichen Wasserspiegels befinden – und in der Nähe des Hauptflusses, dessen Umgebung ebenfalls voll Wasser gesogen ist –, trocknen dagegen nicht aus. An manchen Stellen halten Steine oder Schlamm das Wasser zurück, außerdem kann überhängende Vegetation das Licht abschirmen und so die Verdunstung verhindern.

Der Bodengrund eines solchen Teichs besteht häufig aus abgestorbener Vegetation, die ständig durch neues Material aus der Umgebung und von Teilen herabhängender Pflanzen ergänzt wird. Durch die Menge organischen Materials entstehen Humin- und Gerbsäuren, die die chemische Zusammensetzung des Teichs beeinflussen. Gerbsäuren verändern die Farbe des Wassers, sie geben ihm einen dunklen, gelblich-braunen Farbton.

EIN WINZIGES JAGDGEBIET

Wie im überfluteten Regenwald bietet das organische Material in einem sauren Teich einen idealen Ort der Fortpflanzung für die kleinen Detritusfresser und Bakterien, von denen sich andere kleine Lebewesen ernähren. Diese Kleinlebewesen sind das Hauptnahrungsmittel der Fische und Jungfische, die in einer solchen sauren Umgebung leben.

Dank des reichhaltigen Nahrungsangebots und des Fehlens von Raubfischen pflanzen sich viele Fische in solchen Teichen sehr rege fort. Der niedrigere pH-Wert und die erhöhte Wassertemperatur begünstigen dies. Die Temperatur steigt in den meisten Teichen an, vor allem wenn es kaum überhängende Pflanzen oder wenn es größere Lücken in der Vegetation gibt, sodass die Sonnenlicht direkt auf die Wasseroberfläche fallen kann. In einem kleinen, stehenden Gewässer wie einem sauren Teich kann die Temperatur durch direkte Sonneneinstrahlung bis auf 33 °C steigen, deutlich höher als im Regen-

Lebensraum Saurer Teich

Saure Teiche finden sich vor allem am Amazonas und seinen größeren Nebenflüssen. In diesen Gebieten kommt es regelmäßig zu Überschwemmungen. Nur größere Teiche oder solche mit festem Untergrund bestehen das ganze Jahr über. Aufgrund der hohen Temperaturen in den Tropen erhitzt sich das Wasser der Teiche sehr schnell.

Wenn die Überflutung zurückgeht, entstehen zahlreiche, isolierte Teiche. Kleinere und flache Teiche trocknen schnell aus, aber tiefe oder niedrig gelegene Teiche bleiben bis zur nächsten Überflutung. Aufgrund der großen Mengen organischen Materials kann der pH-Wert darin auf 5 oder niedriger sinken. Unter solchen „unwirtlichen" Bedingungen gedeihen manche Fischarten ausgezeichnet, da sie sich ohne Furcht vor Räubern fortpflanzen können.

(s. S. 41)

CHEMISCHE PROZESSE

Große Mengen gelösten organischen Materials verbinden sich mit ebenfalls gelösten Salzen oder Mineralien und entfernen sie damit praktisch vollständig aus dem Wasser. Dadurch wird das Wasser extrem weich. Durch verrottende Hölzer und Pflanzenteile entstehen Huminsäuren, die den pH-Wert des weichen Wassers auf 4–5 senken. Verglichen mit einem Wert zwischen 6 und 8, der für die meisten Fischarten am besten geeignet ist, ist das schon ein großer Unterschied (s. S. 41). Viele Fischarten könnten unter solchen unwirtlichen Bedingungen nicht überleben, einige jedoch können sich den veränderten Verhältnissen anpassen, indem sie mehr Salze (Mineralien) im Körper speichern und große Mengen verdünnten Urins produzieren. Neben den Salzen werden auch andere Chemikalien gespeichert. Für die Haltung im Aquarium bedeutet dies, dass Fische in weichem Wasser mit niedrigem pH-Wert besonders empfindlich auf chemische Veränderungen und Verschmutzungen durch Ammoniak, Nitrite und Nitrate reagieren. Hohe Wasserqualität und Biofilter sind daher unerlässlich für die Haltung der anpassungsfähigen, aber sensiblen Fische.

Oben: Tanninsäuren entstehen aus Resten abgestorbener Pflanzen und verleihen dem Wasser seine bräunliche Färbung. Manche Fischarten gedeihen hier ausgezeichnet.

wasser der Überflutungen, das durchschnittlich 22–24 °C warm ist.

Dadurch wird der Stoffwechsel aller Lebewesen beschleunigt, außerdem sorgt die große Menge organischen Materials für die Bildung zahlloser Kleinalgen und Infusorien, die für das menschliche Auge gerade noch zu erkennen sind. Für größere Fische sind die Algen zu klein, um als Nahrung zu dienen, für Jungfische sind sie jedoch ideal.

LANGSAM ABER SICHER

Die Wärme, der Nährstoffreichtum und der Sauerstoffmangel in der sauren Umgebung scheinen auf den ersten Blick ideale Bedingungen für starkes Pflanzenwachstum zu bieten. Dieses wird aber durch mehrere Faktoren verhindert: In dem weichen Wasser fehlen bestimmte Mineralstoffe, und die hohe Temperatur sorgt nur dann für verstärktes Wachstum, wenn der Lichteinfall ebenfalls sehr hoch ist. Häufig wachsen die Pflanzen zwar schnell, bekommen jedoch weder ausreichende Nährstoffe noch genügend Sonnenlicht, um mittels Photosynthese Energie produzieren zu können. Viele Pflan-

zen sind diesen extremen Bedingungen nicht gewachsen.

Einige kleinere und von Natur aus langsam wachsende Pflanzen gedeihen dagegen auch in teilweise schattigen Bereichen ausgezeichnet. Durch ihr langsames Wachstum können sie Nährstoffe „sparen", und da nur wenige Pflanzenfresser in dieser Umgebung leben, haben sie recht gute Überlebenschancen. Manche „traditionelle" Wasserpflanzen wachsen in den Bereichen mit direkter Sonneneinstrahlung und bieten Verstecke für einige Fischarten. Semi-terrestrische Pflanzen, die dort schon vor der Überflutung wuchsen, gedeihen auch unter Wasser.

AQUARIUM SAURER TEICH

Normalerweise ist das saure Wasser eines Teichs von dunkler, orange-brauner Farbe, in dem nur wenige verstreute Pflanzen wachsen. In einem Aquarium sorgen zusätzliche Pflanzen aber für etwas mehr Abwechslung. Moorkienholz färbt das Wasser ebenfalls bräunlich (die Farbe kann jedoch durch chemische Filter wie Aktivkohle entfernt werden). Natürlicher und authentischer wirkt jedoch das verfärbte Wasser. Durch sorgfältige Beleuchtung und/oder Einsatz von Strahlern kann verfärbtes Wasser sogar interessante Gestaltungsmöglichkeiten bieten. Zu dem dunklen Aussehen passen vor allem dunkles Substrat und Dekorationen in Herbstfarben wie Rot, Braun und Schwarz. Diese Farbgebung ist nicht nur auf Boden und Hölzer beschränkt, auch

Rote Kieselsteine verstärken die herbstliche Atmosphäre im sauren Medium dieses Aquariums.

Pflanzen mit braunen oder roten Blättern sind sehr wirkungsvoll.

BODENGRUND

Der Bodengrund eines natürlichen sauren Teichs ähnelt dem des überfluteten Regenwalds und besteht aus einem Gemisch von feinem Schlamm, Sedimenten und Ablagerungen aus dem umliegenden Wald. Für das Aquarium verwendet man als Basis am besten feinen Sand mit kalkfreiem Substrat, das mit zusätzlichem Material vermischt oder bedeckt wird. Dunkle Farbtupfer, etwa schwarzer Quarz oder farbiger Kies, sind optisch ebenfalls wirkungsvoll. Wer farbige Materialien einsetzen will, sollte sich an natürliche, unauffällige Farben halten.

Der feine Sand ist eine geeignete Basis für diesen Aquariumtyp, muss aber regelmäßig aufgelockert werden, damit sich keine Klumpen bilden und es nicht zu „stagnierenden" Bereichen ohne Sauerstoff kommt.

HOLZ

Moorkienholz spielt für diesen Typ Aquarium eine wichtige Rolle, denn es repräsentiert den Wald und bietet Möglichkeiten für die Ansiedlung von Pflanzen. Das Holz sollte möglichst unbehandelt und

Schwimmpflanzen wie diese Muschelblume filtern die Lichteinstrahlung und bieten Verstecke für Kleinfische.

„roh" aussehen, also nicht vorgereinigt oder glatt gehobelt sein. Dieses rohe Moorkienholz, auch Jati-Holz genannt, setzt Tanninsäuren frei und färbt das Wasser stärker als viele andere Hölzer, doch auch das verfärbte Wasser trägt wie bereits erwähnt zum Gesamteindruck bei.

Das Holzarrangement hat keinen praktischen Wert, man kann sich also von seinem ästhetischen Empfinden leiten lassen. Vertikale Bruchstücke können hervorstehende oder geborstene Baumwurzeln darstellen, während diagonal liegende Stücke wie angeschwemmte Äste aussehen. Kleine, über den Boden verstreute Reste steigern die Authentizität.

RICHTIGE BEDINGUNGEN

Man kann die extremen Bedingungen eines sauren Amazonasteichs zwar herstellen, aber nur schwer beibehalten. Doch selbst die dort heimischen Fische bevorzugen ein etwas „normaleres" Umfeld. Aus praktischen Gründen, aber auch der Fische wegen sollte man sich daher um eine Temperatur von ca. 27 °C und einen pH-Wert von 6–6,5 bei mittlerer Wasserhärte bemühen.

Um das Wasser weicher zu machen, verwendet man entweder umkehrosmotisches Wasser oder entsprechende chemische Zusätze, die man aber nur für eine leichte Veränderung des pH-Werts einsetzen sollte – etwa von 7 auf 6,5. Da viele Fischarten dieses Lebensraums sensibel auf Verschmutzungen durch Ammoniak, Nitrite und Nitrate reagieren, ist unbedingt auf gute biologische Filter zu achten. Ideal ist ein externer Filter mit langsamem Wasserdurchsatz.

Moorkienholz produziert Tanninsäuren. Häufig ist dieser Vorgang unerwünscht, eignet sich für diese Aquarienlandschaft jedoch ideal.

BEPFLANZUNG

In einem natürlichen sauren Teich lassen die widrigen Bedingungen nur eine beschränkte Pflanzenvielfalt zu, im Aquarium sind aber fast alle Pflanzenarten zu verwenden. Bei der Auswahl sollte man auf optisch ansprechende Pflanzen achten, die dem natürlichen Bewuchs eines Teichs entsprechen. In unserem Aquarium repräsentieren zwei Gruppen von *Hygrophila* und *Heteranthera zosterifolia* (Seegrasblättriges Trugkölbchen) die Pflanzen, die normalerweise in offenen, lichtdurchfluteten Bereichen wachsen. Um die Wirkung des Moorkienholzes zu verstärken, kann man Pflanzen einsetzen, die direkt auf dem Holz wurzeln. *Anubias*-Arten eignen sich besonders gut, denn sie breiten sich langsam über das Holz aus. Man kann sie entweder in die Risse im Holz stecken oder die Hauptwurzel (Wurzelstock) mit

Die auffälligen Anubias spp. *sind widerstandsfähige Pflanzen, die mit unterschiedlichen Bedingungen zurechtkommen und auch auf Holz anwachsen.*

schwarzem Bindfaden am Holz befestigen.

Der Vordergrund des Aquariums kann durch den Einsatz vereinzelter kleinerer Pflanzen optisch etwas aufgelockert werden. Im Regenwaldaquarium repräsentieren grasähnliche Pflanzen einen Teil der natürlichen Vegetation, die im sauren Medium des Teichaquariums allerdings größtenteils abgestorben wäre. Für den Einsatz im Vordergrund dieses Lebensraums eignen sich kleine Pflanzen mit breiten Blättern wie etwa einige kleine *Echinodorus*-Arten besonders gut. Schwimmpflanzen an der Oberfläche finden vor allem bei kleinen Tetras und anderen an der Oberfläche lebenden Fischen großen Anklang. In unserem Aquarium haben wir die anpassungsfähige Muschelblume eingesetzt, aber *Azolla-*, *Salvinia-* oder *Riccia*-Arten sind ebenso geeignet.

FISCHE

Wenn die Fluten sich zurückziehen, finden sich zunächst sehr viele Fische in den sauren Teichen, doch je saurer und wärmer das Wasser wird, desto weniger überleben. Viele Tetra-Arten kommen mit diesen Bedingungen zurecht, ebenso einige Aufwuchsfresser wie Welse und größere Skalare und Diskusfische. Tetras sind Schwarmfische, man sollte daher immer mindestens sechs zusammen halten. Man kann die

Die buschige Hygrophila spp. *sieht nicht nur schön aus, sondern ist auch den Landpflanzen ähnlich.*

optische Wirkung dieses Aquariums auch dadurch verstärken, dass man nur wenige Tetra-Arten einsetzt, dafür aber in größerer Zahl. Ein 90-cm-Becken mit gut funktionierenden Biofiltern kann neben einigen anderen Fischen durchaus bis zu 30 Tetras aufnehmen.

AUFWUCHS- UND ALGENFRESSER

Ein sandiger Bodengrund verlangt ständige Bewegung, um Klumpenbildung, abgestandenes Wasser und Algenbildung zu verhindern. Den größten Teil der Pflege muss natürlich der Aquarianer übernehmen, aber Welse durchwühlen als Aufwuchsfresser ständig die oberste Bodenschicht, sodass sich keine Algen bilden können. Häufig findet man in sauren Teichen am Amazonas *Hoplosternum*-Spezies oder leicht gepanzerte Welsarten (*Callichthys callichthys*). Die widerstandsfähigen Welse sehen zwar schlecht, verwenden aber ihre sensiblen Barthaare (Barteln), um Wassertiere und Insekten im schlammigen Untergrund aufzuspüren. Viele der in den Teichen lebenden Welse, auch die beiden oben genannten Spezies, besitzen zusätzliche Atmungsorgane, die es ihnen ermöglichen, auch Luft über Wasser zu atmen. In sauren Teichen erweist sich diese Anpassung als besonders nützlich, da der Sauerstoffgehalt durch die ruhige Wasseroberfläche, hohe Temperatur und das im Übermaß vorhandene organische

Material oft auf einen gefährlich niedrigen Wert sinken kann.

Obwohl sie in sauren Teichen eher selten vorkommen, gehören auch *Corydoras*-Welse zu den im Amazonasgebiet heimischen Fischen und eignen sich ideal für diesen Typ Aquarium. Auch diese kleinen Welse sind Schwarmfische, die in kleinen Gruppen gehalten werden müssen. Durch ihre ständige Aktivität eignen sie sich sehr gut zum Auflockern des Bodens und für die Entsorgung von Nahrungsabfällen. Es gibt viele verschiedene *Corydoras*-Arten, und da fast alle auch zusammen schwimmen, kann eine Gruppe aus mehreren Spezies bestehen.

Algenfresser kommen in sauren Teichen seltener vor, in einem Aquarium bilden sich dagegen auf den Pflanzen, dem Glas und der Dekoration stets kleinere Mengen Algen. Daher sind von den Algenfressern manche Arten für diese Aquarienlandschaft gut geeignet. Da größere Algen-

fresser in einem Aquarium auch zur Plage werden können, weil sie die schlechte Angewohnheit entwickeln, an der Haut anderer Fische zu knabbern wie etwa Diskusfischen, die eine charakteristische Schleimschicht auf der Haut produzieren, sollte man auf kleinere Algenfresser zurückgreifen wie Otocinclus (*Otocinclus affinis*) und *Peckoltia*-Arten.

MITTWASSER-FISCHE

Für dieses Aquarium sind viele Tetra-Arten geeignet, insbesondere Rotaugen-Mönkhausia (*Moenkhausia sanctaefilomenae*), Roter Neon (*Paracheirodon axelrodi*) und Neonsalmler (*Paracheirodon innesi*). Dunkler Bodengrund, dichter Pflanzenwuchs und Schwimmpflanzen bilden eine ideale Umgebung für diese Fische.

Es gibt natürlich auch noch andere pelagische (= im offenen Wasser schwimmende) Fische, die für diesen Aquarientyp geeignet sind. Zu ihnen gehören auch

Oben: Die herunterhängenden Pflanzenwurzeln bieten den Fischen ausreichend Schutz. Die kleinen, in Schwärmen auftretenden Roten Neons gedeihen in einem sauren Medium sehr gut, wenn es dunkel genug ist und ausreichend Versteckplätze zur Verfügung stehen.

die kleinen, schönen Ziersalmler. Sie besitzen häufig eine auffällige, horizontale Zeichnung, die sich über den ganzen Körper erstreckt. Ideal sind der Pinguinsalmler (*Thayeria boehlkei*), der Goldband-Ziersalmler (*Nannostomus harrisoni*) und Beckfords Ziersalmler (*Nannostomus beckfordi*). In der Natur findet man Ziersalmler überall in den Bächen, Flüssen und Teichen der Amazonasregion.

OBERFLÄCHENSCHWIMMER

Obwohl Tetras und pelagische Fische ab und zu an die Oberfläche schwimmen und sich unter Schwimmpflanzen verstecken, erreicht man dort eine stärkere Präsenz, wenn man Beilbauchfische einsetzt, beispielsweise den Diskusbeilbauch (*Thoracocharax stellatus*), dessen ungewöhnliche Körperform viel Aufmerksamkeit auf sich zieht.

GRÖSSERE FISCHE

Der beliebte Segelflosser (*Pterophyllum scalare*) oder der wunderschöne Diskusfisch (*Symphysodon spp.*) sind ebenfalls eine gute Wahl. Sowohl Segelflosser als auch Diskusfische sind Cichliden und entwickeln ein gewisses Maß an aggressivem Territorialverhalten, das sich aber meist ausschließlich gegen Vertreter der eigenen Spezies richtet. Wenn sie in Gruppen gehalten werden, sollte das aggressive Verhalten verschwinden.

Oben: *Die Augen des leicht gepanzerten Welses sind im Vergleich zu seiner Körpergröße relativ klein. Zur Nahrungssuche und Orientierung setzt dieser Fisch Tast- und Geruchssinn ein.*

Links: *Pinguinsalmler gehören zur Gattung der Ziersalmler. Diese friedlichen, im offenen Wasser schwimmenden Fische kommen überall in der Amazonasregion in Bächen, Flüssen und Teichen vor.*

Unten: *Gründelnde Fische wie dieser* Hoplosternum thoracatum *halten sich in der Natur häufig unter Steinen am Boden auf. Im Aquarium sind sie ein amüsanter Anblick, da sie wegen ihrer schlechten Sehfähigkeit etwas linkisch wirken.*

117

Saurer Amazonasteich

Farben spielen in dieser Aquarienlandschaft eine wichtige Rolle: Braunes Holz, rote Steine, gelber Sand, von Moorkienholz verfärbtes Wasser bilden einen natürlichen Lebensraum nach.

Offene Bereiche bieten Platz zum Schwimmen und bringen die Farben einiger Fische vor dem dunklen Hintergrund zum Leuchten.

Roter Kiesel dient als Farbtupfer im Boden und mildert den Kontrast zwischen Moorkienholz und sandigem Bodengrund.

In den Boden eingesetzte Stücke von Moorkienholz erinnern an abgebrochene Zweige oder Pflanzenteile.

Die großzügigen Blätter der Hygrophila *bieten großen und kleinen Fischen Schutz.*

Größere Stücke Moorkienholz setzen Tanninsäuren frei, die dem Wasser eine bräunliche Färbung verleihen.

Die herunterhängenden Wurzeln der Schwimmpflanzen filtern das einfallende Licht und bieten an der Oberfläche schwimmenden Fischen Schutz.

Der Einsatz buschiger Pflanzen um das Moorkienholz herum lässt die Aquarienlandschaft natürlicher wirken.

Auf Holz wurzelnde Pflanzen wie diese Anubias schaffen im Zentrum des Aquariums neue, unerwartete Vegetationsinseln.

Dichte Pflanzengruppen sollten in gut durchleuchteten Bereichen angesiedelt werden. Diese Heteranthera zosterifolia kann auf jede Größe geschnitten werden.

Unterlauf des Amazonas

Das Fluss-System des Amazonas hat gewaltige Ausmaße und kann in viele verschiedene Lebensräume für Fische unterteilt werden. In den Gebieten flussabwärts leben zahlreiche Fischarten, die miteinander in Aquarien gehalten werden, obwohl sie in der Natur nicht unbedingt zusammenleben. Entlang des Hauptarms bestehen vor allem zwei typische Lebensräume: das offene Wasser, in dem größere Fische leben, und die flacheren Uferbereiche, wo die kleineren Arten Schutz suchen. Wegen des begrenzten Raumangebots in einem Aquarium sind die kleineren Fische eher von Interesse. Außerdem ist der Uferbereich meist attraktiver, weil es dort Überhänge, Pflanzen und Baumwurzeln gibt, die man im Aquarium nachbilden kann. Viele der hier lebenden Fischarten beherrschen ausgeklügelte Techniken der Tarnung, die ihnen in diesem leicht zugänglichen und von vielen Arten bevölkerten Umfeld das Überleben sichern.

FLUSSPOLIZEI

Dank des offenen Wasser und der gewaltigen Ausdehnung des Flusses konnten sich viele Raubfische bestens entwickeln. Einige von ihnen erreichen eine Länge von über 1 m, und jeder Räuber hat seine eigene Jagdtechnik.

Große Welse leben am Boden der tieferen Bereiche, darunter auch so bekannte Arten wie der Tigerspatelwels (*Pseudoplatystoma fasciatum*), der über 1 m erreicht, und der Rotflossen-Antennenwels (*Phractocephalus hemioliopterus*), der bis zu 1,10 m lang wird.

Der Tigerspatelwels verdankt seinen Namen den silbernen und braunen Streifen sowie der langen, abgeflachten Maulpartie. Er liegt regungslos auf dem Grund und erspürt mit seinen langen Barteln Nahrung wie z.B. kleinere Fische.

Unvorsichtige Beutefische werden vom Tigerspatelwels durch einen plötzlichen, unvorhersehbaren Angriff eingefangen und verschluckt.

Der Amazonas

Der Amazonas erstreckt sich über ein riesiges Gebiet. Im Unterlauf ist er teilweise viele Kilometer breit. Die meisten Fischarten finden sich jedoch im Bereich der Ufer.

Auch einige Zuflüsse sind große Ströme, die ähnliche Lebensräume wie der Amazonas bieten.

Zahlreiche Zuflüsse lassen den Amazonas in seinem Verlauf immer breiter und abwechslungsreicher werden. Flussabwärts ist das Wasser klar und bietet Lebensraum für viele verschiedene Fischarten. Im offenen Wasser jagen große Raubfische nach Beute, während in den Ufergebieten kleinere Fische Schutz suchen. In diesem vielfältigen Umfeld herrscht ein farbenfroher Artenreichtum: Es gibt bunte Cichliden, Clown-Plecos, Banjowelse, Schwarzlinien-Harnischwelse und Dornwelse.

Links: *Der Amazonas transportiert gewaltige Wassermassen. Die meisten Fische halten sich im Uferbereich auf, wo die üppige Vegetation ausreichend Nahrung und Schutz bietet.*

leben daneben auch große Cichliden und Salmler. Zu den bekannten Cichliden gehören der Augenfleck-Kammbarsch (*Cichla monoculus*) mit einer Körperlänge von bis zu 1 m, der Dunkle Cichlide (*Nandopsis umbriferus*) mit bis zu 60 cm und der Pfauenaugen-Buntbarsch oder Rote Oskar (*Astronotus ocellatus*) mit bis zu 45 cm. Als eigenwilliger Fisch ist der Rote Oskar als großer Aquarienfisch sehr beliebt, obwohl er etwas grob und ungeschickt wirkt. Im Amazonas ernährt er sich von kleineren Fischen, aber auch von Früchten, Pflanzen und Samenkörnern.

MAUERBLÜMCHEN

Viele Amazonasfische tarnen sich, entweder, um besser jagen zu können oder um sich zu verstecken. In einem Lebensraum mit vielen großen und kleinen Fischen kann es von Vorteil sein, unsichtbar zu bleiben.

Bodenfische tarnen sich am besten, da sie mit dem Untergrund verschmelzen können. Die nahen Verwandten Störwels (*Sturisoma panamense*) und Schwarzlinien-Harnischwels (*Panaque nigrolineatus*) weisen horizontale Streifen auf dem Körper auf, die von oben wie die Maserung eines Baumes aussehen.

Beide sind Algenfresser, die fast ständig Baumwurzeln oder den Grund des Flusses absuchen.

Der Nadelwels (*Farlowella acus*) hat seine Tarnung sogar noch weiter entwickelt. Sein länglicher, dünner Körper sieht einem Zweig so ähnlich, dass er sogar von Besuchern in Zoogeschäften häufig nicht bemerkt wird.

Wenn er von anderen Fischen oder potenziellen Räubern gestört wird, bleibt er bewegungslos und steif liegen, eben genau wie ein Zweig.

Der schöne Rotflossen-Antennenwels wird von Einheimischen gern als Speisefisch gezüchtet.

Als Aquariumfisch wird er so zahm, dass er sogar aus der Hand frisst. Der Rotflossen-Antennenwels sucht im offenen Wasser nach Beute und frisst, wie viele andere Räuber, nur ein- oder zweimal pro Woche. Die restliche Zeit verbringt er auf dem Grund, wo er still liegen bleibt und seine Nahrung verdaut.

Zu den Amazonaswelsen gehört auch der Schwarze Dornwels (*Oxydoras niger*), der bis zu 80 cm lang wird und seitlich

und am Schwanz eine Reihe scharfer Stacheln aufweist. Der Gemeine Bacu (*Pterodoras granulosus*) ist ein ungewöhnlicher Fisch von bis zu 90 cm Länge. In der Natur ist dieser Fisch kein Räuber, sondern ein Aufwuchsfresser, der sich von Schaltieren, aber auch Pflanzenresten und Früchten ernährt. Im Aquarium kann er aber durchaus auch kleinere Fische fressen, wenn er hungrig ist.

Im offenen Wasser

Seine Farbe und Körperform lassen den Banjowels beinahe mit dem Grund verschmelzen.

Der Zweifarbige Bratpfannenwels oder Banjowels (*Bunocephalus coracoideus*) ist braun gesprenkelt und hat einen sehr unregelmäßig geformten Körper.

Wenn er bewegungslos auf dem Grund des Flusses liegt, wird er zwischen den Holz- und Blattresten praktisch unsichtbar, sodass er von anderen Fischen nicht entdeckt wird.

Viele Fische sind anpassungsfähig, aber Welse sind Meister der Tarnung. Zahlreiche Fischarten, die zwischen Pflanzen leben, besitzen vertikale Streifen, die mit den Pflanzenstängeln verschmelzen. Fast alle Mittwasser-Fische sind auf der Oberseite dunkel und auf der Unterseite blass oder silbrig getönt. Von oben gesehen unterscheidet sich die dunklere Tönung kaum vom dunklen Bodengrund, während die hellere Seite von unten gesehen gegen die Wasseroberfläche kaum zu erkennen ist.

Ungewöhnliche Bodenbewohner sind die Süßwasserrochen (*Potamotrygon spp.*), deren sandfarbener Körper horizontal stark plattgedrückt ist, sodass sie mit dem sandigen Untergrund verschmelzen können. Fischarten wie diese graben sich häufig teilweise ein, um die Tarnung zu vervollständigen.

Eines der erstaunlichsten Beispiele für Tarntechniken liefert der *Monocirrhus polyacanthus*, treffend auch Blattfisch genannt. Form und Farbe seines Körpers sind einem Blatt derartig ähnlich, dass er sich an stark bewachsenen Ufern unbemerkt direkt über seinen Beutetieren treiben lassen kann. Kleinere Fische halten ihn für

Holzstücke verleihen dieser Aquarienlandschaft mehr Struktur und fungieren als „Raumteiler" zwischen einzelnen Pflanzgebieten.

ein Pflanzenteil und schwimmen ahnungslos an ihm vorbei, bis sie plötzlich von seinem kräftigen Maul angesaugt und verschluckt werden.

UNTERER AMAZONAS

Man kann für größere Räuber ein Umfeld mit offenen Wasserbereichen bereitstellen, benötigt dafür jedoch ein Aquarium von mindestens 2 m Länge, was für die meisten Aquarianer allerdings kaum zu realisieren und außerdem auch kaum zu bezahlen ist. Die von kleineren Spezies bewohnten Uferbereiche können dagegen sehr gut im Aquarium nachgestellt werden.

Das hier gezeigte Modell ist zwar relativ einfach, aber dennoch reizvoll, und es kommt kleineren Fischen entgegen, die unter den

Oben: Viele seichte, sonnendurchflutete Stellen im Amazonas sind kristallklar und dicht bewachsen. Ein solcher Unterwasserdschungel birgt ebenso viel Leben wie der Regenwald, hier leben Hunderte von Fischarten.

Echinodorus-Pflanzen Schutz suchen, die überall am unteren Lauf des Amazonas zu finden sind.

BODENGRUND

Das Flussbett setzt sich aus feinem Kies, Erde und Sand zusammen. Für unser Modell verwendeten wir feinen Sand mit Feinkies und einigen kleinen Steinchen, aber ein kalkfreies Substrat ist durchaus eine Alternative. Heller Sand und blassgrüne Blätter schaffen eine lichte, offene Aquarienlandschaft. Um einen etwas düstereren Eindruck zu erwecken, setzt man dunkleres Substrat und größere Stücke eines dunklen Holzes ein. Der Sand muss regelmäßig aufgelockert werden, um Verklumpung und Stagnation zu vermeiden; möglicherweise muss er ab und zu erneuert werden.

Um den Sand von Algen und Pflanzenresten zu reinigen, saugt man ihn am besten mit einem Mulmsauger ab. Dabei geht unweigerlich auch etwas Sand verloren, der nach und nach wieder aufgefüllt werden muss.

MOORKIENHOLZ

In dem vorgestellten Modell wurden mehrere mittelgroße Holzstücke im Zentrum des Aquariums angeordnet.

Sie grenzen die Vordergrund- von den Hintergrundpflanzen ab, die wegen ihrer ähnlichen Farben sonst kaum voneinander zu unterscheiden wären. Außerdem verschwinden so die eher unattraktiven Stängel der größeren *Echinodorus*-Pflanzen im Hintergrund. Alternativ dazu kann man auch verzweigte Wurzeln verwenden, die den Baumwurzeln entlang eines Flusses ähneln.

PFLANZEN

In dieser Aquarienlandschaft ist viel Raum zum Schwimmen vorhanden, während der gesamte Hintergrund aus *Echinodorus*-Pflanzen besteht, in denen es zahllose Verstecke gibt. Um diesen Eindruck zu erzielen, setzt man im Vor-

Die Echinodorus „Rose" *entwickelt eine tiefere Rotfärbung, wenn sie viel Licht und Nährstoffe bekommt.*

Die kleinen grünen Blätter der Micranthemum umbrosum *sind ein angenehmer Blickfang im Vordergrund.*

dergrund nur kleine, im Hintergrund große Pflanzen ein, während der Zwischenraum praktisch frei bleibt. Kleine Welse können sich im Holz verstecken, Zwerg-Cichliden können sich dagegen Reviere im Vordergrund einrichten. Tetras und größere Fische können im offenen Wasser schwimmen und im stark bepflanzten Hintergrundbereich Schutz suchen und sich fortpflanzen. Im Vordergrund befinden sich grasähnliche Pflanzen wie die weit verbreitete Nadelsimse (*Eleocharis acicularis*) und die Zwergschwertpflanze (*Echinodorus tenellus*). Unter guten Bedingungen verbreitet sich diese Pflanze sehr schnell. Je nach eingesetzten Fischarten müssen die Pflanzen im vorderen Bereich gelegentlich ausgedünnt werden, damit ausreichend freier Bodengrund für die Territorien der Welse oder auch der Rochen bleibt.

Im Zentrum des Vordergrunds wächst Perlenkraut (*Micranthemum umbrosum*). Die schöne kleine Pflanze trägt viele winzige, hellgrüne, rundliche Blätter an den höchstens 20 cm hohen Stängeln. Damit die Pflanze nicht zu groß wird, kann man sie regelmäßig beschneiden und den Schnitt als Ableger neu einpflanzen. Alle Vordergrundpflanzen benötigen viel Licht und gedeihen besser, wenn dem Boden oder dem Wasser zusätzliche Nährstoffe beigefügt werden.

Im Hintergrund wurden drei größere *Echinodorus*-Schwertpflanzen eingesetzt: *Echinodorus* „Rose", *Echinodorus palaefolius var. latifolius* und *Echinodorus* „Rote Flamme". Unter guten Bedingungen und Lichtverhältnissen entwickeln sie rötliche oder bräunliche Blätter. Viele *Echinodorus*-Arten werden relativ groß, häufig über 60 cm, und bilden auch über Wasser Blätter aus.

Unten: Nadelsimsen (Eleocharis acicularis), die zwischen die Holzstücke oder Steine und um größere Pflanzen gepflanzt werden, lassen eine kleine „Wiese" entstehen.

Um dies zu verhindern, sollte man die größten Blätter von Zeit zu Zeit entfernen. Auch Beschneiden der Wurzeln oder gelegentliches Umsetzen bremst zu starkes Wachstum. Die meisten *Echinodorus*-Arten gedeihen bei durchschnittlichen Lichtverhältnissen und ausreichend Eisenzufuhr, ein eisen- oder nährstoffreicher Zusatz ist zu empfehlen.

FISCHE

Viele beliebte Aquarienfische stammen aus der Amazonasregion und leben dort auch am unteren Flusslauf. Dieser Aquarientyp bietet also hinsichtlich der Fischauswahl viele Möglichkeiten. Größere Becken können quasi alle Fischarten aufnehmen, aber es lohnt sich, auch über das Einsetzen großer Welse und Cichliden nachzudenken. Zwergcichlide sind für kleinere Aquarien sehr gut geeignet, sie vertragen sich mit einigen Tetras und kleineren Welsen. Außergewöhnliche Fische wie Süßwasserrochen, Nadelwelse, Blattfische oder gar Arowana machen dieses Modell zu einem wirklich einzigartigen Aquarium.

WELSE

Größere Welse wie der Rotflossen-Antennenwels und der Tigerspatelwels sind ausschließlich für sehr große Aquarien geeignet, und man sollte sie sich auch nicht als Jungfische anschaffen, wenn man ihnen nicht wirklich ein ausreichend großes Wasserbecken zur Verfügung stellen kann. Mittelgroße Welse wie Harnischwelse (*Hypostomus spp.*) werden etwa 45 cm groß und können in mittleren bis großen Aquarien gehalten werden. Da sie pflanzliche Kost bevorzugen, kann man sie auch mit viel kleineren Arten zusammen halten. Sie vertragen sich außerdem auch mit großen Fischen wie Oskars und Arowana (*Osteoglossum spp.*) gut.

Zu den mittelgroßen Welsen, die sich für diesen Aquariumtyp eignen, gehören auch die *Ancistrus*-Spezies, die etwas

kleiner als Harnischwelse sind. Der wunderschöne Schwarzlinien-Harnisch-wels (*Panaque nigrolineatus*) ist ebenso ein friedlicher Zeitgenosse wie der gut getarnte Bartwels (*Sturisoma panamense*). Auch der eng mit ihnen verwandte Nadelwels (*Farlowella acus*) ist ein ungewöhnlicher Fisch, der sich gut für Aquarien eignet. Der Algenfresser bewegt sich im Aquarium nur sehr wenig, er bleibt sogar relativ lange Phasen völlig reglos. Dennoch ist er kein uninteressanter Fisch; der sich gelegentlich plötzlich bewegende „Zweig" sorgt bei Betrachtern immer wieder für Überraschungen. Weitere, ebenfalls attraktive Fischarten sind der Knurrende Dornwels, der Weißlinien-Dorn-wels (*Platydoras costatus*) und der Zweifarbige Bratpfannenwels (*Bunocephalus coracoideus*), obwohl die beiden letztgenannten Arten auch kleinere Fische wie einige Tetra-Arten fressen könnten.

Für kleinere Aquarien oder solche, die bereits mit Fischen besetzt sind, eignen sich auch die friedlichen *Corydoras*-Arten. Man findet sie häufig in kleineren Zuflüssen des Amazonas, aber auch am unteren Flusslauf. Mehrere *Corydoras*-Spezies sind erhältlich, keine von ihnen wird jedoch größer als 5 cm.

Die Gattung der *Brochis*-Welse ist den Corydoras sehr ähnlich, wird aber bis zu 10 cm groß.

Ferner passt auch der reizvoll gepunktete oder gestreifte braune Zwergschilderwels (*Peckoltia spp.*), ein friedlicher Algenfresser, der im Aquarium in Gruppen lebt.

CICHLIDEN

Zwergcichliden sind hervorragende Aquarienfische und halten sich meistens im unteren Bereich des Beckens auf. Wie die meisten Cichliden stecken sie ihr Revier ab, verteidigen ihren kleinen Bereich aber nur in der Paarungszeit. Viele Zwergcichliden pflanzen sich im Aquarium sehr leicht fort, und es ist sehr interessant zu beobachten, wie sie sich zusammentun, einen geeigneten Platz suchen, diesen für die Eiablage „reinigen" und dann die Jungen beschützen und verteidigen. Zu den bekanntesten Zwergcichliden gehören Borellis Zwergbuntbarsch (*Apistogramma borelli*), Kakadu-Zwergbuntbarsch (*Apistogramma cactuoides*), Zwergbuntbarsch (*Apistogramma agassizii*) und der bemerkenswert gefärbte Schmetterlings-Buntbarsch (*Papiliochromis ramirezi*). Auch der Schachbrett-Buntbarsch (*Crenicara filamentosa*) ist mit seinem interessanten Muster eine schöne Herausforderung für den Aquarianer.

Die Fische sind häufig etwas scheu, entwickeln sich im Aquarium aber gut, wenn die richtigen Bedingungen in der passenden Umgebung herrschen.

Manche etwas größeren Cichliden eignen sich gut für die oberen Regionen des Aquariums. Augenfleck-Buntbarsche (*Heros severus*), Flaggenbuntbarsche (*Mesonauta festivus*) und Segelflosser (*Pterophyllum spp.*) fühlen sich im offenen Wasser und den dichten Pflanzungen dieser Aquarienlandschaft sehr wohl. Augenfleck-Buntbarsche und Segelflosser können Territorialverhalten entwickeln und aggressiv werden, um eine Gruppe von ihnen zu halten benötigt man daher ein ausreichend großes Becken.

Dagegen ist der Flaggenbuntbarsch einer der friedlichsten Cichliden überhaupt; er kümmert sich fast überhaupt nicht um andere Fische und wird auch selten von ihnen gestört. Das macht ihn zu einem mustergültigen Partner für viele andere Arten.

TETRAS UND „SONDERLINGE"

In Aquarien ohne große Welse oder Cichliden, die Jagdinstinkte entwickeln, stehen für die mittleren Becken-

bereiche mehrere Amazonas-Arten zur Wahl. Für mehr Abwechslung sorgen etwas ungewöhnlichere – die gern mit anderen ungewöhnlichen Arten zusammengebracht und als „Sonderlinge" bezeichnet werden. Erwähnenswert sind Blattfisch (*Monocirrhus polycanthus*) und Süßwasserrochen (*Potamotryon spp.*). Der Blattfisch benötigt wenig Fürsorge, darf als Räuber aber nicht mit kleineren Fischen in Berührung kommen. Süßwasserrochen existieren in verschiedenen Größen, manche werden bis zu 60 cm lang,

allerdings inklusive der langen, peitschenähnlichen Körperpartie. Es sind friedliche Arten, die aber eine gewisse Vorsicht erfordern; die meisten Süßwasserrochen besitzen einen giftigen Stachel am Schwanzende, dessen Stich erhebliche Schmerzen verursacht.

Unten: *Es gibt nur wenige Süßwasserrochen-Spezies (Potamotrygon spp.), die alle im Amazonas heimisch sind. Der Rochen ist ein ungewöhnlicher und interessanter Aquarienfisch.*

Links: *Der Weißlinien-Dornwels (Platydorus costatus) wird auch Knurrender Dornwels genannt, denn er kann laute, grunzende Geräusche produzieren, wenn er beunruhigt ist oder angegriffen wird. Der Fisch besitzt zahlreiche scharfe Stacheln und muss daher mit Vorsicht behandelt werden.*

Unterlauf des Amazonas

Echinodorus-Arten sind sehr kräftig, deshalb reichen für ein Aquarium meist eine oder zwei Pflanzen aus. In diesem Modell dominieren die Echinodorus-Pflanzen.

An den Seiten des Aquariums eingesetzt, erzeugen großblättrige Echinodorus den Eindruck einer Rundumbepflanzung.

Echinodorus tenellus *ist der Nadelsimse sehr ähnlich, passt aber auch gut in den Vordergrund des Aquariums.*

Kleine Steinchen und eingestreuter Kies lassen den Bodengrund natürlicher erscheinen.

Die Nadelsimse (Eleocharis acicularis) verbreitet sich überall auf dem sandigen Substrat, wenn sie ausreichend Licht bekommt.

Moorkienholz bietet im Zentrum des Beckens viele Versteckmöglichkeiten für Welse.

Pflanzen unterschiedlicher Größe mit verschiedenen Blattformen verleihen dem Hintergrund mehr Abwechslung.

Am besten eignet sich für diese Landschaft ein offenes Aquarium. Diese großen Echinodorus *werden bald über die Wasseroberfläche hinauswachsen.*

Die hellere Blattfarbe der Micranthemum umbrosum *wirkt unter der Beckenbeleuchtung besonders gut und ist ein echter Blickfang.*

Viele Echinodorus-*Arten eignen sich für das Aquarium. Diese Pflanze zeigt eine interessant gesprenkelte Zeichnung.*

Kongo-Wildwasser

Der Kongo im früheren Zaire erstreckt sich über mehr als 4320 km und durchquert viele unterschiedliche Lebensräume, bevor er schließlich den Atlantik erreicht. Obwohl die Fische aus fast allen verschiedenen Regionen von Interesse sind, sind vor allem die Stromschnellen ein interessantes Umfeld für die Nachstellung im Aquarium. Kaum ein Fluss besitzt so lange Teilstücke mit Stromschnellen wie der Kongo, der auf nur 320 km 32 eigenständige Stromschnellenabschnitte aufweist. Diese Häufung entsteht durch das umgebende Terrain, denn der blanke Fels wird nur von einer dünnen Schicht Erde bedeckt. Im Lauf der Zeit hat sich der Fluss durch den Fels gegraben, dabei den Fels an einigen Stellen abgeschliffen und die gesamte obere Erdschicht abgewaschen. Geblieben ist eine unregelmäßige, blanke Felslandschaft, in der sich steile, steinige Abhänge (die Stromschnellen) mit flacheren, ruhigeren Abschnitten abwechseln. Zwar handelt es sich hier um ein Umfeld mit extremen Lebensbedingungen, doch existieren viele Verstecke unter den Felsen und Steinen, außerdem fließt das Wasser auf manchen Teilstrecken etwas ruhiger, wenn auch noch immer schnell. Hier leben Fischarten, die sich an das Leben in der schnellen Strömung hervorragend angepasst haben.

MINIMALER BODENGRUND
Obwohl es auf dem trockenen Land entlang des Flusses keine tiefen Erdschichten gibt, besteht der Untergrund unter den Stromschnellen nicht ausschließlich aus blankem Fels. Trotz der starken Strömung verhindern große Felsbrocken und ruhigere Teilstrecken, dass der Fluss seinen gesamten Nährboden verliert.

Lebensräume des Kongo

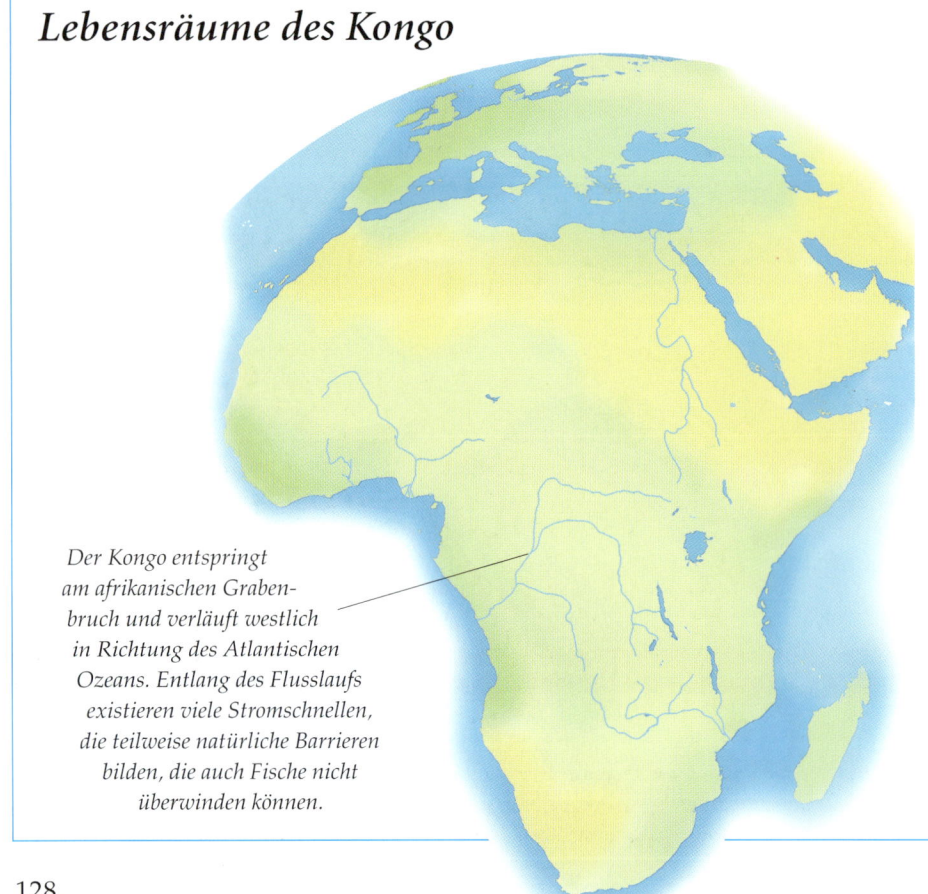

Der Kongo entspringt am afrikanischen Grabenbruch und verläuft westlich in Richtung des Atlantischen Ozeans. Entlang des Flusslaufs existieren viele Stromschnellen, die teilweise natürliche Barrieren bilden, die auch Fische nicht überwinden können.

Der mächtige Kongo fließt durch das Herz des zweitgrößten Fluss-Systems der Welt. Ein großer Teil des Kongo ist von tropischem Regenwald umgeben, an flachen Stellen ist der Fluss ruhiger und sandig. Weiter flussaufwärts gräbt er sich jedoch durch massiven Fels. Der Flusslauf und das unebene Flussbett erzeugen viele scheinbar lebensfeindliche Stromschnellen. Dennoch gedeihen Fische in diesen turbulenten sauerstoffreichen Abschnitten ausgezeichnet.

bewegliche Substrat bietet praktisch keine Nährstoffe, und da die Umgebung außerdem sehr sauerstoffreich ist, können sich hier kaum Pflanzen ansiedeln. In den ruhigeren Bereichen zwischen den Stromschnellen wachsen vereinzelte Wasserpflanzen, deren Zahl aber durch Pflanzen fressende Fische auf ein Minimum beschränkt bleibt.

Nur wenigen Wasserpflanzen gelang die Anpassung an das Leben in den Stromschnellen, darunter Heudelots Wasserfarn (*Bolbitis heudelotii*) und der Gattung der *Anubias*. Sie halten sich mit ihren Wurzeln nicht am Boden, sondern bevorzugt an Felsen fest und nehmen den Großteil der benötigten Nährstoffe durch die Blätter auf. Um den hohen Sauerstoffgehalt und Nährstoffmangel auszugleichen, verwenden die langsam wachsenden Pflanzen einen Großteil ihrer Energie nicht auf das Wachstum, sondern darauf, mehr Nährstoffe anzusammeln. In dieser unwirtlichen Umgebung funktioniert dieses Prinzip ausgezeichnet, denn durch schnelles Wachstum versuchen Pflanzen normalerweise, Konkurrenten „auszuschalten", doch in den Stromschnellen gibt es praktisch keine Konkurrenz. Die dicken, widerstandsfähigen Blätter überstehen außerdem auch die Besuche der Pflanzen fressenden Fische.

MINIMALE SICHT …
Die heftigen Turbulenzen in den Stromschnellen reißen einen Großteil des sandigen Untergrunds und der Erde am Ufer mit sich. Durch den hohen Anteil von Schwebteilchen wird das Wasser trüb. Selbst in den ruhigeren Abschnitten wirkt es schlammig, da der Fluss die nächsten Stromschnellen erreicht, bevor sich der Schlick absetzen kann.

Die mangelnde Sicht macht vielen Fischen das Leben schwer, denn sie können sich bei der Nahrungssuche und Orientierung nicht auf ihre Sehfähigkeit verlassen. Stattdessen haben sie vor allem Geruchs- und Tastsinn sowie das Seitenlinienorgan verfeinert. Im Vergleich zu anderen Fischarten sehen manche Fische hier sehr schlecht, was auch darauf hinweist, dass gute Augen in diesem Umfeld keine große Hilfe sind.

Aufgrund der starken Erosion des Gesteins und des staubigen, sandigen Bodens entlang des Flusses hat sich auf dem Grund ein Gemisch aus Sand und Kies gebildet. Die Strömung hat dieses Gemisch an Felsen und Überhänge gespült und dort aufgehäuft. Je nach Entwicklungsgeschichte der Umgebung sind die Felsen entweder glatt und abgerundet, mit kleinen Steinen und Kieseln, oder schroff und zerklüftet. Die schroffen Felsen bestehen aus sprödem Gestein wie z. B. Schiefer, sie barsten entweder unter dem Druck des Wassers oder wurden nach und nach abgetragen. Die stabileren Felsen wurden von der Strömung dagegen geglättet und rund geschliffen. In beiden Felstypen be-

Oben: Die starke Strömung in diesem bewaldeten Flussabschnitt stürzt über kleinere Felsbrocken und bildet darunter versteckte Lebensräume – Wohnort angepasster Fischarten.

stehen „Mikro-Lebensräume", in denen sich die Fische von dem tosenden Wasser erholen, fressen und sich fortpflanzen.

MINIMALER PFLANZENBEWUCHS
Da die Strömung sehr stark ist und der dünne Bodengrund ständig hin- und herbewegt wird, gibt es für Pflanzen kaum Möglichkeiten, Wurzeln zu schlagen. Pflanzen, denen dies gelingt, werden schnell von der Strömung erfasst und mit dem Boden fortgeschwemmt. Das flache,

... ABER REICHLICH NAHRUNG

In den meisten Flüssen werden die organischen Bestandteile des Wassers – Tier- und Pflanzenrückstände – von Bakterien und kleinen Tieren zersetzt und dann als Nährstoffe von Pflanzen aufgenommen. Dies ist der Ausgangspunkt einer Nahrungskette, der auch viele Fische angehören. Da es in den Stromschnellen kaum Substrat gibt, das Bakterien und anderen Organismen, die organische Rückstände zersetzen, Lebensraum bieten kann und da praktisch überhaupt keine Pflanzen vorhanden sind, enthält das Wasser relativ große Mengen organischen Materials. Ideale Bedingungen also für Tiere, die ihre Nahrung aus dem Wasser herausfiltern, wie einige Schaltiere, Würmer, Schwämme, Garnelen und andere Wirbellose, die den in den Stromschnellen lebenden Fischen als Hauptnahrungsquelle dienen. Ferner existieren dort auch noch Schnecken, die sich von Algen und Zerfallsprodukten ernähren, sowie mehrere Aufwuchsfresser (dazu gehören auch kleinere Fischarten und Krebse).

Obwohl es auf den ersten Blick so aussieht, als ob diese Umgebung eher lebensfeindlich ist, bietet sie den Fischen tatsächlich reichlich Nahrung. Im Gegensatz zu den räuberischen Fleischfressern suchen sie ihre Nahrung nicht im offenen Wasser, sondern unten im Flussbett, wo sie den Untergrund und Felsspalten durchsuchen. Dank ihres ausgereiften Geruchs- und Tastsinns können sie die Nahrung trotz der eingeschränkten Sicht leicht lokalisieren.

... UND VIELE HUNGRIGE FISCHE

Die in den Stromschnellen lebenden Fische gehören verschiedenen Gattungen an und unterscheiden sich stark voneinander, obwohl sie auf engem Raum zusammenleben. Die meisten Fische haben sich dem besonderen Lebensraum angepasst, insbesondere die Aufwuchs- und Algenfresser unter den Welsen. Die Algen fressenden Welse dieser Region haben kräftige Mäuler, mit denen sie sich wie mit einem Saugnapf an den Felsen festhalten können,

sodass sie in der Lage sind, an Stellen zu fressen, wo die Strömung für viele andere Fische viel zu stark ist. Sowohl Algen- als auch Aufwuchsfresser haben auch starke, oft übermäßig große Flossen, die zur Verteidigung dienen und dem Fisch dabei helfen, in enge Lücken zwischen Steinen zu stoßen und sie in dem strudelnden Wasser manövrierfähig zu halten. Die Schwimmblase – die für den Auftrieb sorgt – ist bei vielen Spezies hier sehr klein oder fehlt vollständig. Man findet auch einige Schmerlen und Meergrundeln in dem schnell fließenden Wasser, die schnell von einem Platz zu einem anderen springen – häufig die effizientere Fortbewegungstechnik unter diesen Bedingungen. Nur wenige Fische verwenden viel Zeit darauf, gegen die Strömung zu schwimmen, da sie dadurch wertvolle Energie verschwenden. Stattdessen haben die meisten springende, schnelle Bewegungen angenommen, um sich zwischen den ruhigeren Stellen des Flussbets oder unter den Felsen hin- und herzubewegen. In den ruhigeren Zonen zwischen den Stromschnellen leben einige Tetras wie der bekannte Kongosalmler (*Phenacogrammus interruptus*) und der größere, Pflanzen fressende, gestreifte Zebra-Geradsalmler (*Distichodus sexfasciatus*). Hier findet man auch einige Cichliden wie z. B. den Buckelkopf-Buntbarsch (*Steatocranus casuarius*).

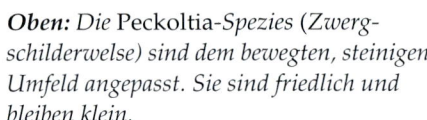

Oben: *Die* Peckoltia-*Spezies (Zwergschilderwelse) sind dem bewegten, steinigen Umfeld angepasst. Sie sind friedlich und bleiben klein.*

Um die großen, kantigen Schieferstücke kann man mehrere kleinere Splitter im Aquarium verstreuen.

KONGO-WILDWASSER-AQUARIUM

Das hervorstechende Merkmal eines solchen Aquariums muss natürlich das fließende Wasser sein. Die Turbulenzen der Stromschnellen sorgen für sauerstoffreiches, schnell fließendes Wasser. Um diesen Effekt im Aquarium nachzustellen, sollte dem Wasser ausreichend Sauerstoff zugeführt werden. Die Strömung erreicht man durch den Einsatz von Filtern, Pum-

Rechts: Abfall, der sich auf dem Grund ansammelt, wird mit einem Mulmsauger entfernt. Den Sand ab und zu ersetzen.

pen und Ausströmersteinen. Sprühleisten können zusammen mit externen Filtern eingesetzt werden, um Luftblasen und sichtbare Wasserbewegung zu erzeugen. Unter den Steinen versteckte Pumpen sorgen für zusätzliche Wasserströmung. Pumpen können auch an der Oberfläche angebracht werden, wo der entstehende Strudel die Wirkung des fließenden Wassers noch verstärkt.

Die beste Wirkung erzielt man, wenn die Pumpen alle im gleichen Bereich des Aquariums angebracht werden. Dadurch entsteht eine starke Strömung in eine Richtung, während sich gleichzeitig an verschiedenen Stellen ruhigere Regionen bilden können. Dekoration sollte sehr sparsam eingesetzt werden. Am besten verwendet man nur Steine einer einzigen Sorte, entweder kantiges Gestein wie Schiefer oder große Kieselsteine, aber nicht beides. Setzen Sie wenige große und einige mittelgroße und kleinere Steine ein und schütten Sie den Boden in Fließrichtung des Wassers an den großen Steinen auf, um ein möglichst natürliches Resultat zu erzielen. Der Bodengrund kann aus mehreren Materialien bestehen; als Basis verwendet man am besten feinen Sand und kantiges Gestein oder Feinkies und Kieselsteine. Etwas lebhafter wirkt der Grund, wenn man eine flache Schicht eines weiteren, farblich abweichenden Materials auf das eigentliche Substrat streut. In der natürlichen Umgebung der Stromschnellen ist

das Pflanzenwachstum stark eingeschränkt, aber ein Aquarium ohne Pflanzen würde doch etwas zu leer aussehen. *Anubias* und *Bolbitis* sind für diese widrigen Verhältnisse relativ gut geeignet.

Fische und Pflanzen stellen keine hohen Ansprüche an die Wasserqualität. Der pH-Wert sollte zwischen 7 und 7,8 liegen; im Normalfall stabilisiert sich der Wert durch den Mangel an organischem Material und den hohen Sauerstoffgehalt auf diesem Niveau, ohne dass weitere Hilfen notwendig werden. Die Wassertemperatur sollte 24–27 °C betragen.

DIE FISCHE

Die meisten in den Stromschnellen lebenden Fische sind auch für das Aquarium geeignet und leben problemlos nebeneinander. Allerdings darf man nicht vergessen, dass einige Räuber unter ihnen kleinere Arten angreifen könnten. In einem lebhaften, attraktiven Aquarium sollten sowohl Gründlinge (Welse und Schmerlen) als auch auf Stein lebende Arten (Cichliden) und im freien Wasser schwimmende Fische (Tetras und Barben) leben,

Die festen, gekräuselten Blätter der Crinum natans *sehen ungewöhnlich aus und sind in der Lage, in dem schnell fließenden Wasser zu bestehen.*

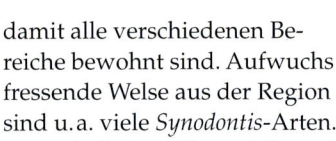

damit alle verschiedenen Bereiche bewohnt sind. Aufwuchs fressende Welse aus der Region sind u. a. viele *Synodontis*-Arten.

Auch der im offenen Wasser lebende Kongosalmler (*Phenacogrammus interruptus*), der Schmetterlings-Buntbarsch (*Hemichromis thomasi*), der Bänderglaswels (*Eutropiellus debauwi*) und die das Gestein abweidenden *Distichodus*-Spezies beleben dieses Aquarium.

Natürlich sind für diese Landschaft auch noch viele andere Fische aus anderen Erdteilen geeignet, die in ähnlichen Verhältnissen leben. Zu den Algenfressern, die sich an das schnell fließende Wasser angepasst haben, gehören Schilderwelse (*Hypostomus spp.*) und die Zwergschilderwelse (*Peckoltia spp.*), der Hongkong-Flossensauger (*Pseudogastromyzon cheni*), die Siamesische Rüsselbarbe (*Crossocheilus siamensis*), die Siamesische Saugschmerle (*Gyrinocheilus aymonieri*) und Antennenwelse (*Ancistrus*-Spezies).

Im Mittwasser halten sich viele Barben, Bärblinge und einige Tetras auf. Interessant sind vor allem der Kardinalfisch (*Tanichthys albonubes*), Bärblinge (*Brachydanio spp.*), Schwarzschwanzsalmler (*Hemigrammus marginatus*) und die Familie der Regenbogenfische (*Melanotaenia*-Spezies).

Oben: *Heudelots Wasserfarn (Bolbitis heudelotii)* wurzelt auf Steinen oder Holz und bevorzugt fließendes Wasser.

Unten: *Die langsam wachsende* Anubias *hält auch widrigen Verhältnissen wie in einem Aquarium mit schnell fließendem Wasser stand. Diese Pflanze benötigt nur moderaten Lichteinfall und einige Nährstoffe.*

Die dicken, lederartigen Blätter der Anubias *werden von Pflanzenfressern häufig gemieden.*

Rechts: *In der Natur versammeln sich Schwärme von Kongosalmlern* (Phenacogrammus interruptus) *in den ruhigeren Zonen zwischen den Stromschnellen. Im Aquarium stört sie die Strömung nicht.*

Unten: *Die Siamesische Rüsselbarbe* (Crossocheilus siamensis) *ist ein widerstandsfähiger Algenfresser und für dieses Aquarium eine Bereicherung. Obwohl der Fisch relativ friedlich ist, entwickelt er territoriale Ansprüche; die Haltung mehrerer Exemplare ist nicht zu empfehlen.*

Links: *Der Zebra-Geradsalmler* (Distichodus sexfasciatus) *besitzt schöne rote Flossen und kräftig leuchtende Streifen. Obwohl er recht aggressiv ist und fast alle Pflanzen frisst, eignet er sich gut für größere Aquarien.*

133

Kongo-Wildwasser-Aquarium

Luftsprudler und Wasserpumpen sowie externe Filter schaffen in diesem spektakulären Aquarium den Eindruck fließenden Wassers.

Ausströmersteine und Pumpen werden hinter den Felsen versteckt. Sehr effektvoll ist eine Wasserpumpe, die in den Luftblasenstrom hineinstößt.

Ein Luftschlauch ohne Ausströmerstein produziert große, auftreibende Luftblasen.

Dieses große Schieferstück unterteilt das Aquarium in mehrere Bereiche.

Die gleichmäßige Farbe des Schiefers ist ein passender Hintergrund für Fische, Pflanzen und Dekoration.

Kleine, auf dem Grund verstreute Schieferstückchen stellen die Felsen eines Flusses dar. Sie verleihen dem sandigen Bodengrund einen natürlicheren Charakter.

Bolbitis-*Arten machen sich gut in der starken Strömung dieses Aquariums. Sie wachsen am besten auf größeren Holzstücken an.*

Einige Pflanzen wie Bolbitis heudelotii, Anubias barteri *var.* nana *und* Vesicularia dubyana *können zusammen auf einem Stück Holz wurzeln und sorgen für ein eindrucksvolles, kräftiges Bild.*

Diese kleine Crinum natans *wird bald bis an die Wasseroberfläche wachsen.*

Einige Schieferstücke werden horizontal ausgelegt, sie wirken wie angeschwemmt oder aus dem Flussbett herausgebrochen.

Der sandige Bodengrund muss regelmäßig bewegt werden, damit sich keine Klumpen oder anaerobe Strukturen bilden können.

Westafrikanisches Flussbett

In ganz Afrika bilden sich jedes Jahr kleine und große Teiche und Flüsse, sie treten sowohl im Regenwald oder in gemäßigten Wäldern als auch in der offenen Savanne und in Hochgebirgsregionen auf. In den Wäldern können die Teiche das ganze Jahr über bestehen, doch die meisten, vor allem in den anderen Gebieten, trocknen jedes Jahr aus. Offene Regionen neben Waldgebieten werden manchmal von mehreren Flüssen durchzogen, die die Wasserversorgung für die Landtiere sichern. Häufig fließen die Flüsse in natürlichen Senken zusammen und bilden dort kleine Seen oder „Wasserlöcher". Solche Oasen sind von dichtem Gebüsch, Gras und manchmal sogar hohen Bäumen umgeben. Trotz ihres nur temporären Bestehens leben in diesen Gewässern häufig kleine Fische, von denen die interessantesten die winzigen Killifische sind.

Sie eignen sich für das hier präsentierte Aquarium ausgezeichnet.

KLEIN, ABER FEIN

Killifische sind wunderschöne, bunte Fische, die selten sehr groß werden, hauptsächlich weil die ihnen zur Verfügung stehenden Lebensräume sehr beengt sind. Man findet Killifische nicht nur in Afrika, sondern auch in anderen Gewässern überall in den Tropen. Sie leben in kleinen Seen oder Tümpeln im Regenwald oder in der offenen Savanne. Manche sind auch in größeren Flüssen heimisch; zu ihnen gehört der größte Killifisch, *Orestia cuvieri*, der bis zu 30 cm Länge erreicht. Die afrikanischen Killifische, die am spektakulärsten sind, sind jedoch eher klein; der größte darunter ist *Lamprichthys tanganicanus*, der bis zu 13 cm lang wird.

Westafrikanisches Flussbett-Habitat

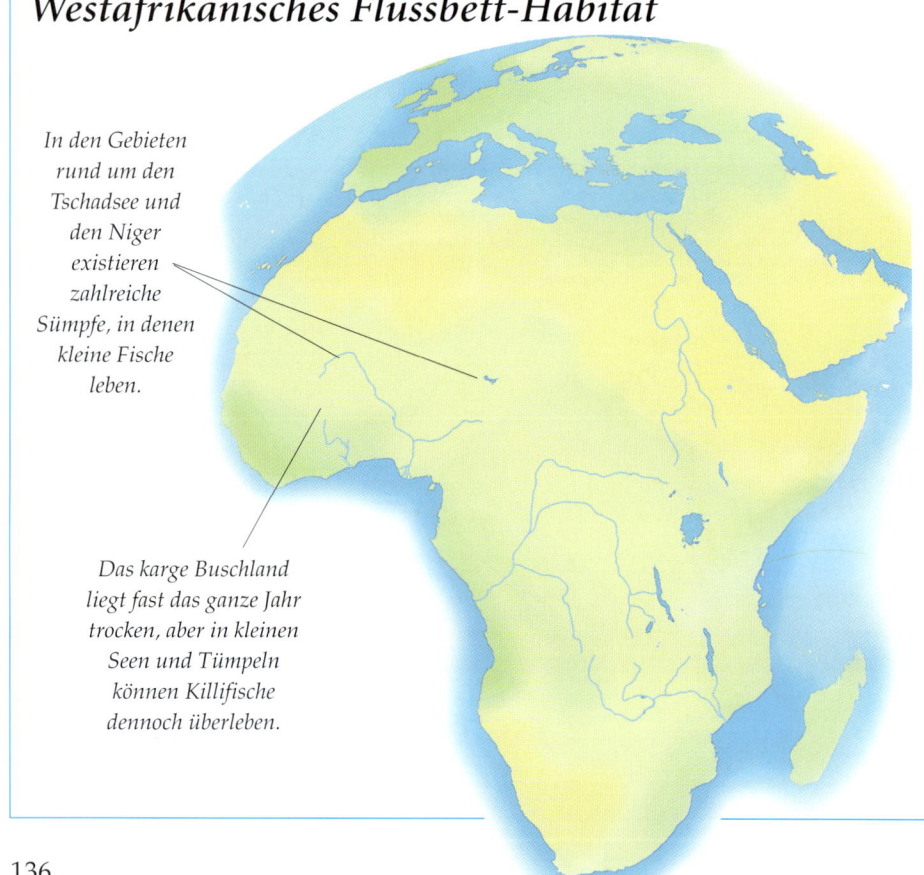

In den Gebieten rund um den Tschadsee und den Niger existieren zahlreiche Sümpfe, in denen kleine Fische leben.

Das karge Buschland liegt fast das ganze Jahr trocken, aber in kleinen Seen und Tümpeln können Killifische dennoch überleben.

Viele Flüsse und andere Wasserläufe des tropischen Afrika verschwinden während der Trockenzeit vollständig, von anderen bleiben nur kleine Wasserlöcher übrig. Obwohl die Flüsse nur periodisch auftreten, lebt in ihnen eine Reihe von Fischarten, vor allem der interessante Killifisch.

Oben: Dieser kleine Teich könnte von einer Quelle oder einem nahen Fluss gespeist werden und bietet Landtieren einen wichtigen Wasserspeicher. Unter der Oberfläche gibt es möglicherweise viele kleine Fische, die sich hauptsächlich von Insekten ernähren und nur wenige Monate lang leben.

Oben: Dieser Nothobranchius *wird zwar nur bis zu 5 cm groß, kann aber im Aquarium starke Aggressionen entwickeln. Die Spezies legt ihre Eier in Senken im Boden ab, wo sie auch längere Trockenphasen überdauern können.*

WASSERVERHÄLTNISSE

Die Seen und Flüsse, in denen Killifische leben, unterscheiden sich stark hinsichtlich Wasserqualität und -temperatur. In manchen Gebieten leben Killifische in bis zu 38 °C warmen Gewässern, die den Salzgehalt des Meeres um ein Mehrfaches übersteigen. Solche Verhältnisse sind jedoch eher ungewöhnlich. Der Großteil der Killifische fühlt sich in weichem bis mittelhartem Wasser mit einem pH-Wert von 5,5–7 wohl.

Wie der Name schon andeutet, stammt er aus der Region des Tanganjikasees, wo es ausreichend Platz gibt. Die kleineren Killifische werden im Vergleich dazu kaum mehr als wenige Zentimeter groß. Sie leben bevorzugt in kleineren Seen, Flüssen und Teichen des Flachlands. Neben den Killifischen existieren nur wenige Arten in den Flüssen und Seen Afrikas.

Gelegentlich findet man Fische aus angrenzenden, beständigen Flüssen. Die meisten bleiben aufgrund der periodischen Natur vieler Flüsse jedoch nur begrenzte Zeit.

EIN GESCHÄFTIGES LEBEN

Nicht alle Killifische leben in temporären Gewässern. Tatsächlich bevorzugt der größte Teil beständige Wasserläufe. Sie können bis zu fünf Jahre alt werden und sind deshalb für die Aquarianer interessant, die ihren Fischbestand nicht ständig ergänzen und vergrößern wollen. Allerdings kann man Killifische relativ leicht zur Fortpflanzung bringen, ein Umstand, der ihre Haltung noch reizvoller macht. Die in periodisch auftretenden Gewässern lebenden Einjahres-Killifische durchlaufen Geburt, Aufwachsen und Fortpflanzung innerhalb von nur neun Monaten.

Viele Seen existieren nicht einmal neun Monate, was der höchsten Lebenserwartung der „Einjährigen" entspricht, selbst wenn sie in permanenten Wasserläufen leben. Einjahresfische können sich bereits im Alter von nur vier Wochen fortpflanzen, sind aber erst nach etwa fünf Monaten ausgewachsen.

Ein fortpflanzungsbereites Männchen nähert sich einem geeigneten Weibchen und präsentiert seine Flossen und Farbenpracht. Zur Werbung gehört auch eine merkwürdig vibrierende Bewegung, die einer Drohgebärde gegenüber anderen Männchen ähnelt.

Akzeptiert das Weibchen den Partner, kommt es näher, wenn nicht, schwimmt es einfach fort. Wenn sich ein Paar gebildet hat, drängt das Männchen das Weibchen auf den Bodengrund, wo die Eier abgelegt werden.

Selbst wenn das Wasser verdunstet, bleibt der schlammige Boden feucht, sodass die Eier sich entwickeln können. Wenn der Regen wieder einsetzt und der Teich sich füllt, schlüpfen die Jungen. Die Jungfische müssen sofort mit schwierigen Bedingungen fertig werden.

Das Tümpelwasser enthält oft nur wenig Sauerstoff, da dieser von Bakterien und zersetzenden Organismen verbraucht wird, die sich von reichhaltigem organischem Material ernähren. Allerdings bilden solche Organismen auch die Hauptnahrungsquelle der Fische. Wenn sie größer werden, fressen die Jungfische auch andere Wassertiere, später dann Insekten und ihre Larven.

Die anderen Killifischarten besitzen ähnliche Fortpflanzungsgewohnheiten, legen ihre Eier jedoch mehrheitlich auf Pflanzenblätter und nicht in den Bodengrund. Auch diese Eier sind gegen Austrocknung geschützt, doch die meisten Jungfische entwickeln sich und schlüpfen unter Wasser.

EINRICHTUNG EINES WESTAFRIKANISCHEN FLUSSBETT-AQUARIUMS

Für diese Landschaft wählt man ein so genanntes Paludarium, in dem auch ein feuchtes Landgebiet nachgebaut wird. Dies erlaubt die Installierung eines oberirdischen Wasserfalls oder eines kleinen Bächleins und die Bepflanzung mit semi-

terrestrischem Holz oder Randpflanzen. Der kleine Wasserfall ist in dieser Landschaft tatsächlich die Hauptattraktion. Wenn das Becken groß genug ist, kann das Landgebiet so stark erweitert werden, dass sich dort auch Eidechsen, Frösche oder sogar Schlangen wohl fühlen. Dieses Aquarium ist erstaunlich einfach einzurichten und erfordert nur wenige Grundelemente.

BODENGRUND

Das Substrat besteht aus kalkfreiem Kies und Feinkies. Dieses Gemisch vereinfacht die Anlage steiler Hänge und tiefer liegender Regionen. Es sollte mithilfe größerer Holzstücke und Pflanzenwurzeln fixiert werden und bietet auch einen guten Nährboden für Pflanzen, die teilweise unterhalb der Wasseroberfläche wurzeln. Ein wenig eingestreuter schwarzer Quarzkies lockert den Bodengrund optisch auf und lässt ihn etwas dunkler erscheinen. Helle, leuchtende Fische wie die Killifische sind vor einem dunklen Hintergrund am wirkungsvollsten.

Hellere Substrate lenken von den Fischen ab und machen sie schwerer erkennbar. Das erhöhte Landstück entsteht, indem man das Substrat mit Holzstücken abstützt und aufschüttet.

Der einzigartige Bodengrund dieser Landschaft besteht aus gemischtem grobem und feinem Kies mit etwas Quarzkies auf kalkfreiem Basismaterial.

Anfangs neigt der Boden dazu abzurutschen, dies verhindert man durch das Anpflanzen zahlreicher Nadelsimsen (*Eleocharis acicularis*), insbesondere in dem erhöhten Bereich. Wenn diese Pflanze erst einmal angewachsen ist, stabilisieren ihre Wurzeln den rutschenden Kies.

EIN KLEINER WASSERFALL

Es ist relativ einfach, einen Wasserfall anzulegen, man benötigt nicht mehr als ein großes Stück Korkrinde, die leicht geneigt auf dem erhöhten Landstück angebracht wird. Korkrinde ist besonders brauchbar, denn durch ihre Furchen kann das Wasser hindurchfließen und von verschiedenen Punkten aus ins Becken fallen. Die Korkrinde muss fest eingesetzt werden, am besten beschwert man sie mit Kies und einigen Holzstücken.

Der Wasserfluss wird durch den Ausgang eines externen Filters initiiert, deshalb werden keine weiteren Pumpen notwendig. Man richtet das Ausflussrohr so ein, dass der gewünschte Wasserlauf ent-

Das Moorkienholz dieser Landschaft wird für den Bau von Wasserfall und Festland verwendet, außerdem kann man dahinter Pumpen und Schläuche verbergen.

olivgrünen, feineren Blättern der Nadelsimse. Die treibenden Wurzeln der Schwimmpflanzen bieten außerdem Schutz und Versteckmöglichkeiten für kleine Killifische. Der Wasserbereich ist relativ karg, Schwimmpflanzen geben dieser Zone etwas mehr Farbe und füllen auch über Wasser.

Durch Randbepflanzung lässt sich das Landstück etwas abwechslungsreicher gestalten. Man kann frei wählen, sollte aber möglichst Pflanzen mit unterschiedlichen Blattformen verwenden. In dieser Aquarienlandschaft wachsen eine schilfartige *Hemerocallis*, die einigen *Sagittaria*-Arten ähnelt, gesäumt von mehreren *Ranunculus lingua* und *Alisma parviflora*.

DIE FISCHE

Manchmal ist es gar nicht so einfach, die richtige Auswahl von Killifischen für ein Aquarium zu treffen. Viele der farbenprächtigeren Spezies sind aggressiv und entwickeln Territorialverhalten, auch wenn es sel-

Die Wasserhyazinthe (Eichhornia crassipes) ist für dieses Aquarium zu empfehlen; sie verträgt aber kein zu starkes Licht, da ihre Blätter schnell verbrennen.

steht und verdeckt es dann mit Holz und Pflanzen.

BEPFLANZUNG

Für dieses Aquarium eignen sich drei Gruppen von Pflanzen: die schwimmende Wasserhyazinthe (*Eichhornia crassipes*), die grasähnliche Nadelsimse (*Eleocharis acicularis*) und einige Sumpfpflanzen. Die Nadelsimse hat über und unter Wasser eine wichtige Funktion. „An Land" verbirgt sie als Randbepflanzung Schläuche und/oder Kabel. Ferner ahmt sie eine Sumpflandschaft nach, wie sie auch in der Natur an Flussufern besteht. Noch authentischer wirkt die Nadelsimse, wenn sie auch ins Wasser hineinreicht und unter Wasser weiter-

Die Nadelsimse (Eleocharis acicularis) kann sowohl über als auch unter Wasser eingesetzt werden und steht für die Gräser, die in der Natur an Fluss- und Seeufern wachsen.

wächst, ähnlich wie in der Natur, wo sie in Senken zusammen mit periodisch überfluteten Landpflanzen auftritt.

Die hellgrünen, fleischigen Blätter der schwimmenden Wasserhyazinthe kontrastieren wirkungsvoll mit den bräunlich-

Die hier verwendete Hemerocallis wird häufig als Randpflanze verkauft, wächst aber auch im flachen Wasser eines Aquariums.

ten ernsthafte Folgen zeigt. Konflikte entstehen grundsätzlich nur zwischen Männchen, die Weibchen sind dagegen in der Regel friedlich. Leider sind die Weibchen oft nicht so farbenfroh wie die Männchen, oder sie sind schwer auszumachen, da sie den Männchen hinsichtlich Form und Farbgebung beinahe gleichen. Manche Killifisch-Männchen greifen sich gegenseitig ständig an, wenn sie nur zu zweit sind, sobald aber mehrere Fische vorhanden sein, legen sich die Aggressionen. Normalerweise neigen Killifische nicht zum Schwärmen, es bietet sich daher an, mehrere verschiedene Arten zusammenzubringen. Um Kämpfen vorzubeugen, wählt man am besten Spezies, die sich in Verhalten und Größe ähneln.

KILLIFISCH-SPEZIES

Es existieren sehr viele verschiedene Arten, die mehr oder weniger leicht erhältlich sind, einige jedoch gibt es immer. Man orientiert sich am besten am Angebotenen und kauft auf gut Glück, oder man ermittelt den exakten Namen der gewünschten Spezies vor dem Kauf.

Killifische werden in drei Gruppen eingeteilt: Saisonfische oder „annuelle", semi-annuelle und nicht-annuelle. Die annuellen Arten leben kaum länger als neun Monate und müssen entweder ständig ergänzt werden oder sich regelmäßig fortpflanzen. Semi-annuelle und nicht-annuelle Fische können im Aquarium dagegen mehrere Jahre alt werden.

Zu den Saisonfischen gehören die Gattungen *Cynolebias*, *Nothobranchius* und *Pterolebias*. Von diesen dreien ist *Nothobranchius* mit den roten und blauen Markierungen die farbenreichste Art; sie stammt aus Afrika. Die Fische sind sehr lebhaft, die Männchen können aggressiv werden. Die meisten Fische dieser Art werden nicht größer als 5–6 cm.

Zu den semi-annuellen und nicht-annuellen Spezies gehören *Aphyosemion*, *Roloffia*, *Aplocheilichthys* und *Epiplatys*. Viele *Epiplatys*-Arten stammen aus afrikanischen Gewässern, sie sind alle relativ friedlich, aber scheu, und benötigen ein Aquarium mit vielen Versteckmöglichkeiten. Auch *Aphyosemion* findet man hauptsächlich in Afrika, einige Arten sind ebenfalls friedlich und können in Gruppen gehalten werden. Alle *Aphyosemion*-Arten sind bunt gefärbt und ein eindrucksvoller Blickfang in einem Aquarium.

WEITERE FISCHE UND ANDERE TIERE

Auch wenn die Killifische an sich schon sehr eindrucksvoll sind, kann man das Aquarium mit anderen, zusätzlichen Spezies etwas abwechslungsreicher gestalten. Eine Möglichkeit sind kleine Welse, allerdings fressen diese häufig den Großteil der abgelegten Eier auf.

Alle weiteren eingesetzten Arten sollten unbedingt klein sein, aber widerstandsfähig und friedlich. Manche kleinere Barben oder gar Tetras bieten sich an,

aber auch Anabantoiden inklusive der Guramis.

In größeren Aquarien kann der Landteil zu einem idealen Lebensraum für Frösche, Molche, Krebse oder sogar Eidechsen ausgebaut werden. Bei der Auswahl dieser Tiere muss man darauf achten, dass sie nicht dazu neigen, die kleinen Killifische zu verletzen oder zu verschlingen.

Unten: *Haltung und Zucht des Tüpfelhechtlings* (Pachypanchax playfairi) *bereiten wenig Mühe. Während der Laichzeit können sich die Schuppen des Männchens scheinbar aufstellen, was oft fälschlich für ein Krankheitssymptom gehalten wird.*

Links: Epiplatys sexfasciatus *ist eine semi-annuelle Spezies, die im Aquarium mehrere Jahre alt werden kann. Der ungewöhnlich lange Kiefer und die der Tarnung dienenden Streifen lassen räuberisches Verhalten vermuten.*

Unten: *Bei dieser* Aphyosemion-*Spezies ist die Aufsehen erregende, detaillierte Zeichnung vieler Killifische gut zu erkennen.*

Westafrikanisches Flussbett

Gestaltungselemente dieser Aquarienlandschaft sind die Landzone und die dichte Vegetation, die ein westafrikanisches Flussbett repräsentieren.

Die Wasserhyazinthe (Eichhornia crassipes) hat kräftige, ledrige Blätter. Sowohl die Blätter als auch die Wurzeln bieten nützliche Versteckmöglichkeiten.

Aus dem Wasser ragendes Holz füllt Bereiche des Landgebiets aus und schafft eine Verbindung zwischen den beiden Zonen.

Der stark wellige Untergrund verhindert ein plötzliches Abrutschen des erhöhten Bereichs rechts.

Die Nadelsimse steht hier als Randpflanze, die während der Flut überspült wird. In dieser Zone verbreiten sich kleine Pflanzengruppen, die dann getrennt werden.

Die Blätter der **Hemerocallis** *ähneln denen großer Schilfgräser, die in der Natur zwar vorkommen, für ein Aquarium aber unpraktisch sind.*

Dieses Holzstück verdeckt Schläuche und die Quelle des Wasserfalls, der sich über die Korkrinde ins Aquarium ergießt.

Die Nadelsimse am Ufer ahmt ein typisches Merkmal der Umgebung afrikanischer Flüsse nach.

Dieses schöne Moorkienholz stützt den Wasserfall und das Flussufer.

Rechts: *Der kleine Wasserfall sieht von der Seite besonders interessant aus. Unter dem Überhang verstecken sich kleinere Fische.*

Malawi-See

Der Malawi-See ist eher ein Süßwasser-Ozean als ein See. Aufgrund seiner Länge von 560 km und seiner Breite von 80 km kann man an den meisten Stellen nicht von einem bis zum anderen Ufer sehen. Der See ist so groß, dass die Schwerkraft des Mondes hier sogar leichte Gezeiten verursacht. In der vulkanischen Umgebung entlang des Ufers wechseln felsige und sandige Landschaften.

Die im See lebenden Fische kann man grob in zwei Gruppen einteilen: die Geröllbewohner, genannt „Mbuna", und die Mittwasser-Fische, genannt „Haps". Für die Aquarianer sind die Geröllbewohner am interessantesten.

Man findet sie überall im See, zumeist nur nah an der Oberfläche, wo sie entlang der abgerundeten Felsen und Steine reichlich Nahrung erwarten können. Wo es besonders viele Felsen gibt, tummeln sich oft große Schwärme von Fischen.

Das Seewasser ist aufgrund gelöster Mineralien von den Unterseiten der Felsen etwas härter als der Durchschnitt und leicht alkalisch. Die Umgebungsverhältnisse bleiben wie auf dem Meer über längere Zeit unverändert.

Während Bäche, Flüsse und andere Süßwasserhabitate durch Wetterveränderungen und Pflanzenbewuchs beeinflusst werden, sorgen die riesigen Wassermassen des bis zu 700 m tiefen Sees über lange Zeit für eine stabile Wasserqualität.

Aus diesem Grund, und wegen ihrer schillernden Farben, tragen die Fische des Malawi-Sees auch die verwirrende Bezeichnung „Süßwasser-Meeresfische".

Die Rift-Valley-Seen

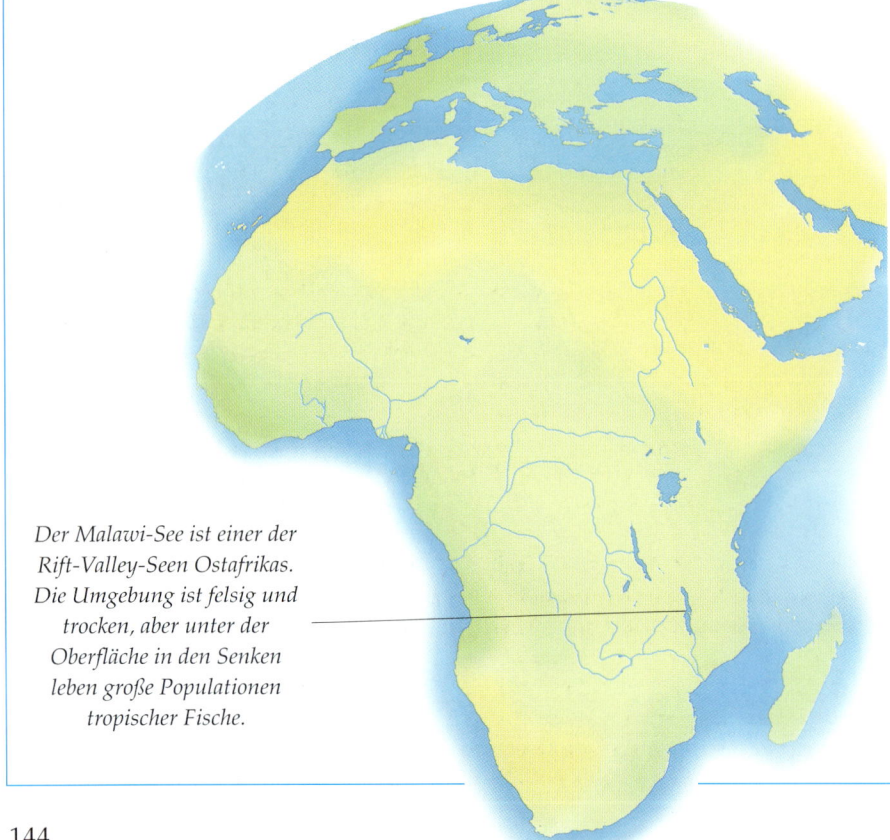

Der Malawi-See ist einer der Rift-Valley-Seen Ostafrikas. Die Umgebung ist felsig und trocken, aber unter der Oberfläche in den Senken leben große Populationen tropischer Fische.

Die Rift-Valley-Seen Ostafrikas werden von zahlreichen Fischspezies bewohnt, hauptsächlich aber von Cichliden. Von den drei großen Seen – Victoria-, Tanganjika- und Malawi- – blieb vor allem der Malawi-See von Eingriffen durch Menschenhand noch weitgehend verschont. In ihm leben hunderte Spezies von Cichliden, die es sonst nirgendwo auf der Welt gibt. Das kristallklare Wasser des Sees rollt sowohl über felsige als auch über sandige Uferabschnitte, und die vielfarbigen Fischschwärme sind direkt unter der Oberfläche leicht zu erkennen.

Links: Die zahlreichen im flachen, felsigen Flussbett lebenden Fische bringen Abwechslung in eine ansonsten karge Umgebung. Die hier heimischen Cichliden haben ein komplexes Territorial- und Sozialsystem entwickelt.

unterlegen waren oder von ihnen gejagt wurden. Die Cichliden passten sich weiter an und dominieren heute den See. Letzten Zählungen zufolge werden im Malawi-See über 600 heimische Cichliden-Arten beschrieben, die wahrscheinlich alle von wenigen Dutzend Fischen abstammen, die den See ursprünglich bewohnten. Dieser enorme Variantenreichtum entstand durch das spezifische Verhalten der Fische und geologische Veränderungen, die der See seit seiner Entstehung immer wieder erlebt hat.

Cichliden belegen Territorien, und viele Felsbewohner unter den Cichliden verbringen ihr ganzes Leben unter einem bestimmten Stein, ohne jemals sandige Bereiche oder neue Wohnplätze aufzusuchen. Der Wasserstand hat sich in der Geschichte des Sees häufig geändert, wobei jedes Mal eine Felsformation in zwei Bereiche geteilt werden kann, die durch ein Sandgebiet verbunden wird, wogegen Sandgebiete sich zu Felsregionen wandeln können. Dadurch kann eine Gruppe von Fischen auseinander gerissen werden, die sich in der Folge unterschiedlich entwickeln und so zu zwei verschiedenen Spezies werden. Die genetischen Parallelen erlauben auch Kreuzungen und Hybriden, wodurch wieder neue Spezies entstehen.

Links: Der hellgelbe Pseudotropheus saulosi *ist ein farbenprächtiges Beispiel für die typischen Cichliden des Malawi-Sees.*

EVOLUTION

Das Ökosystem des Malawi-Sees ist einzigartig für Süßwasserseen und ist nur von wenigen Tiergruppen bewohnt. Um die Felsen tummeln sich jedoch zahllose Fische, außerdem ziehen große Schwärme durch das offene Wasser. Andererseits gedeihen hier nur fünf Arten echter Wasserpflanzen, ein paar Schnecken- und Krebsarten und sehr wenige Wirbellose. Grund dafür ist die Entstehung des Sees, der sich bildete, als tektonische Platten auseinander drifteten und einen Graben in die Erdkruste rissen. Mit den „Rift-Valley-Seen" sind die drei großen Seen entlang des Ostafrikanischen Grabens gemeint.

Der Malawi-See speist sich aus mehreren kleineren Zuflüssen und hat nur einen Abfluss – den Fluss Shire. Diese geografische Isolation macht es vielen Flussbewohnern praktisch unmöglich, den See flussauf- oder flussabwärts zu erreichen. Allerdings sind Fische sehr anpassungsfähig und können ihre Physiologie bei ungünstigen Lebensbedingungen nach evolutionären Zeitmaßstäben relativ schnell verändern. Möglicherweise gab es vor einigen tausend Jahren viele Spezies in dem See, die den Cichliden allerdings

BEI GENAUERER BETRACHTUNG ...

Die relativ geringe Zahl von Wasser- und wirbellosen Tieren sowie das Fehlen von Vegetation entlang der Ufer werfen die Frage auf, wovon sich die zahllosen Fische ernähren. Die Antwort haftet an den im Wasser liegenden Felsbrocken, auf deren glatten Oberflächen unterhalb des Wasserspiegels sich reichlich Algen ausbreiten. Die im felsigen Bereich lebenden Cichliden fressen die Algen ständig ab, sodass sie nie größer als 1 cm werden, oft sind sie sogar deutlich kürzer. Allerdings sind häufig nicht die Algen das eigentliche Futter der Fische, sondern die Kleinlebewesen, die darin leben.

ÜBERBEVÖLKERUNG

Die Cichliden des Malawi-Sees sind ständig auf der Suche nach anderen Gebieten, um neue Nahrungsquellen zu erschließen. Wenn sich ein Territorium schwer verteidigen lässt, wandert ein Fisch also möglicherweise einfach ab. Im Aquarium kann man dieses Verhalten ausnutzen, um Aggressionen zu verhindern oder zu kontrollieren. Da ein Aquarium meist relativ viele Fische enthält, kann ein dominanter Fisch sein Territorium nicht mehr halten. Die leichte Überbevölkerung sorgt meist dafür, dass kein Fisch sich vollständig durchsetzt und die Kontrolle übernimmt. Damit wird auch die Gefahr von Stress und Verletzungen der anderen Fische gemildert. Man kann diese Methode bedenkenlos anwenden, denn es kommt in der Natur häufig vor, dass sehr viele Fische unterschiedlicher Spezies auf engem Raum zusammenleben.

Diese Tiere und die Algen, die sie bewohnen, nennt man „Aufwuchs". Viele Cichliden besitzen speziell geformte Mäuler, mit denen sie den Aufwuchs abgrasen und Nahrung aufnehmen können. Cichliden beanspruchen häufig ein bestimmtes Territorium, um sich ausreichend Aufwuchs zu sichern, den sie dann methodisch abweiden. Man könnte die Fische also mit Recht als „Unterwasser-Aufwuchsfarmer" bezeichnen.

MAULBRÜTER

Auch während der Brutzeit herrscht ausgeprägtes Territorialverhalten. Cichliden haben eine besonders ausgeklügelte Methode für die Brut und Aufzucht der Jungen entwickelt. Die meisten Cichliden kümmern sich wie gute Eltern sorgfältig um den Laich und die Jungen, indem sie ihr Territorium verteidigen und Eindringlinge solange verjagen, bis die Jungfische groß genug sind, um selbständig überleben zu können. Da es sehr schwierig ist, die Jungen zu schützen, wenn sich in einem kleinen Umfeld sehr viele andere Fische

(potenzielle Räuber) bewegen, haben die Cichliden des Malawi-Sees ihre Technik weiterentwickelt. Wenn es keine passenden Verstecke gibt, halten die Weibchen Eier und Jungfische im Maul und verbergen sie damit vor den Augen der Räuber. Häufig findet sogar die Befruchtung der Eier schon im Maul des Weibchens statt, wo sie bleiben, bis die Jungen geschlüpft sind und selbständig schwimmen können.

Wenn ein Weibchen sich ein Männchen erwählt hat, nimmt es dessen Milch (Samen) auf, bevor es die Eier ablegt. Dann liest es die Eier mit dem Maul auf, bevor es noch einmal die Milch des Männchens empfängt. Diese Brutmethode stellt sicher, dass möglichst viele Eier befruchtet und möglichst wenige zur Beute von Räubern werden. Es kann bis zu zehn Tage dauern, bis die Jungen geschlüpft sind; sie verbringen während des ersten Lebensmonats nur wenig Zeit außerhalb des Mauls des Weibchens. Während dieser Periode frisst das Weibchen nicht, sondern lebt von den Energiereserven, die sein Körper gespeichert hat. Tatsächlich verlassen die Jungen das Maul der Mutter erst, wenn sie einfach zu groß geworden sind. Sie bleiben jedoch einige Monate in der Nähe der Mutter, d. h. in einem Umkreis von bis zu 10 cm, bis sie schließlich ausgewachsen sind und die Mutter verlassen. Zumeist geschieht dies eher aus Versehen, wenn die Fische sich so weit entfernen, dass sie nicht mehr zurückfinden.

EIN MALAWI-SEE-AQUARIUM

Anders als in den meisten anderen Aquarien dominieren hier nur zwei wichtige Komponenten: Felsgestein und Fische.

Oben: Die beliebten, farbenfrohen Melanochromis auratus *sind wegen ihres ausgeprägten Territorialverhaltens und ihrer Aggressivität vorsichtig an andere Arten zu gewöhnen.*

WASSERQUALITÄT

Im Vergleich zu anderen Süßwasserhabitaten bleibt die Qualität des Wassers hier fast konstant. Obwohl Cichliden widerstandsfähig sind und auch kleine Veränderungen verkraften, muss die Qualität auch im Aquarium stabil bleiben. Das kann zum Problem werden, denn die Fische gehen mit dem Futter nicht sehr sorgfältig um und produzieren viel Abfall. Bei einem hohen Fischbesatz erhält man zusätzliche biologische Abfallstoffe. Hier empfiehlt sich der Einsatz von großen Filtern. Am besten verwendet man mindestens einen externen Filter für große Aquarien und setzt außerdem mechanische und biologische Hilfsmittel ein. Das Wasser der natürlichen Umgebung ist leicht basisch und überdurchschnittlich hart, ein Aquarium muss die gleichen Voraussetzungen erfüllen. Das Wasser bleibt leicht basisch, wenn man kalkhaltiges Gestein wie Tuff und Korallensand einsetzt, die normalerweise für Meerwasseraquarien bestimmt sind. Alternativ dazu ist auch der Einsatz von flüssigen Additiven mit Spurenelementen denkbar. Manche Zusätze wurden speziell für die Bedingungen eines Rift-Valley-Sees entwickelt.

Der Bau ist relativ einfach, aber der Einsatz großer Felsbrocken erfordert erhöhte Vorsicht.

Besondere Beachtung verdienen die Fische wie auch die Wasserqualität. Will man viele Fische zusammenbringen, die zu Aggressivität neigen und viel Abfall produzieren, muss man umsichtig auswählen und ausreichend Filter einsetzen. Es leben zwar auch einige Welse in dem See, die jedoch selten erhältlich sind und sich außerdem nicht gut für ein solches Aquarium eignen. Es gibt Alternativen, doch die Fische des Malawi-Sees bieten auch für sich allein faszinierende Anblicke und ein aktives Aquarium.

DAS SUBSTRAT

Ideal für diesen Aquariumtyp ist feiner Sand, denn er sieht genauso aus wie der Sand, der an vielen Stellen des Malawi-Sees zu finden ist. Die Sandschicht muss dick genug sein, um das Gewicht des Gesteins tragen zu können. Eine Kiesschicht könnte verhindern, dass die Steine auf den Glasboden des Aquariums sinken. Mit der Zeit wird der Sand aufgewühlt und von den Cichliden „umgegraben". Um dies einzuschränken, fügt man eine mitteldicke (3 mm) Schicht Substrat unter

Diese abgerundeten Steine sind mit dem Gestein des Sees identisch.

dem Kies ein und schüttet dann mit Sand auf. Die Fische können die Kiesschicht nicht durchdringen, sodass der Großteil des Bodengrunds liegen bleibt. Mehr Substrat unter dem Kies und eine dünne Schicht Aquariensand verhindern Verklumpungen und Stagnation des Wassers, wozu es beim Einsatz von feinem Sand leicht kommen kann.

Die Körnung des Substrats sollte 4–5 mm nicht überschreiten, da das Gestein sonst zu viel Druck auf eine Stelle ausüben könnte und die Gefahr steigt, dass der Glasboden des Aquariums Risse bekommt.

GESTEIN

Das Gestein aus dem Malawi-See ist den großen abgerundeten Steinen dieser Aquarienlandschaft sehr ähnlich. In Rift-Valley-Aquarien werden häufig Lavagestein oder Kalktuff eingesetzt, obwohl sie nicht den natürlichen Gegebenheiten entsprechen, denn sie sind porös, also sehr leicht und einfach anzuordnen, sodass sie für Felslandschaften ausgezeichnet geeignet sind. Die Fische verstecken sich jedenfalls unter Kalktuff oder Lavagestein genauso gerne wie unter den Felsbrocken ihres natürlichen Umfelds.

Um die Landschaft interessanter zu gestalten, sollten unterschiedlich große Steine verwendet werden. Abgesehen von den beiden großen Steinen haben alle anderen Brocken des Modells einen Durchmesser von höchstens 20 cm. Die kleineren Steine sind über den Boden verstreut und füllen einige „Lücken" zwischen den größeren aus, sodass eine Art Steinbruch entsteht. Die Größe dieser Steinen hängt von den Abmessungen des Aquariums ab. Wenn das Aquarium 1,5 m lang ist, sollte der Durchmesser der größten Steine (ein oder zwei Stück) etwa ein Viertel bis ein Drittel dieser Länge betragen. In ein 120-cm-Becken setzte man also ein oder zwei 30–45 cm große Steine,

während der Rest ungefähr 20–25 cm Durchmesser haben sollte. Setzen Sie zunächst die großen Steine und drapieren Sie dann die mittelgroßen um sie herum. Es folgen die kleineren Steine und Kiesel.

Natürlich ist es unabdingbar, die Steine so stabil aufzuschichten, dass keine Rutschgefahr besteht und das Aquarium beschädigt werden könnte. Man kann die Steine mit Silikonkleber fixieren, muss aber dennoch auf die Stabilität achten.

DIE FISCHE

Da inzwischen über 600 verschiedene Cichliden-Arten des Malawi-Sees dokumentiert wurden, ist es nicht ganz einfach, die richtigen für das Aquarium auszusuchen. Manche sind zwar überall im Zoofachhandel erhältlich, aber es kann durchaus sein, dass man jede Woche eine neue Spezies entdeckt. Die Fische der bekanntesten Familie, die *Pseudotropheus*-Arten, werden wegen ihrer vertikalen Streifen auch Zebras genannt. Genau wie Mbunas erreichen Zebras eine Länge von etwa 15 cm.

Cichliden gibt es in zahllosen Farbvariationen und mit unterschiedlichen Körperformen. Interessant sind z. B. die *Cyrtocara*-Arten, insbesondere der Beulenkopf-Maulbrüter (*Cyrtocara moorii*), der seinen Namen der außergewöhnlichen Kopfform verdankt, außerdem die *Melanochromis*-Arten mit ihren hellen horizontalen Streifen und die *Aulonocara*-Spezies, die im Kopfbereich eine auffällige, metallisch blau schimmernde Zone ausbilden. Obwohl die meisten Cichliden-Arten ähnlich groß sind und ähnliche Verhaltensmuster zeigen, sollte man sich vor dem Kauf absichern. Ein besonders großer und aggressiver Fisch wird auch in einem übervölkerten Aquarium problematisch sein (siehe Schaubild). Normalerweise sind die Männchen die aggressiveren Fische, deshalb sollten zwei Männchen derselben oder zweier sehr ähnlicher Spezies nur in einem äußerst geräumigen Aquarium zusammen gehalten werden. Es gibt zwar auch Cichliden, die in jeder Zusammenstellung friedlich bleiben, aber es ist doch sicherer, sich jeweils auf ein Männchen und zwei oder drei Weibchen zu beschränken.

Malawi-See-Aquarium

Eine schöne Wasserlandschaft benötigt keine komplexe Struktur mit umfangreichem Zubehör, wie dieses einfache, aber wirkungsvolle Modell beweist.

Die Lücken zwischen den Steinen bieten für Cichliden willkommene Schlupflöcher.

Eingestreute kleinere Steine und Kiesel zwischen größeren Brocken wirken wie ein Steinschlag.

Plastiknetze verhindern, dass die Cichliden zu tief graben und die Steine lockern.

Kleinere Kiesel als Lückenfüller verbinden die Felsen mit dem Sandboden.

Zerbrochene Steine vermitteln den Eindruck, dass sie zur Hälfte im Sandboden liegen.

Die Felslandschaft muss vorsichtig aufgeschichtet und gegebenenfalls mit Silikonkleber fixiert werden.

Verschiedene Formen und Farben sorgen für eine abwechslungsreiche Landschaft.

Obwohl es so aussieht, als seien diese Steine zufällig platziert, sind sie behutsam in eine stabile Position gebracht worden, damit sie nicht herunterfallen.

Feiner Sand repräsentiert den natürlichen Bodengrund des Sees.

Die größten Steine dienen als Basis, auf die die kleineren gesetzt werden.

In diesem Gebiet ist die Sandschicht stärker, um das Gewicht der schwereren Steine zu tragen.

Eine dunkle Höhle

Der Begriff Höhlenumgebung ist eher allgemein, er bezieht sich auf jede halbwegs große Wassermenge, die von einer Landmasse eingeschlossen ist. Als dunkle Höhle kann also ein einfaches unterirdisches Loch gelten, das nicht größer als ein Haus ist und dessen überschattetes Wasser aus den nahe liegenden Wasserläufen noch von Licht erreicht wird. Fische aus den angrenzenden Flüssen ernähren sich in solchen Gewässern von der üblichen Nahrung, also von Insekten, Schaltieren und im Boden lebenden Kleintieren. Eine Höhle kann sich aber auch weiter in die Tiefe erstrecken, wo das Sonnenlicht nicht mehr hingelangt, und die einzige Sauerstoffquelle in kleinen Luftblasen besteht. Die speziell angepassten Fische finden nur selten den Weg hinaus in die Flüsse. Das Wasser erreicht diese Höhlen häufig über kleine, durch das Gestein verlaufende Rinnsale. Der ursprüngliche Zugang, durch den die Fische einst in die Höhle eindrangen, ist möglicherweise schon lange verschwunden. Weltweit existieren etwa 40 Spezies, die ausschließlich in Höhlen leben, allerdings gibt es viele andere Gattungen, die die Höhlen besuchen.

HÖHLENBILDUNG

Höhlen entstehen durch eine Reihe geologischer Aktivitäten, doch der Großteil bildet sich durch Erosion, Lavafluss oder tektonische Prozesse. Wenn zwei unterschiedliche Gesteinsarten in der Nähe eines Flusses gefunden werden, hat dies häufig mit Erosion zu tun. Weiches Gestein erodiert schnell, es zerfällt in Mineralien, die sich auflösen und vom Wasser weggeschwemmt werden. Härteres Gestein widersteht dem Wasserdruck jedoch viel länger und bleibt über Jahrtausende hin-

In den verborgenen Unterwasserhöhlen herrschen widrige Lebensverhältnisse. Nahrung ist nur schwer zu finden, und die Sinne der Bewohner werden aufs Äußerste beansprucht. Dennoch leben hier viele Fische; einige bleiben nur vorübergehend, andere verbringen hier praktisch ihr ganzes Leben in völliger Dunkelheit.

Lebensraum Höhle

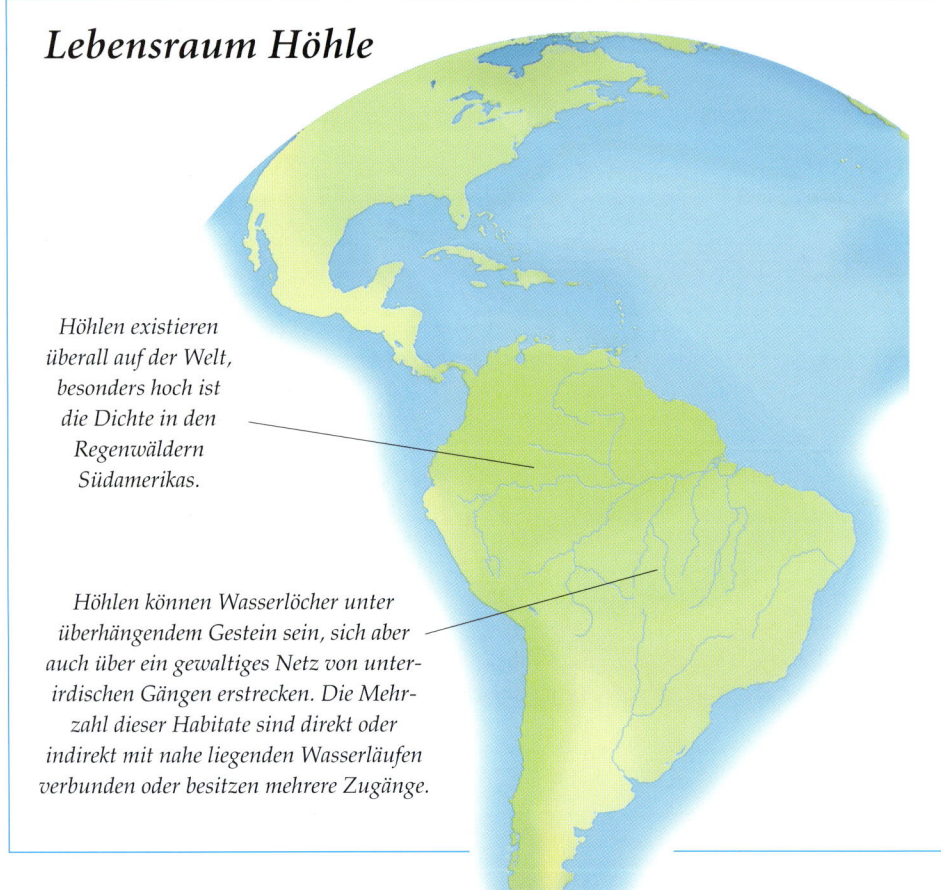

Höhlen existieren überall auf der Welt, besonders hoch ist die Dichte in den Regenwäldern Südamerikas.

Höhlen können Wasserlöcher unter überhängendem Gestein sein, sich aber auch über ein gewaltiges Netz von unterirdischen Gängen erstrecken. Die Mehrzahl dieser Habitate sind direkt oder indirekt mit nahe liegenden Wasserläufen verbunden oder besitzen mehrere Zugänge.

kühlt sich zuerst die oberste Schicht ab, da sie in Kontakt mit der kälteren Atmosphäre und möglicherweise mit Regen kommt, und bildet neues Gestein.

Die darunter liegende Lava fließt jedoch weiter durch den neu entstandenen Kanal. Während die austretende Lava nun langsam an Geschwindigkeit verliert, herrschen in dem abgeschlossenen Kanal immer noch extrem hohe Temperaturen, sodass sie nicht zum Stehen kommt, bevor sie ihn verlassen hat. Diese leeren Kanäle bilden schließlich Höhlen, die sich später mit Regen- oder Flusswasser füllen.

Wo es Vulkanausbrüche und Lavaströme gibt, kommt es auch zu tektonischen Veränderungen. Sie entstehen durch den sich aufbauenden Druck, wenn zwei tektonische Platten zusammenstoßen. Wenn zwei Platten sich aber voneinander entfernen, reißen sie die Erdkruste buchstäblich auseinander und lassen an der Oberfläche Seen und tiefe Gräben entstehen. Dabei können sich auch Höhlen bilden, daher findet man sie häufig in der Nähe von Seen und Teichen, wo ideale Bedingungen für die Ansiedlung von Wassertieren, insbesondere Fischen, herrschen.

BLINDE HÖHLENBEWOHNER

In einer Höhle gibt es nur wenig oder gar kein Licht. Im Allgemeinen existieren in einem großen Höhlensystem mehr Zonen, in denen vollständige Finsternis herrscht, als Stellen, die noch teilweise von Licht erreicht werden. In einem solchen Umfeld nützen gute Augen nichts, deshalb haben viele Fische und andere Höhlenbewohner ihre Sehfähigkeiten teilweise oder vollständig verloren. Ein großer Teil ihrer Hirnaktivitäten wird auf die Verarbeitung von Informationen der anderen Sinne verwendet.

Die Sinne konkurrieren also sozusagen um die Aufmerksamkeit des Gehirns. Ein Höhlenbewohner, der blind ist oder nur sehr schlecht sieht, kann daher die anderen Sinne wie Gehör, Geschmacks- oder Geruchssinn besser ausprägen. Viele der Höhlenfische haben im Vergleich zu ihrer Körpergröße relativ kleine Augen, und manche, wie der Blinde Höhlensalm-

Oben: Diese Ansicht der Rio-Frio-Höhlen im Cayo-Bezirk in Belize zeigt einen Wasserlauf im Zwielicht, der sich schließlich in der Dunkelheit des Höhlensystems verliert. Selbst dort gedeihen Fische und andere Tiere.

weg relativ unverändert. Wenn das Gestein die richtige Zusammensetzung hat, erodiert das weichere Gestein und bildet eine Höhle, die von hartem Gestein umgeben wird und im Lauf der Zeit wächst. Der Wasserstrom muss dafür nicht einmal

sehr stark sein; ein sanfter Fluss reicht völlig aus, um den Prozess zu initiieren, die Erosion beginnt schon, wenn das weiche Gestein gesättigt ist.

Selbst Regenwasser, das über feine Kanäle das harte Gestein durchdringt, führt zu langsamer Erosion, wenn es durch das weiche Gestein sickert.

Viele Höhlen entstanden durch Lavaströme nach einem Vulkanausbruch oder durch ständigen Lavafluss. Wenn Lava (bzw. Magma) über den Erdboden fließt,

Rechts: Der Blinde Höhlensalmler ist ein lebendes Beispiel für die anhaltende Evolution. Da in den dunklen Höhlen gute Sehfähigkeit ohne Nutzen ist, werden sie zwar mit Augen geboren, die aber bald von Haut überwachsen werden, da die Fische sich mehr auf andere Sinne verlassen.

ler, scheinen überhaupt keine Augen zu besitzen.

Ungewöhnlicherweise werden diese Fische mit Augen geboren, die aber mit der Zeit mit Haut und Schuppen zuwachsen. Die Augen sind zwar noch vorhanden und registrieren vielleicht plötzliche Wechsel der Lichtverhältnisse, werden aber nicht mehr aktiv benutzt.

Blinde Höhlensalmler orten Nahrung mithilfe ihres Gehörs, Geruchs- oder Geschmackssinns, während ihr Seitenlinienorgan ihnen das Navigieren erleichtert. Ein Blinder Höhlensalmler ist ein ungewöhnlicher Anblick in einem Gemeinschaftsaquarium; er schwimmt oft pfeilschnell hin und her, ohne jemals die Wände und andere Objekte oder Fische zu berühren, und er erreicht die Nahrung häufig als Erster, obwohl er praktisch vollkommen blind ist.

DIE HÖHLENUNIFORM

Wo Sehfähigkeit unwichtig ist und kaum oder gar kein Licht existiert, werden auch Farben irrelevant. Die in völliger Dunkelheit lebenden Fische und anderen Tiere haben im Lauf der Zeit fast ihre gesamte Pigmentierung und Zeichnung verloren und sind durch Anpassung zu natürlichen Albinos geworden.

Ohne Pigmente erscheinen die Fische in einer blassrosa, fleischigen Farbe, die je nach Fett- und Muskelanteil leicht variiert. Auch einige Schaltiere leben in Höhlen, hauptsächlich Krebse, die ebenfalls keine Pigmente besitzen. Diese Tiere sind

jedoch meist weiß, da ihre Außenskelette zum Großteil aus Kalzium bestehen.

NAHRUNGSKETTEN

Damit komplexe Tiere wie Fische und Krebse ein Ökosystem besiedeln können, muss ausreichend Nahrung vorhanden sein. Fast alle Tiere sind Teil einer Nahrungskette, an deren Beginn die Vegetation bzw. genau genommen die Sonne steht. Pflanzen und Algen ziehen ihre Energie aus Licht und Nährstoffen. Diese Pflanzen werden zu Nahrung für andere Tiere, die wiederum Rückstände produzieren, von denen sich Bakterien und Kleinstlebewesen ernähren, die zu Futter für größere Spezies werden usw. So entsteht schließlich eine komplexe Nahrungskette, an der Hunderte oder gar Tausende von Spezies eines Lebensraums oder Ökosystems beteiligt sind.

Die Dunkelheit in den Höhlen unterbindet jedoch jegliches Pflanzenwachstum, daher scheint es zunächst unwahrscheinlich, dass dort Tiere überleben können. Möglich wird dies durch mikroskopisch kleine Bakterien, die auf den Materialien leben, die nie mit Sonnenlicht oder Vegetation in Berührung gekommen sind. Manche Bakterien leben auf Mineralien, die in dem Gestein der Umgebung enthalten sind.

Besonders gut gedeihen Bakterien und andere Mikro-Organismen auf schwefelhaltigem Gestein, das häufig bei Vulkanausbrüchen anfällt und sich in „jungem" Gestein findet. Diese Bakterien und Mikro-

Organismen werden später von winzigen Tieren wie Amphipoden und kleinen Shrimps gefressen, von denen sich wiederum größere Tiere wie z. B. Fische ernähren.

Manche Landtiere leben in Höhlen mit mehreren Ausgängen, z. B. Fledermäuse. Man findet sie in zahlreichen Höhlen, die sie nur während der Nacht verlassen. Fledermäuse bilden häufig Kolonien von mehreren tausend Tieren, die große Mengen Abfall produzieren. Gelegentlich fällt auch ein totes Jungtier herunter.

Diese Abfälle fallen in das Wasser der Höhlen, wo sie Bakterien und Mirko-Organismen mit lebenswichtigen Nährstoffen versorgen, sodass indirekt auch das Überleben der Fische gesichert wird. Andere Höhlen werden häufig von kleinen Vögeln und Insekten besucht, die unbeabsichtigt weitere Energie- und Nahrungsquellen bilden.

NAHRUNGSSUCHE

Wie gesagt, können Fische auch mit anderen Sinnen als der Sehfähigkeit Nahrung aufspüren. Viele Höhlenfische besitzen einen besonders stark ausgeprägten Geruchs- und Geschmackssinn sowie ein ausgezeichnetes Gehör, um in der Dunkelheit überleben zu können. Zudem haben sie zusätzliche Rezeptoren für den Geruchssinn, häufig auch vergrößerte Nasengruben. Der Geruchssinn mancher Arten ist zwei- bis dreimal so ausgeprägt ist wie der anderer Fische – sogar von Raubfischen. Die beste Anpassungstechnik der Fische besteht jedoch in ihrem Seitenlinienorgan, das Druckveränderungen im Wasser registriert. Manche Höhlenfische besitzen ein hoch entwickeltes Seitenlinienorgan, sie spüren Bewegungen in der Nähe, etwa von Räubern oder Beutetieren, und reagieren auf Veränderungen des Wasserdrucks.

Andere Fische erzeugen zum selben Zweck ein elektrisches Feld. Wenn ein solches Feld durch Wasser, Stein oder auch ein anderes Tier dringt, stößt es je nach Dichte des Objekts auf unterschiedliche Widerstände. Fische, die die Fähigkeit entwickelt haben, durch Muskelkontraktion Spannung zu erzeugen, können selbständig ein elektrisches Feld um ihren Körper herum aufbauen. Wenn das Feld z. B. auf Gestein trifft, registriert der Fisch die Veränderung des Feldes und erkennt dadurch, dass es sich um Gestein handelt. Wie ein Radar zeigen die elektrischen Felder den Fischen, wo sich Objekte befinden, wobei das Seitenlinienorgan dieselbe Funktion hat. Die elektrischen Felder dienen hauptsächlich

Farblich passende Substrate wie dieser schwarze Kies schaffen eine dunkle, geheimnisvolle Atmosphäre.

der Beutesuche, die in diesem Umfeld nicht einfach ist.

EIN HÖHLENAQUARIUM

In der Tiefe der Höhlen existiert kaum mehr als Wasser, Dunkelheit und viel leerer Raum, was sich nicht gerade zur Nachahmung im Aquarium anbietet. In der Nähe des Höhlenausgangs oder durch Löcher kann jedoch Licht einfallen, sodass sich einige Pflanzen entwickeln können. Unser Modell soll den Eindruck einer Höhlenwand vermitteln, aber dennoch lebendig und interessant sein.

DER BODENGRUND

Bei diesem Aquarium hat man mehrere Möglichkeiten, vor allem muss aber eine dunkle Oberfläche entstehen, die direkt in die „Höhlenwand" übergeht. Feiner Sand ist die ideale Basis für das leichte, poröse Lavagestein. Allerdings ist der Sand ziemlich hell, deshalb kann man schwarzen Kies darüber schichten, der dem Gestein in Farbe und Struktur ähnelt. Der Sand ist so fast vollständig verdeckt, und die wenigen sichtbaren Flecken lenken zusätzlich Aufmerksamkeit auf die dunkleren Bereiche. Man kann natürlich jedes dunkle Substrat einsetzen, es sollte jedoch dem Gestein für die Wände ähneln.

Wenn man so verfährt, benötigt man kein zusätzliches Substrat oder

nur sehr wenig, um einige Lücken aufzufüllen.

DIE HÖHLENWAND

Man kann alle möglichen Gesteinsarten für Wände und Überhänge verwenden, allerdings ist das hier eingesetzte Lavagestein bei weitem am leichtesten zu verarbeiten. Lavagestein ist extrem porös, daher sehr leicht und einfach zu stapeln. Selbst wenn man große Mengen verwendet, besteht für das Becken keine Gefahr der Beschädigung, und es wird auch nicht zu schwer. Außerdem schafft die dunkle, rot-graue Tönung des Gesteins eine sehr authentische Atmosphäre in diesem Aquarium.

Die Steine müssen in mehreren Schichten eingebracht werden, noch bevor das Becken mit Wasser gefüllt wird. Zunächst klebt man die Steine, die die Rück- und Seitenwände bilden, mit Silikonkleber zusammen und befestigt sie dann an den Glaswänden, wo sie trocknen können.

Für den Aufbau von Überhängen legt man das Aquarium anschließend auf die Rückwand. So kann man einen Überhang vertikal fertigen und fixieren, bevor man das Aquarium wieder aufstellt. Der Silikonkleber muss mehrere Tage trocknen. In dem gezeigten Modell erstreckt sich der Überhang über beide Seitenwände sowie die Rückwand und reicht in der Mitte bis in den Vordergrund. Bei entsprechender Beleuchtung wirken die helleren Bereiche wie Löcher in der Höhlendecke, die von schattigeren Zonen umgeben sind.

DIE PFLANZEN

Obwohl diese Landschaft eher karg wirken soll, wäre sie ganz ohne Pflanzen

Lavagestein ist sehr porös und leicht und daher einfach auseinander zu brechen. Es eignet sich ausgezeichnet für den Bau von Felslandschaften.

In dieser Landschaft sind Pflanzen kaum vertreten. Kleinwüchsige Cryptocorne-Arten gedeihen auf den Felsüberhängen über der Höhle.

doch etwas eintönig. Die Pflanzen werden hier besonders sorgsam gesetzt, um nicht von dem Höhleneffekt abzulenken, sondern ihn zu verstärken.

Lavagestein ist übrigens eine gute Basis für verschiedene Wasserpflanzen wie die *Anubias*-Arten und einige Farne oder für kleinere Pflanzen wie die hier eingesetzten *Cryptocoryne*-Arten. All diese Pflanzen wurzeln und gedeihen auf Lavagestein. Bei den *Cryptocoryne*-Arten handelt es sich um niedrige, kleine Pflanzen, die um die „Löcher" im Überhang gruppiert werden, wo das Licht sie erreichen kann. Dadurch entsteht ein interessanter Kontrast zwischen ober- und unterirdischer Landschaft. In den weniger aufgehellten Regionen kann man auf dem Bodengrund etwas größere Pflanzen einsetzen, z. B. *Vallisneria americana*. Ihre länglichen, gedrehten Blätter können viel Licht auffangen und erwecken den Eindruck opportunistischen Wachstums.

DIE FISCHE

Es gibt eine ganze Reihe von Höhlenfischen, aber nur wenige sind im Handel erhältlich. Um ein attraktives Aquarium zu schaffen, kann man auch ein bisschen mogeln und Albinos verbreiteter Fischarten einsetzen, die normalerweise nicht in Höhlen vorkommen. Sie können die pigmentfreien Höhlenfische vertreten. Relativ leicht sind Albinos der Sumatrabarbe (*Puntius tetrazona*), des Glühlichtsalmlers (*Hemigrammus erythrozonus*), der Antennenwelse (*Ancistrus spp.*) und der Schwielenwelse zu bekommen.

Man kann jedoch auch einige echte Höhlenfische erwerben, der bekannteste darunter ist der Blinde Höhlensalmler (*Astyanax fasciatus mexicanus*). Der widerstandsfähige, anpassungsfähige und aktive Fisch wird selten größer als 8 cm. In kleineren Höhlen findet man einige Molly-Arten (vor allem *Poecilia sphenops* und *Poecilia mexicana*), die sich auch gut für ein Aquarium eignen. Es gibt

sie in verschiedenen Farben, die beste Wirkung im Kontrast zu den hellen Albinos in diesem Aquarium ergibt sich jedoch durch den Einsatz der schwarzen Spezies.

In einem Höhlenaquarium kann man viele verschiedene Höhlenfische halten. Zu den bekannteren gehört der Albino-Froschwels (*Clarias batrachus*) und der ebenso blinde Höhlenwels (*Clarias cavernicola*). Allerdings werden diese Fische bis zu 50 cm bzw. 28 cm groß, und sie fressen alle kleineren Fische, man benötigt also ein großes Aquarium.

Eine gute Alternative sind die *Hoplosternum*-Arten. Sie sind zwar eigentlich keine Höhlenfische, besitzen aber die

Unten: Der Albino-Froschwels (Clarias batrachus) *benutzt seine empfindlichen Barteln, um sich zu orientieren und Nahrung aufzufinden. Dieser Fisch wird relativ groß, man benötigt also ein Aquarium mit reichlich Versteckmöglichkeiten.*

typisch kleinen Augen und schwach ausgeprägte Sehfähigkeit.

Ebenfalls sehr reizvoll sind Sumpfaale und Salamander. Sumpfaale sind keine echten Aale, sehen ihnen aber sehr ähnlich und leben bevorzugt in Höhlen. Am häufigsten ist *Synbranchus infernalis*, aber es sind auch andere Arten erhältlich. Salamander, insbesondere der Höhlensalamander (*Proteus anguinus*), auch Weißer Salamander genannt, sind sehr ungewöhnliche und für jedes Aquarium lohnende Amphibien.

In seiner natürlichen Höhlenumgebung bildet dieser Salamander weder Augen noch Pigmente aus. Wenn man ihn jedoch längere Zeit dem Tageslicht aussetzt, entwickeln sich die Augen sehr schnell und die Haut erhält eine bräunliche Färbung. Dieses Tier ist ein gutes Beispiel dafür, welche Möglichkeiten die Evolution einzelnen Spezies lässt, sich an unwirtliche Lebensbedingungen wie die einer dunklen Höhle anzupassen. Angeblich wird der Salamander über 100 Jahre alt und kann mehrere Jahre ohne Futter auskommen. Salamander nutzen häufig elektrische Felder zur Orientierung, Kommunikation und Nahrungssuche. Jede Salamander-Art eignet sich für diese Aquarienlandschaft.

Oben: *Zitterwelse* (Malapterurus spp.) *generieren elektrische Felder um ihren Körper, um Objekte zu lokalisieren und Beute zu lähmen. Viele Höhlentiere können kleine elektrische Felder erzeugen, aber kaum eines ist so stark wie das dieses Welses.*

Links: *Der Grottenolm* (Proteus anguinus) *ist ein Höhlensalamander mit rosafarbenen Kiemen und den typischen Merkmalen eines Albinos. Der Pigmentmangel und das Fehlen der Augen werden nur offenbar, wenn er in ständiger Dunkelheit gehalten wird.*

155

Dunkles Höhlenaquarium

Der Bau der Felslandschaft ist der aufwändigste Aspekt dieses Aquariums. Das Ergebnis verbreitet jedoch eine einzigartige, magische Atmosphäre.

Kleine Fische und Welse verstecken sich bevorzugt zwischen den Felsspalten.

Die um den Überhang platzierten Cryptocoryne-Pflanzen repräsentieren die Vegetation über der Höhle.

Überhängendes Gestein blockiert das Licht für mehrere Bereiche des Beckens und schafft eine düstere Atmosphäre.

Größere Steine bilden die Basis für die steile Felswand. Das leichte Lavagestein sollte mit Silikonkleber fixiert werden.

Diese kleine Vallisneria-Art wächst am besten in Bereichen, in die das Licht vordringen kann.

Nicht alle Pflanzen gedeihen auf Stein. Kleinere Arten sind im Allgemeinen besser geeignet, Fehlschläge jedoch nicht ausgeschlossen.

Die zwei kleinen Öffnungen im Überhang eignen sich ideal für kleinwüchsige Pflanzen.

Ein bisschen zusätzlicher Kies erleichtert Pflanzen das Wurzeln und Wachsen.

Die Dunkelheit in bestimmten Zonen lenkt die Aufmerksamkeit auf andere Bereiche und auf die Pflanzen.

Der sandige Grund stützt die Steine, eine Schicht schwarzer Kies betont dagegen die dunkle Atmosphäre dieses Aquariums.

Kleinere Lavabrocken auf dem Bodengrund markieren herabgefallenes Gestein.

Flüsse in Südostasien

In den Regenwäldern Südostasiens und Indonesiens existiert eine üppige Tier- und Pflanzenvielfalt. Die Regenwälder erstrecken sich über eine in viele Fragmente zerrissene Landmasse, sodass in den Inselregionen im Gegensatz zu Afrika und Südamerika keine größeren Flussbecken entstanden sind. Durch die schweren Regenfälle während der Regenzeit und die Speicherkapazität des Waldes bilden sich aber dennoch während des ganzen Jahres viele Flüsse, Teiche und andere Wasserläufe in den Waldgebieten. Fast alle Flüsse bestehen permanent, doch Regen- und Trockenzeiten sorgen für starke Schwankungen des Wasserstands. Für flache Flüsse kann ein Absinken des Wassers um nur 30 cm bis 2 m weniger Breite bedeuten.

Das ständige Waldwachstum sorgt für eine nährstoffreiche oberste Bodenschicht, auch wenn diese häufig relativ dünn ist. Da der Lehmboden außerdem in vielen Regionen sehr eisenhaltig ist, bieten sich ideale Bedingungen für Pflanzen. Die dichte Vegetation ober- und unterhalb der Wasserlinie bietet vielen Kleintieren und Fischen Lebensraum mit einem reichen Nahrungsangebot für kleinere Fischarten. Im flachen und gleichmäßig fließenden Wasser leben weniger große Fische, überdies gibt es kaum Räuber. Tatsächlich sind die zahlreichen Vogelarten, die den Wald bevölkern, für die Fische eine größere Gefahr als alles, was unter Wasser lebt. Die außerordentlich gut angepassten Fische in diesen Flüssen tarnen sich, leben in Schwärmen und verstecken sich unter den Pflanzen, um den Räubern aus der Luft auszuweichen.

ÜBERLEBEN DER PFLANZEN

Der Nährstoffreichtum der Flussbetten, der ständig durch herabfallendes Material von den Bäumen ergänzt wird, und das relativ flache Wasser bieten vielen Wasserpflanzen ideale Bedingungen. Andererseits können viele Pflanzen unter diesen Verhältnissen nicht existieren, daher beschränkt sich die Vegetation in den Flüssen auf jene Spezies, die am besten auf die Gegebenheiten eingestellt sind. So können große Pflanzen in dem dünnen Substrat kaum wurzeln, während die überhängende Vegetation viel Lichteinfall blockiert und das fließende Wasser für viel Sauerstoff, aber wenig Kohlendioxid sorgt. Obwohl die Natur also viele Nährstoffe für die Pflanzen bereit hält, können nur langsam wachsende Pflanzen, die wenig Kohlendioxid und Sonnenlicht zur Photosynthese benötigen, daraus einen Nutzen ziehen.

Viele Flüsse werden von *Cryptocoryne*-Arten dominiert. Diese kleinen Pflanzen gedeihen sowohl an schattigen Plätzen als auch im offenen Wasser und sie leiden aufgrund ihres langsamen Wachstums nicht unter dem Mangel an Kohlendioxid.

Cryptocoryne-Arten, die am Flussufer wachsen, haben häufig braune Blätter; besonders dicht werden sie in Regionen

Südostasiatische Flüsse

Die Wasserläufe der asiatischen Landmasse sind häufig mit größeren Flüssen verbunden.

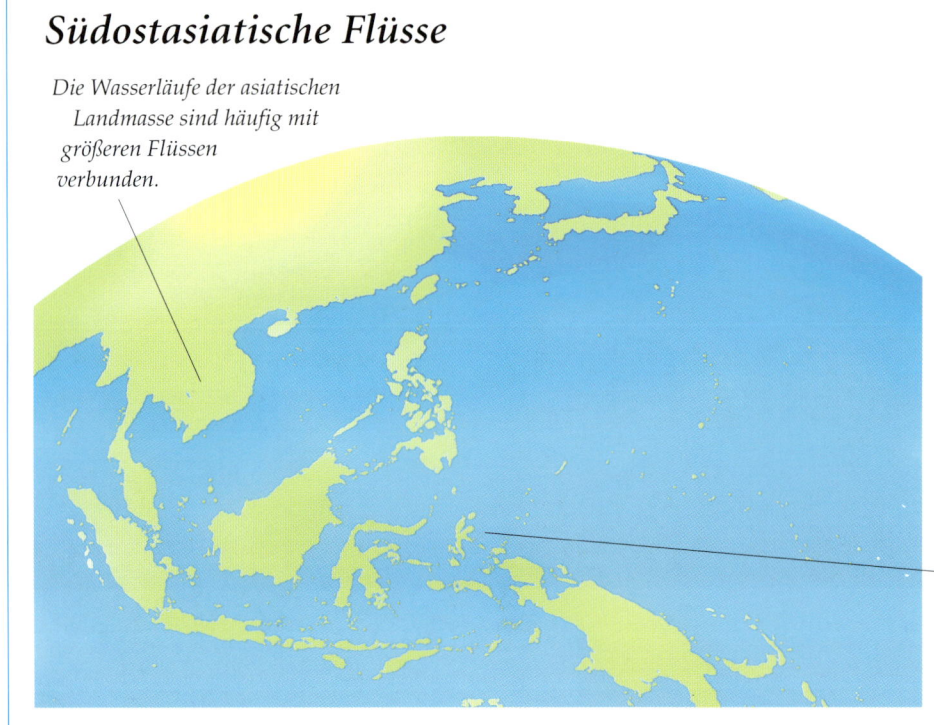

Die Flüsse in den Regenwäldern sind Heimat zahlloser vielfältiger Wasserpflanzen und Fische. Es gibt nur wenige große Fische; vielmehr wird die Unterwasserwelt von kleinen Rasboras und Barben bestimmt, die sich unter den üppigen Cryptocorynen und in dem willkommenen Schatten der überhängenden Vegetation verstecken.

Die Indonesischen Inseln sind reich an Flüssen und Sümpfen, die von Regenwald umgeben sind. Manche Fischarten leben nur auf bestimmten Inseln.

mit niedriger Fließgeschwindigkeit und
dort, wo Unterwasserquellen für überdurchschnittlich viele Nährstoffe sorgen.
Hier nehmen die Pflanzen so viel Raum
wie nur möglich ein, sodass eine Art
kleiner Unterwasserdschungel entsteht,
in dem viele kleine Fische und Aufwuchsfresser leben. In der Mitte des Flusslaufs,
wo der Lichteinfall am größten ist, wachsen in dem langsam bewegten Wasser
und/oder wo der Bodengrund zwischen
den Steinen und den abgestorbenen
Waldrückständen tiefer ist, viele grün-
blättrige Pflanzen in Gruppen.

LANGSAMES UND SCHNELLES WACHSTUM

Zwar beherrscht die *Cryptocoryne*-Familie
die meisten Flüsse, aber auch die *Aponogeton*-Arten sind unter den Wasserpflanzen stark vertreten. Wegen ihrer Fähigkeit, sich an veränderlichen Wasserstand
anzupassen, eignen sich beide Pflanzen-
familien ausgezeichnet für die Ströme
Südostasiens. Wenn das Wasser zu Beginn der Trockenzeit sinkt, verfallen viele
Pflanzen in eine Art Ruhezustand und
überleben als Uferpflanzen über der
Wasseroberfläche. Manche *Aponogeton*-
Arten werfen all ihre Blätter ab, wenn das
Wasser zurückgeht, sodass nur noch die
Knollen und/oder Zwiebeln übrig bleiben. Sobald die Verhältnisse sich bessern,
treiben diese wieder aus und produzieren
neue Blätter.

Abseits der Flüsse gedeihen viele Farne,
darunter auch der bei Aquarianern beliebte Javafarn (*Microsorium pteropus*).

*Die Familie der kleinen, langsam
wachsenden* Cryptocorynen *dominiert
die flachen Gewässer und Flüsse
Südostasiens.*

*Oben: In diesem kleinen Bach auf Borneo leben alle
Fischarten, die auch in den angrenzenden Flüssen zu
finden sind. Tiefer Schatten und helles Sonnenlicht
lassen Pflanzen sowohl in hellen als auch in dunklen
Bereichen wachsen.*

Farne gedeihen auch auf Holzstämmen und auf Steinen, wo andere Pflanzen nicht wurzeln können. Bei hohem Wasserstand wachsen sie sehr üppig, wenn das Wasser jedoch fällt, müssen sie der Luft und dem Morgentau Feuchtigkeit entziehen, sodass ihr Wachstum stark eingeschränkt wird.

An den Flussufern der Feuchtgebiete ist auch sehr viel Bambus zu finden. In dieser Region erreichen die Bambuspflanzen innerhalb nur eines Tages eine erstaunliche Höhe von bis zu 115 cm. Die ungewöhnliche Pflanze beherrscht viele Gebiete des Regenwalds.

ANSPRUCHSLOSE FUTTER-VERWERTER
Vielen Fischen liefert der Wald den Großteil ihrer Nahrung. Sie besteht hauptsächlich aus Insekten und einigen Früchten oder Samen, die in den Fluss fallen oder vom Regenwasser hineingespült werden. Die flachen, dicht bewachsenen Flussbetten sind ideale Brutstätten für Insekten und ihre Larven. Die Waldrückstände, die dem Fluss ständig zugeführt werden, sorgen außerdem dafür, dass Kleinlebewesen in den Flüssen fortwährend organisches Material zersetzen. Diese sind im Übrigen wichtige Nahrungsquellen für Jungfische und Mittwasserfische. Viele in den Flüssen lebende Fischspezies sind Allesfresser, die jede Nahrung verschlingen, die sich ihnen bietet. Vor allem Schmerlen und die ihnen ähnlichen Karpfenfische, darunter auch so beliebte Arten wie der Feuerschwanz-Fransenlipper

(*Labeo bicolor*), der Grüne Fransenlipper (*Epalzeorhynchos frenatus*) und die Rüsselschmerle (*Acanthopsis choirorhynchus*), ernähren sich von Kleintieren, die sie im Flussbett finden. Wenn diese Nahrungsquelle versiegt, verlegen sie sich stattdessen auf Algen, die im sonnendurchfluteten Wasser wachsen.

ASIATISCHES FLUSS-AQUARIUM
Für diese Landschaft ist vor allem eine Atmosphäre dicht gedrängten Pflanzenwachstums wichtig, wie sie auch an den Flussufern besteht. Dafür setzt man eine größere Menge *Cryptocorynen* ein, die, für etwas mehr Abwechslung und Kontrast, mit einigen *Aponogeton*-Arten versetzt werden.

Jati-Holz und Bambus grenzen einzelne Bereiche des Beckens ein und sind vor dem ansonsten leeren Hintergrund besonders wirkungsvoll. Die dicht bepflanzten Gebiete eignen sich vor allem für die kleineren Schwarmfische, während gründelnde Fische wie Schmerlen gerne die Verstecke in Anspruch nehmen, die ihnen die Dekoration und der unterschiedliche Bodengrund bieten.

BODENGRUND
Die Kombination verschiedener Substrate vermittelt in diesem Aquarium den Eindruck eines Flussbetts. Die Basis besteht aus mittelfeinem und feinem, kalkfreien Kies, Steinen, roten Kieseln und Bruchstücken von Moorkienholz. Dadurch erhält das Substrat eine etwas dunklere, „herbstliche" Tönung. In den südostasia-

tischen Wasserläufen erscheint der Bodengrund wegen des eisenhaltigen Lehmbodens und der Waldrückstände häufig rötlich-braun. Kiesel und Moorkienholz geben dem Bodengrund mehr Struktur und lassen ihn authentischer erscheinen. Angesichts der großen Zahl von Pflanzen in diesem Aquarium lohnt sich auch eine zusätzliche Nährstoffgabe in den bepflanzten Bereichen. Obwohl diese Pflanzen relativ unempfindlich sind, sollte man die Zugabe von Kohlendioxid- und Flüssigdünger in Betracht ziehen. Der Dünger sorgt dafür, dass die Pflanzen nicht nur überleben, sondern auch gedeihen.

JATI- UND MOORKIENHOLZ
Mehrere kleine Stücke Jati-Holz beleben diese Aquarienlandschaft, obwohl sie zum größten Teil von Pflanzen verdeckt werden. Das Holz wurde in etwa zwei Drittel der Beckentiefe in einer Reihe ausgelegt, als handele es sich um die zerbrochenen Überreste einer alten Baumwurzel oder eines Baumstamms. Das Holz fungiert außerdem als optische Trennung des Vorder- und Hintergrunds. Um das Holz herum eingesetzte Pflanzen schaffen einen Übergang und verleihen der Anlage ein natürlicheres Aussehen. Das größere Jati-Bruchstück in der dicht bepflanzten Ecke des Aquariums dient hauptsächlich dazu, den Pflanzen in diesem Bereich mehr Halt und Gelegenheit zum Wurzeln zu geben.

Moorkienholz macht das Wasser weich und leicht sauer, ideale Bedingungen für die Fische, die darin leben sollen. Außerdem verfärbt sie das Wasser und verleiht ihm eine gelblich-braune Tönung, die an schwarzen Tee erinnert. Man kann das Wasser durch chemische

Links: Der Feuerschwanz-Fransenlipper (Labeo bicolor) *zeigt eine einfache, aber dennoch auffallende Färbung, die man bei Fischen dieser Region häufig findet.*

Verschiedene Bambusgrößen schaffen im Aquarium ein typisches „asiatisches" Flair.

Filter entfärben, nimmt dem Aquarium damit aber auch etwas Authentizität.

BAMBUS

Zwei unterschiedlich große Bambusarten werden für diese Aquarienlandschaft verwendet, man kann aber auch noch mehrere andere Größen benutzen. Das kleinere Bambusrohr wird auf beliebige Länge geschnitten und locker im ganzen Becken verteilt. Nach einer Weile beginnt der Bambus zu verrotten, er wird dunkelbraun und bildet eine dünne Schleimschicht aus. Man sollte das Bambusrohr

Die ungewöhnliche Blattform der Cryptocoryne balansae *verleiht der Landschaft mehr Abwechslung.*

vor dem Einsatz versiegeln, um den Zerfallsprozess zu verhindern. Da Bambus jedoch relativ preisgünstig ist, kann man ihn auch einfach alle paar Monate auswechseln. Im Übrigen wird das Aquarium dadurch optisch etwas abwechslungsreicher. Größere Stücke faulen schneller, wenn sie unbehandelt sind, und sie könnten bei regelmäßigem Austausch doch etwas teuer werden, deshalb sollte man sie auf eine Länge schneiden, die freien Zugang in das Innere des Holzes gewährt, und es ansonsten so behandeln wie auf S. 32 beschrieben.

Möglicherweise muss man mehrere Lackschichten auftragen. Verwenden Sie keine gefärbten Lacke, da diese Chemikalien enthalten, die für Fische und Pflanzen schädlich sind.

Bambus ist ein sehr trockenes Holz – im Gegensatz zu dem stark wasserhaltigen Moorkienholz –, es schwimmt sehr leicht auf. Damit dies nicht geschieht, befestigt man es mit Silikonkleber auf einem flachen Stein, der in das Substrat versenkt wird. Als ebenso einfache wie wirkungsvolle Alternative kann man auch einfach einen möglichst großen Stein in das Bambusrohr hineindrücken, dessen Gewicht den Bambus unter Wasser hält.

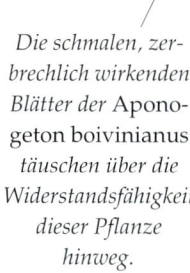

Die schmalen, zerbrechlich wirkenden Blätter der Aponogeton boivinianus *täuschen über die Widerstandsfähigkeit dieser Pflanze hinweg.*

BEPFLANZUNG

Das wichtigste Element dieses Aquariums – die zahlreichen *Cryptocorynen* –, ist ein dichter Mini-Dschungel unter Wasser. Die Pflanzen sollten sich in Farben und Blattformen unterscheiden. Einzeln eingesetzte Pflanzen schaffen mehr Natürlichkeit, Gruppen einen dramatischeren Effekt. Besondere Beachtung verdienen die beiden kontrastierenden Pflanzengruppen an den Seiten des Beckens. Einen Teil des Vordergrunds nimmt eine Gruppe kleiner, heller *Cryptocorynen* mit olivgrünen Blättern ein, während die andere aus größeren, grünblättrigen Pflanzen besteht, die zur Wasseroberfläche streben. Die größeren Pflanzen sind sorgfältig um ein vertikal aufgestellte Stück Jati-Holz platziert, das als Rankhilfe dient. Die Wurzeln dieser Pflanzen befinden sich nicht im Substrat, sondern in Töpfen, die in Dreiviertelhöhe des Aquariums angebracht sind.

161

Solche Töpfe sind zwar nicht gerade ideal für die Pflanzen, aber die *Cryptocorynen* werden dennoch gut gedeihen. Solange ausreichend Flüssigdünger vorhanden ist, bleiben sie gesund und wachsen. Einen ähnlichen, aber nachhaltigeren Effekt erzielt man, wenn man ein großes Bambusstück als „Blumenkasten" verwendet. Füllen Sie einen Teil des Bambus mit feiner Pflanzenerde oder einem Gemisch aus kalkfreiem Kies und nährstoffreichem Substratzusatz. Schneiden Sie einige Löcher in das Bambusrohr, die gerade groß genug sind, um einzelne Pflanzen aufzunehmen. Wenn die Pflanzen an Ort und Stelle sind, stellen sie das Bambusrohr vertikal ins Aquarium, sodass die Pflanzen aus dem Kopfende und den Löchern herauswachsen.

Wir haben dem Aquarium auch einige *Aponogeton*-Spezies beigefügt: *A. madagascariensis*, *A. boivinianus* und *A. crispus*. Diese Pflanzen können einzeln im Vordergrund platziert, quasi als Vertreter einer Gattung, oder mit den *Cryptocorynen* in Gruppen angeordnet werden. Viele *Aponogeton*-Arten tragen einzigartig geformte Blätter, die das ansonsten von *Cryptocorynen* dominierte Bild etwas auflockern. Geeignet sind auch *Hygrophila*-

Arten, doch im Allgemeinen reichen *Cryptocorynen* und *Aponogeton spp.* für eine eindrucksvolle Landschaft aus.

SCHWARMFISCHE

Die häufigsten Fischspezies in Südostasien sind kleine Barben und Rasboras. Beide Arten sind lebhaft und relativ friedlich, auch wenn es gelegentlich zu kleineren Belästigungen kommen kann. Durch Schwarmhaltung lässt sich dieses Problem normalerweise vermeiden. Die beliebten Sumatrabarben (*Puntius tetrazona*) sind berüchtigt dafür, andere Fische zu plagen, sie halten sich aber zurück, wenn sie in Gruppen von sechs oder sieben Exemplaren gehalten werden. In der Natur leben diese Fische ebenfalls in Gruppen. Dort kommt es regelmäßig zu „Schaukämpfen", in denen die Hierarchie festgelegt wird. Dabei kann es auch zu Flossenbeißereien kommen. Hält man die Gruppe der Fische klein, können sie ihre Schaukämpfe nicht durchführen und richten ihre Aggressionen deshalb auf andere Fische. Sumatrabarben sind in verschiedenen Tönungen erhältlich, die zwar nicht den natürlichen Farben entsprechen, aber im Aquarium wunderschön aussehen. Weitere geeignete kleine Bar-

ben sind die Bitterlingsbarbe (*Puntius titteya*), deren Männchen ein faszinierendes, tiefes Rot tragen, und die kleine Fünfgürtelbarbe (*Puntius pentazona*), ein friedvoller Fisch, der sich in kleineren Gemeinschaften und Aquarien wohl fühlt.

Bei Aquarianern beliebt sind auch die Rasbora-Arten Keilfleckbärbling (*Rasbora heteromorpha*) und der größere Glasbärbling (*Rasbora trilineata*). All diese kleinen Schwarmfische bewegen sich im Mittelbereich des Wassers, wo sie pfeilschnell durch die dichte Vegetation schießen.

Von den Schmerlen halten sich einige Arten lieber am Bodengrund auf, wo sie das Algenwachstum kontrollieren. Zu den wirkungsvollen Algenfressern gehö-

Oben: Die Rüsselschmerle (Acanthopsis choirorhynchus) *ist ein lebhafter Aufwuchsfresser, aber friedlich genug, um mit anderen Schmerlen zusammenzuleben. Bei Gefahr gräbt sie sich im Bodengrund ein.*

Rechts: Ihr friedliches Wesen, ihre geringe Größe und die auffallende Färbung machen die Bitterlingsbarbe zu einem hervorragenden Aquarienfisch. In der richtigen Umgebung erscheinen die Männchen tiefrot.

Oben: *Die Schönflossen-Rüsselbarbe* (Epalzeorynchos kallopterus) *ist ein guter Algenfresser, kann sich aber gegenüber Artgenossen und Schmerlen aggressiv verhalten. Ausreichend Verstecke anbieten .*

ren auch die Siamesische Saugschmerle (*Gyrinocheilus aymonieri*), Schönflossen-Rüsselbarbe (*Epalzeorhynchos kallopterus*) und Siamesische Rüsselbarbe (*Crossocheilus siamensis*); außerdem auch die als Schmerlen gehandelten Feuerschwanz-Fransenlipper (*Labeo bicolor*), Grüner Fransenlipper (*E. frenatus*) und Rüssel-schmerle (*Acanthopsis choirorhynchus*).

Leider ist von all diesen Arten nur die Rüsselschmerle friedlich genug, um in Gruppen gehalten zu werden. Die anderen entwickeln ein ausgeprägtes Territorialverhalten und verhalten sich aggressiv, allerdings nur untereinander, nicht gegenüber anderen Spezies wie Barben, Tetras, Welsen und Rasboras. Normalerweise sollte man daher nur eine Schmerle halten, es sei denn, das Becken ist größer als 120 cm – eine Ausnahme ist natürlich die Rüsselschmerle, die zusammen mit anderen Schmerlen gehalten werden kann.

Südostasiatischer Fluss

Durch das Einsetzen von Pflanzengruppen, aber auch unterschiedlicher verstreuter Einzelpflanzen entsteht ein echter Unterwassergarten.

Diese Cryptocorynen werden nicht im Bodengrund, sondern übereinander angeordnet.

Größere Bambusstücke werden mit Steinen beschwert.

Kleinblättrige Pflanzen werden eng zusammengesetzt, damit sie dichter wirken.

Das Substrat besteht aus Kies und Kieselsteinen, so entsteht der Eindruck eines Flussbetts.

Einige Pflanzen wie diese Aponogeton madagascariensis *stehen allein.*

Verschiedene Cryptocorynen *sorgen für Farbenreichtum und unterschiedliche Schattierungen der Vegetation.*

Großblättrige Pflanzen werden im Hintergrund platziert, sodass ein optisches „Gefälle" entsteht.

Zwischen den Cryptocorynen *stehen einzelne* Aponogeton-*Arten, um den Hintergrund abwechslungsreicher zu gestalten.*

Die dicht bewachsenen Bereiche unterbricht Bambusrohr, das auf unterschiedliche Längen gestutzt wurde.

Wegen des Pflanzenreichtums sollte ein nährstoffreicher Substratzusatz beigemischt werden.

Mit der Zeit breiten sich die Pflanzen aus. Da nicht alle Pflanzen gleich erfolgreich sind, verändert sich das Aussehen des Beckens ständig.

Südostasiatische Sümpfe

Die einzigartigen Lebensräume in den Sumpfgebieten Südostasiens beherbergen Fische, die spezielle Methoden des Jagens, der Nahrungsaufnahme und zur Fortpflanzung entwickelt haben. In den meisten Sumpflandschaften herrscht über und unter Wasser dichte Vegetation. In flachen Regionen wachsen Uferpflanzen, Schilf und Bambus an den Ufern der Sümpfe, häufig in der Nähe von Trockengebieten. Trockene „Inseln" sind in Sumpfgebieten recht häufig, Bäume und große Büsche sorgen dort für Schatten und bieten etwas Schutz. Im offenen Wasser wuchert ein buntes und undurchdringliches Gemisch von Wasserpflanzen, Schwimmpflanzen und Schilfgräsern. Unter der Oberfläche ist das Wasser häufig schlammig und durch die reiche Vegetation vom Sonnenlicht abgeschirmt. Die Fische benutzen daher Geschmacks-, Geruchs-, Tastsinn und Gehör, um Nahrung aufzuspüren und Räubern auszuweichen.

Im Lauf eines Jahres verändern die Sümpfe ihre Ausdehnung und Tiefe, je nach Trocken- oder Regenzeit in der tropischen Umgebung. Während der Trockenzeit bilden sich einzelne, voneinander getrennte, flache Tümpel und Teiche. In der Regenzeit steigt der Wasserstand, und die Sümpfe wachsen und verschmelzen teilweise. Die meisten Fische pflanzen sich bei Hochwasser fort, da dann Partner und Nahrung im Überfluss zur Verfügung stehen.

PFLANZENPARADIES
Der Untergrund der Sümpfe besteht aus Schwemmsand und pflanzlichen Rückständen, er enthält eisenreiche Stoffe wie Lehm, der das Wasser außerdem am Versickern hindert. Das warme, flache Wasser, das tropische Klima und der

Lebensraum Südostasiatischer Sumpf

Die meisten Sümpfe entstehen in flachen Gebieten, wo das Wasser sich auf weiten Ebenen sammelt.

Auf den Indonesischen Inseln herrscht starker Niederschlag, sodass die Sümpfe das ganze Jahr über bestehen.

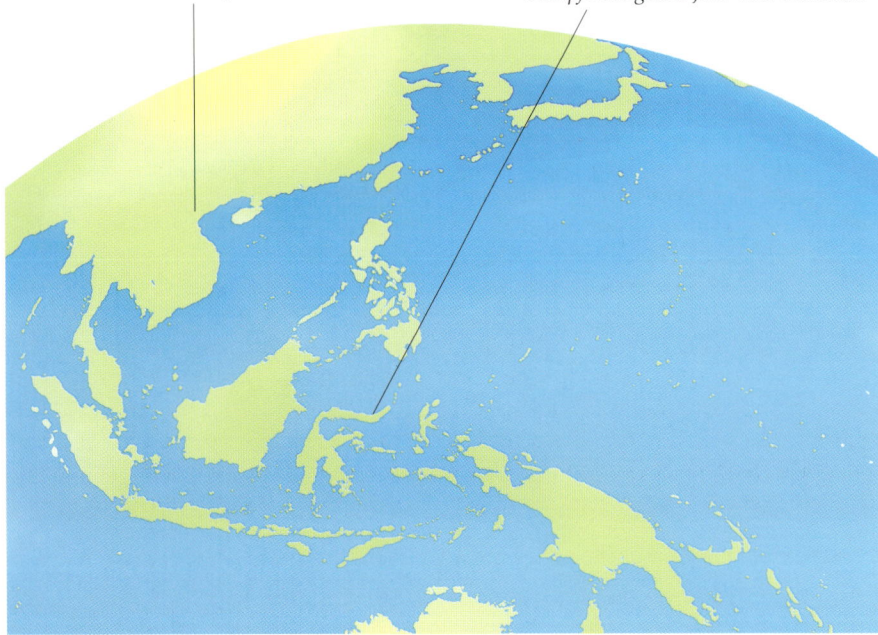

Die schlammigen Tiefland-Sümpfe Südostasiens bedecken gewaltige Ebenen, sind jedoch häufig sehr flach. Unter der Oberfläche wächst ein dichter Dschungel aus verschiedensten Wasser- und Uferpflanzen. Darin verstecken sich zahllose Fische, die perfekt an die dunkle, sauerstoffarme Umgebung in dem trüben Wasser angepasst sind.

Links: *Sumpfgewässer sind meist schlam-mig und sauerstoffarm, und die Fische haben sich diesen Gegebenheiten angepasst.*

keine Wurzeln schlagen oder um das Licht unter Wasser kämpfen müssen. Unter solchen Bedingungen überleben nur die Pflanzen, die schnell genug wachsen und Blätter an von der Sonne beleuchteten Stellen bilden können.

„ATEMPROBLEME"

Da die Sümpfe große Gebiete bedecken und dicht bewachsen sind, steht das Wasser beinahe still. Dadurch kommt es nur zu einem geringen Gasaustausch an der Oberfläche. Am Tag absorbieren die Pflanzen für ihre Photosynthese große Mengen Kohlendioxid aus dem Wasser, dem Bodengrund und der Luft und pro-duzieren viel Sauerstoff. Dieser Sauerstoff ist für das Ökosystem von eminenter Wichtigkeit, denn er verhindert, dass das Wasser und der Untergrund anaerob und toxisch werden, wodurch Teile der Tier- und Pflanzenwelt absterben und Algenwachstum gefördert würden. In der Nacht wird jedoch kein Sauerstoff pro-duziert. Da die Pflanzen aber weiter atmen, verbrauchen sie nun ihrerseits ebenfalls Sauerstoff und produzieren Kohlendioxid. Obwohl die Pflanzen in 24 Stunden mehr Sauerstoff als Kohlen-dioxid produzieren, geht ein großer Teil des Sauerstoffs durch die Wasserober-fläche verloren, auch wenn das Wasser quasi steht. In den Morgenstunden vor Sonnenaufgang sind die Sümpfe daher wegen der Atmung von Pflanzen, Fischen, Bakterien und anderen Tieren häufig extrem sauerstoffarm.

In der warmen Jahreszeit – etwa von Oktober bis Februar – steigt die Wasser-temperatur schnell auf bis zu 28 °C oder höher. Dadurch wird die Sauerstoffkon-zentration noch geringer, denn wärmeres Wasser kann weniger Gase absorbieren.

Kleinere Rasboras und Barben, die in den Sümpfen leben, werden damit fertig, da sie zum Überleben wenig Sauerstoff benötigen. Um ihren Sauerstoffverbrauch zu reduzieren, lassen sie sich an geschütz-ten Stellen direkt unter der Oberfläche treiben, weil der Sauerstoffgehalt dort am

Das Seegrasblättrige Trugkölbchen (Heteranthera zosterifolia) stammt zwar aus Südamerika, kann im Aquarium aber dennoch für die Darstellung einer Sumpflandschaft verwendet werden.

nährstoffreiche Bodengrund bilden ein ideales Umfeld für Wasserpflanzen.

Die Pflanzen in den Sümpfen wachsen schnell, um sich gegenseitig den Lebensraum streitig zu machen. Stängelpflanzen entwickeln sich meist rasch und produzieren Blätter nur an der Wasserober-fläche. Im Wasser herrscht an vielen Stellen ein Gewirr von Stängeln, sodass das Sonnenlicht zum großen Teil abgeschirmt wird.

In den offenen Bereichen dominieren Schwimmpflan-zen, die sich auf der Oberfläche schnell ausbreiten können, da sie

WASSERQUALITÄT

Die Fische in den sumpfigen Ebenen Südostasiens leben in einer Umgebung, in der andere Arten nicht überleben könnten. An jedem durchschnittlichen Tag haben sie mit extremem Sauerstoffmangel, trübem Wasser und häufig mit hohen Temperaturen zu kämpfen. Durch den Überfluss an organischem Material und Mineralmangel ist das Wasser außerordentlich weich. Dadurch schwankt der pH-Wert ständig um einen Wert von etwa 5. Nicht alle Fische sind jedoch widerstandsfähig genug für das Aquarium. Im Aquarium kommt es durch den Einsatz von Leitungswasser häufig zu hohen Nitratwerten und chemischen Verschmutzungen, während die dichte Vegetation in den südostasiatischen Sümpfen biologische Schadstoffe wie Ammoniak, Nitrite und Nitrate sowie chemische Schadstoffe schnell absorbiert. Die Fische sind daher nicht in der Lage, mit solchen Verschmutzungen zurechtzukommen. Sie leiden im Aquarium und werden schnell anfällig für bakterielle Infektionen und andere Krankheiten. Die Prachtschmerle reagiert besonders empfindlich auf Veränderungen, insbesondere auf Schneckenbekämpfungsmittel. Die meisten chemischen Präparate tragen Warnhinweise, wenn sie für bestimmte Fische schädlich sind. Einige sensible Anabantoiden *wie der Zwergfadenfisch und der Siamesische Kampffisch bekommen schnell Hautreizungen und Geschwüre. Bei der Einrichtung eines Aquariums für solche Fische müssen die empfindlichsten Spezies zuletzt eingesetzt werden. Für die Filterung des Wassers sollten möglichst viele biologische Stoffe verwendet werden, denkbar wäre also der Einsatz eines externen Filters mit größerer Kapazität. Auch Umkehrosmosewasser ist von Vorteil. Es schafft nicht nur eine weiche, leicht saure Umgebung, sondern ist außerdem sehr rein und enthält fast keine Schadstoffe.*

höchsten ist. Größere Fische würden unter solchen widrigen Bedingungen jedoch bald verenden. Größere Guramis, Welse und Schmerlen mussten spezielle Methoden entwickeln, um Sauerstoff auch aus der Luft aufnehmen zu können. Welse und Schmerlen können Luft atmen, aus der sie den Sauerstoff aufnehmen und in ihren Blutkreislauf abgeben.

Im Vergleich zur Methode der Guramis ist dies jedoch eine recht simple Form der Anpassung. Guramis gehören zur Familie der *Anabantoiden*, die ein zusätzliches Organ besitzen, das aufgrund seiner Form als Labyrinth bezeichnet wird. Auch sie nehmen Luft über Wasser auf, absorbieren den Sauerstoff aber sehr viel schneller und effizienter. Das Labyrinth besitzt eine Membran mit großer Oberfläche, durch die der Sauerstoff in den Blutkreislauf gelangt.

TAST- UND GERUCHSSINN
Welse und Schmerlen leben überall in den Sümpfen. Der äußerst fruchtbare Bodengrund beherbergt viele Organismen, die sich von organischen Rückständen ernähren und für zahlreiche Fische eine willkommene Nahrungsquelle darstellen. Gründelnde Fische gebrauchen nur selten ihre Augen, um Nahrung zu suchen. In dem trüben, düsteren Wasser würde auch die beste Sehfähigkeit nichts nützen. Stattdessen benutzen Welse und Schmerlen spezifisch angepasste Barteln oder „Fühler", mit denen sie sich ihren Weg über den Grund er-

tasten und dabei Nahrung finden. Auch die Brustflossen der Guramis haben empfindliche Fühler entwickelt, mit denen sie sich orientieren und andere Fische oder Nahrung erkennen können. Im Aquarium kann man häufig beobachten, wie Guramis andere Objekte wie Fische und Nahrung mit ihren sehr sensiblen Fühlern „testen".

Auch gründelnde Fische, die einen Großteil ihrer Zeit geschützt vor Räubern und anderen Fischen verbringen, benutzen ihren Geruchssinn, um Beute aus der Ferne zu lokalisieren. Im Aquarium verhalten sich diese Fische oft scheu und vorsichtig, weil ihre Umgebung ungewöhnlich hell und weitläufig ist. Wenn sie genügend dunkle Verstecke und Schlupflöcher finden, werden sie meist etwas aktiver.

ANLAGE EINES SUMPFAQUARIUMS
Fische sind natürlich für jedes Aquarium wichtig, aber für diese Landschaft ist überdurchschnittlich viel Aufwand und Ausrüstung zur Pflege der Pflanzen nötig. Wenn es jedoch gelingt, eine blühende Vegetation zu schaffen, entsteht durch die biologischen Prozesse der Pflanzen und zugesetztes Kohlendioxid ein Umfeld, das den Fischen noch besser

Unten: Die langen Fühler an den Brustflossen des Blauen Fadenfischs (Trichogaster trichopterus) helfen bei der Orientierung, das nach oben gerichtete Maul erleichtert das Fangen von Insekten an der Wasseroberfläche.

gefallen wird als ihr natürlicher Lebensraum.

Da Pflanzen diese Aquarienlandschaft bestimmen, sind andere Dekorationsstücke von geringerer Bedeutung. Allerdings können einige Steine und Hölzer den Gesamteindruck etwas auflockern. Bambusrohr ist jedoch ein wichtiges Element dieses Aquariums, denn es dient zur Trennung der Pflanzen und hebt sie gleichzeitig hervor. Außerdem verleiht Bambus dem Aquarium eine typisch südostasiatische Sumpfatmosphäre.

BODENGRUND

Feiner Sand ist das Basissubstrat dieses Bodengrunds, hinzu kommen etwas Kies und einige verstreute Kieselsteine, die den Bodengrund etwas interessanter machen. Sand ist ein relativ guter Untergrund für Pflanzen, er kann jedoch verklumpen und die Nährstoffe nur unzureichend transportieren. Wenn die Pflanzen sich gut entwickeln, können sie den Sand immer wieder auflockern, indem sie an den Wurzeln Sauerstoff abgeben. Unterstützend wirkt auch eine

Bambusrohr verleiht dieser Landschaft einen besonderen Charakter und schafft die typische Sumpfatmosphäre.

Bodenheizung, die außerdem die Verteilung der Nährstoffe fördert (siehe S. 29). Noch bessere Bedingungen finden die Pflanzen vor, wenn man mehrere Substrate mischt oder in Schichten anordnet. Geeignet wäre z. B. eine Schicht feiner Sand, möglichst mit eingelassenem Heizkabel, darauf ein kalkfreier Bodengrund, dem nährstoffreiche Zusätze beigemischt werden sollten.

HOLZ UND STEINE

Obwohl Holz und Steine wichtige Bestandteile dieser Aquarienlandschaft sind, sollten sie sparsam verwendet werden. Wenige, gut platzierte Steine mit einer glatten und auffallenden Oberfläche, z. B. Schiefer, passen zu den Vordergrund-Pflanzen und trennen sie optisch von den gleichfarbigen Hintergrundpflanzen. Auch Moorkienholz kann zu diesem Zweck eingesetzt werden; häufig erzielt man einen besonderen Effekt, wenn man kleine, buschige Pflanzen davor setzt, sodass nur noch der obere Teil zu sehen ist.

Die auffällige Präsenz des Bambus unterscheidet dieses Aquarium von einem einfachen, dicht bepflanzten Becken. Man kann ihn auf beliebige Länge stutzen und wie zufällig zwischen den Pflanzen verteilen. Bambusrohr kann sowohl einzeln als auch in Gruppen platziert werden. Mit der Zeit beginnt es zu verrotten und sich

Ludwigia repens verändert ihr Wachstumsmuster je nach den Lichtverhältnissen. Bei viel Licht wachsen die Blätter enger zusammen und nehmen eine schöne, bronzene Färbung an.

braun zu verfärben. Eine Lackschicht verhindert diesen Zerfallsprozess. Es ist aber genauso einfach und kostengünstig, das Bambusrohr alle paar Monate zu ersetzen. Im Übrigen muss es gut im Bodengrund befestigt oder mit Steinen beschwert werden, da es sonst schnell auftreibt.

DIE PFLANZEN

Die zahlreichen Pflanzen sind das hervorstechende Element dieses Aquariums. Buschige Pflanzen, die nicht zu gepflegt aussehen, ahmen den natürlichen Wuchs der Vegetation in einem Sumpfgebiet nach. Dicht wachsende Pflanzen wie das Seegrasblättrige Trugkölbchen (*Heteranthera zosterifolia*) eignen sich ideal für den vorderen und mittleren Bereich, denn es kann auf unterschiedliche

Die fedrigen Myriophyllum-*Spezies bilden einen wirkungsvollen Kontrast im Hintergrund des Aquariums.*

Längen gestutzt werden. Größere, ungewöhnliche Pflanzen wie die *Hydrocotyle spp.* passen ebenfalls gut in die mittlere Zone.

Auffällig sind die aparten, runden Blätter, die von einem in alle Richtungen wachsenden Stängel getragen werden und direkt unter den Blättern Wurzeln austreiben.

Im Hintergrund sollten größere Stängelpflanzen stehen, z. B. buschige, feinblättrige Gewächse wie *Cabomba* und *Myriophyllum spp.* Schwimmpflanzen sind ein weiteres interessantes Element. Muschelblumen *(Pistia stratiotes)* bieten mit ihren feinen, verästelten Wurzeln ideale Verstecke für Fische, unter Umständen pflanzen sich hier sogar einige *Anabantoiden* fort.

FISCHE FÜR EIN SUMPFAQUARIUM

Viele beliebte Aquarienfische stammen aus den Sümpfen Südostasiens, darunter Guramis, Welse, Schmerlen, Barben und Rasboras. Vor allem Guramis eignen sich besonders gut für dieses Modell, denn sie fühlen sich in dem stark bevölkerten und dicht bewachsenen Aquarium außerordentlich wohl.

Im Gegensatz zu anderen großen Mittwasser- bzw. Oberflächenfischen ziehen Guramis eine belebte Umgebung vor, da sie ihrem natürlichen Lebensraum sehr nahe kommt. Zu den widerstandsfähigen Fischen dieser Kategorien gehören Mosaik-, Mondschein- und Schaufelfadenfische *(Trichogaster leeri, T. microlepis, T. pectoralis)*, die alle etwa 10 cm Länge erreichen sowie die kleineren Arten Zwerggurami *(Trichopsis pumlius)* und Knurrender Gurami *(Trichopsis vittatus)*. Zu den größeren Guramis gehören Gold-, Blauer und Punktierter Fadenfisch, die alle zur Gattung *Trichogaster trichopterus* gehören. Diese beliebten Guramis sollten in Gruppen von mindestens vier Exemplaren gehalten werden oder ausschließlich aus Weibchen bestehen, da sonst ein dominantes Männchen für Unruhe sorgen könnte.

Ein beliebter Anabantoid ist der wunderschöne Siamesische Kampffisch *(Betta splendens)*. Wegen seiner herrlichen Farbenpracht und den langen, fließenden Flossen wird er immer wieder von unerfahrenen Aquarianern eingesetzt, obwohl er sich für viele Aquarien gar nicht eignet. Mit seinen langen Flossen, den langsamen Bewegungen und leuchtenden Farben ist er für aggressive Fische ein leichtes Ziel. Der Siamesische Kampffisch ist jedoch ein sehr friedlicher Fisch, allerdings dürfen auf keinen Fall zwei Männchen aufeinandertreffen, da diese sich gegenseitig solange bekämpfen würden, bis eines der beiden stirbt oder schwer verletzt ist. Solange aber keine streitbaren Barben wie die Sumatrabarbe *(Puntius tetrazona)* in der Nähe sind, ist ein Sumpfaquarium die ideale Umgebung für Siamesische Kampffische, die übrigens gern auch einige Weibchen um sich haben. Leider tragen diese nicht dasselbe farbenprächtige Schuppenkleid.

Für die unteren Zonen eignen sich ferner auch die attraktiven Schokoladenguramis *(Sphaerichthys osphromenoides)* und Zwergfadenfische *(Colisa lalia)*. Achten Sie immer auf gut eingefahrene Filter, da beide Arten sehr empfindlich auf biologische Schadstoffe wie Ammoniak, Nitrite und Nitrate reagieren.

GRÜNDELNDE FISCHE UND SCHWARMFISCHE

Schmerlen fühlen sich am Bodengrund dieses Aquariums sehr wohl. Interessant wegen ihrer ähnlichen Färbung, aber ansonsten ganz unterschiedlichen Erscheinung sind das Gefleckte Dornauge *(Pangio kuhlii)* und die Prachtschmerle *(Botia macracanthus)*. Das kleine Gefleckte Dornauge versteckt sich leider meistens, sodass viele Aquarianer es nach dem Einsetzen für Wochen oder gar Monate nicht mehr zu Gesicht bekommen. In einem dicht bewachsenen Aquarium wie diesem sieht man es wahrscheinlich nur gelegentlich, wenn es sich an herabsinkendem Futter labt oder durch den Geruch anderer Nahrung angelockt wird. Das Gefleckte Dornauge ist dennoch ein interessanter und für diese Landschaft gut geeigneter Fisch, und sei es nur, damit der Aquarianer sich einen Spaß daraus machen kann, ihn zu finden.

Im offenen Wasser tummeln sich einige kleinere Schwärme Rasboras, darunter der Keilfleckbärbling *(Rasbora heteromorpha)*, Hengels Keilfleckbarbe *(Rasbora hengeli)* und der Zwergbärbling *(Rasbora maculata)*. All diese kleinen Fischarten besitzen prächtige Farben und ein friedliches Wesen, sollten aber nicht zu früh mit den Guramis zusammenkommen, da diese sie sonst als willkommenes Festmahl ansehen.

Rechts: Das auffällig schillernde Gefleckte Dornauge (Pangio kuhlii) *wirbelt bei der Nahrungssuche den Boden auf. Obwohl es sich nur selten sehen lässt, hilft es, Algenwachstum zu begrenzen und Rückstände zu beseitigen.*

Oben: *Kleine Schwarmfische eignen sich hervorragend für dieses dicht bewachsene Aquarium. Keilfleckbärblinge (Rasbora heteromorpha) sorgen für Bewegung und sind eine gute Ergänzung zu größeren, langsamen Fischarten wie den Guramis.*

Südostasiatische Sumpflandschaft

Buschige Pflanzen und Bambusrohr sorgen zusammen mit versteckten Steinen und Holz-stücken für eine dichte Aquarienlandschaft, die südostasiatischen Sümpfen sehr ähnlich ist.

Pflanzen mit fedrigen Blättern wie diese Cabomba *sollten in Bereichen mit ruhigem Wasser platziert werden, damit sie nicht durch Ablagerungen verkleben.*

Kleine Pflanzen mit großen Blättern bedecken den Bodengrund, lassen aber viel Raum zum Schwimmen.

Steine unterteilen die Pflanzengebiete und heben einzelne Pflanzengruppen hervor.

Etwas unelegant aussehende Pflanzen wie diese Hydrocotyle spp. *lassen das Sumpfaquarium weniger statisch und natürlicher wirken.*

Senkrecht aufgerichtetes
Moorkienholz wirkt wie ein
alter Baumstumpf.

Myriophyllum entwickelt bei
intensivem Lichteinfall eine
rötliche Färbung.

Schwimmpflanzen bieten Oberflächenfischen Versteckmöglichkeiten und
sorgen für hellere und dunklere Zonen.

Bambusrohr erscheint
natürlicher, wenn es wie
wahllos verteilt wirkt.

Buschige Pflanzen wie diese **Heteranthera
zosterifolia** *können auf unterschiedliche
Länge eingekürzt werden.*

Feiner Sand sieht sehr ansprechend aus,
aber ein Gemisch aus mehreren Substraten
bietet den Pflanzen mehr Nährstoffe.

Indischer Fluss

Indien ist ein geografisch sehr interessanter Subkontinent mit einer riesigen Bandbreite unterschiedlicher Lebensräume. Im Norden strömen gewaltige Massen Schmelzwasser aus den Bergen des Himalaja und bilden zahlreiche Flüsse und Ströme. Außerdem gibt es Laubwälder und trockene Wüsten, immergrünen Regenwald und viele Sümpfe entlang der ausgedehnten Küstenlinie. In den schnell fließenden großen und kleinen Flüssen der Bergregionen leben kleine Barben, Bärblinge und Schmerlen. In den bewaldeten Gebieten leben Anabantoiden in den zahllosen natürlichen und künstlich angelegten Teichen, den Sümpfen und langsam fließenden Flüssen. Trockene, ebene Landschaften werden von einzelnen großen Flüssen durchschnitten. Sie transportieren enorme Mengen Sand, Staub und Sedimente und wirken deshalb häufig braun und schlammig, doch unter der Oberfläche tummeln sich Scharen von Barben und Welsen. Wo die Flüsse schließlich ins Meer fließen, entstehen Sumpfgebiete, in denen Kugelfische, Gründlinge und Flussbarsche leben.

DIE OBERLÄUFE

In der Nähe der Quelle fließt das Wasser schnell, und an einigen felsigen Stellen entstehen mächtige Stromschnellen. Breite und Wasserstand der Flüsse hängen von der Jahreszeit ab. Im Frühling und während der Regenzeit, wenn das Schmelzwasser in die Flüsse strömt, sind ihre Pegel sehr hoch. In dieser Phase bewegt sich das Wasser schnell und enthält viel Sauerstoff. In den Oberläufen findet man hauptsächlich kleinere Schmerlen, Barben und Bärblinge. Viele Schmerlenarten werden wegen ihrer unansehnlichen braunen Farbe nicht im Aquarium gehalten. Sie sind Algenfresser mit speziell geformten Mäulern, die es ihnen erlauben, Algen abzuweiden, aber auch, sich an den Steinen festzuhalten und der starken Strömung zu widerstehen. Kleinere Barben leben in etwas ruhigeren, aber immer noch aufgewühlten Gewässern und Tei-

Indische Flusshabitate

Aus dem Himalaja fließt ständig Wasser, das große Flüsse in ganz Indien speist.

Indien ist von zahlreichen Flüssen, Kanälen und Sümpfen durchzogen, die ganz unterschiedlichen Fischarten Lebensräume bieten.

In Indien existieren mehrere Arten von Süßwasserhabitaten nebeneinander. Die meisten Flüsse durchlaufen Stromschnellen, öffnen sich dann zu ruhigeren Wasserläufen und enden schließlich in schlammigen Sümpfen, bevor sie das Meer erreichen. Hier leben ähnliche Fischgattungen wie im nahen Indonesien. Die bekanntesten Aquarienfische sind Guramis und Barben, aber es gibt auch viele Schmerlen, Welse und andere ungewöhnliche Sumpffische. Indien bietet viele variantenreiche Lebensräume, die man im Aquarium nachstellen kann.

Oben: *Manche Flüsse sind stark von den jährlichen Niederschlägen abhängig. Hier am Fluss Ramganga kann man das breite Flussbett entlang des Wassers gut erkennen.*

Unten: *Bärblinge kommen in vielen indischen Flüssen vor. Sie sind die kälteren Verhältnisse in größerer Höhe gewohnt, wo sich die Flüsse aus Schmelzwasser bilden.*

chen, wie sie sich z.B. unter Wasserfällen oder um sie herum bilden. Ununterbrochen suchen Schwärme von Barben nach Futter wie Insekten und kleinen Wassertieren. Besonders häufig kommen hier die Prachtbarbe (*Puntius conchonius*) und die Glühkohlenbarbe (*P. fasciatus*) vor.

Bärblinge leben in denselben Gewässern wie Barben und Schmerlen. Die kleinen Fische sind sehr gut an ihre Umgebung angepasst und schwimmen auch gegen die Strömung pfeilschnell hin und her. Ihr stromlinienförmiger Körper bietet nur wenig Angriffsfläche, und die starken Flossen ermöglichen den Fischen plötzliche „Sprünge" von einer Stelle an eine andere, ohne dabei viel Energie aufwenden zu müssen, um gegen die Strömung anzukämpfen. Bärblinge besitzen außerdem ein nach oben gerichtetes Maul, mit dem sie Insekten von der Wasseroberfläche aufnehmen können – ihre wichtigste Nahrungsquelle.

DER OFFENE FLUSS

Wenn einige kleinere Wildbäche aus den Bergen sich vereinen, entsteht ein größerer Fluss, der sich entweder durch Regenwald, Laubwald oder Savanne schlängelt.

Viele Flüsse durchqueren mehrere dieser Biotope. In den Flüssen leben Welse und Barben, an den Ufern auch kleinere Fische. Im offenen Wasser leben viele Räuber, darunter auch Welse, die hier ungewöhnlich groß werden können. Selbst Fische wie der Tigerhaiwels (*Pangasius pangasius*), der mit einer Länge von bis zu 1,5 m für Aquarien zu groß ist, sind klein im Gegensatz zu solchen Riesen wie dem Hubschrauberwels (*Wallago attu*) und dem großen Flusswels (*Bagarius yarelli*), die über 2,5 m groß werden können. Welse wie diese kreuzen auf der Suche nach Nahrung im offenen Wasser in Bodennähe oder warten dort auf Beute. Neben ihnen leben dort auch Forellen und große Barben, während die kleineren Barben und Rasboras im ufernahen Pflanzendickicht Schutz suchen.

TEICHE UND SÜMPFE

In den Waldregionen bilden sich viele ausgedehnte Sumpfgebiete, Teiche und Wasserläufe. Manche davon sind mit nahen Flüssen verbunden, andere liegen isoliert. In diesen verstreuten Biotopen finden sich die meisten farbenprächtigen Arten Indiens, so auch die Mehrzahl der Fische, die für Aquarien tauglich und im Handel erhältlich sind. Die bekanntesten sind Guramis und Anabantoiden. Sie sind nur 10 cm groß und tragen wunderschöne, bunte Schuppenkleider, z.B. die *Colisa*-Spezies. Zu ihnen gehören der Zwergfadenfisch (*Colisa lalia*), der Honigfadenfisch (*C. sota*) und der Wulstlippige Fadenfisch (*C. labiosa*).

Am Grund der Teiche und Sümpfe tummeln sich kleine Welse und Schmerlen. Dort finden sich bekannte Aquarienfische wie der Indische Streifenwels (*Mystus vittatus*), die Netzschmerle (*Botia lohachata*), die Streifenprachtschmerle (*B. striata*) und der Zwergprachtschmerle (*B. sidthimunki*). Schmerlen sind Aufwuchsfresser, sie durchsuchen den schlammigen Grund nach den zahllosen Kleintieren, die sich dort an dem fruchtbaren, an organischem Material reichen Substrat laben. Auch einige kleinere Barben leben in diesen Gewässern, sie sind aber als Aquarienfische weniger verbreitet und kaum von Interesse.

EIN INDISCHES FLUSS-AQUARIUM

Jedes einzelne dieser Biotope kann Vorbild für ein Indisches Fluss-Aquarium sein. Geeignete Aquarien, die offene Flussläufe repräsentieren, können mit größeren Barben und Welsen ausgestattet werden. Allerdings wäre ein solches Aquarium eher karg, und der einzige Blickfang wären die Fische, da sie in kürzester Zeit alle Pflanzen und Dekorationen zerstören und fressen würden. Sumpfgebiete sind besser für die Wasserlandschaft eines Aquariums geeignet, allerdings sähe das Modell dann einem Mangrovewald oder den südostasiatischen Aquarien sehr ähnlich. Hier wird eine relativ ruhige Flussregion dargestellt, die der ideale Lebensraum für die beliebten Guramis, kleine Barben, Schmerlen und Rasboras ist.

BODENGRUND

Für dieses Aquarium eignet sich ein Substratgemisch, dessen Hauptbestandteile kalkfreier Quarzkies und mittelfeiner Kies sind, die mit roten Steinchen und schwarzem Quarzsand versetzt werden. Diesem Gemisch können zusätzlich noch kleine Kieselsteine beigemengt werden, sodass ein abwechslungsreicher, attraktiver Bodengrund entsteht. Dieser Bodengrund gleicht optisch den Flussbetten und Uferzonen indischer Wasserläufe.

MOORKIENHOLZ

Diese Aquariumlandschaft beinhaltet außerdem knorrige Wurzeln und Mopani-Holz. Da beide in Farbe und Struktur fast identisch sind, können sie im selben Aquarium verwendet werden, ohne dass ein ungewollter Kontrast entsteht.

Mopani-Holz dient als Hintergrunddekoration und als optischer Teiler der beiden aus Tigerlotus-Varianten

Kalkfreier Kies ist der Hauptbestandteil des Substrats und ein guter Pflanzenboden.

Schwarzer Quarzsand färbt das Substrat etwas dunkler.

Gemischter, mittelfeiner Kies schafft eine realistische Flussbettatmosphäre.

Roter Kies sorgt für mehr Farbe und Struktur.

bestehenden Pflanzengruppen. In dem Holz befinden sich einige kleine Spalten und Löcher, die kleinen Grünpflanzen wie Cryptocorynen Platz bieten. Durch diese Bepflanzung wird das Moorkienholz teilweise verdeckt und wirkt etwas natürlicher, da Pflanzen sich auch in ihrer angestammten Umgebung an geschützten Plätzen ansiedeln. Die verwachsene Baumwurzel füllt den oberen Bereich auf der einen Seite des Aquariums und wird gerne von Javamoos und Tigerlotus besiedelt. Hier entsteht eine Vegetation, die zur Wasseroberfläche wächst und am meisten Aufmerksamkeit auf sich zieht.

DIE PFLANZEN

In vielen Aquarien sind wenige unterschiedliche Pflanzen einem unüberschaubaren „Dschungel" vorzuziehen. In diesem Modell existieren nur

Ungewöhnlich knorrige Wurzeln wirken sehr dekorativ.

drei Pflanzenarten. Auf dem Bodengrund unter der Wurzel schaffen dichte *Cryptocoryne undulata* eine buschige Region voller Verstecke für kleine Schmerlen und Welse. Die dank der vielen Blätter der Cryptocorynen grüne Region steht in äußerst reizvollem Gegensatz zu den hellen, rot-orange gefärbten Blättern des roten Tigerlotus (*Nymphaea lotus* „Zenkeri") auf der gegenüberliegenden Seite des Aquariums.

Zwei farbliche Varianten des Tigerlotus bestimmen das Bild: Im Hintergrund steht die „traditionell" hellrote Pflanze, während davor und um die verwachsene

Wurzel herum eine etwas stärker orangebraun getönte Spezies gedeiht. Diese sorgt mit ihren gedämpfteren Farben für eine Verbindung zwischen den sehr hellen Blättern und dem Rest des Aquariums. Der Kontrast könnte sonst zu stark und sogar störend wirken.

Tigerlotus ist eine sehr attraktive und pflegeleichte Pflanze, solange ihr ein guter Pflanzgrund, ausreichend Licht und Nährstoffe zur Verfügung stehen. Die Pflanze benötigt jedoch viel Platz, sie kann recht groß werden. Häufig reichen die Blätter bis an die Wasseroberfläche, man kann dies jedoch durch regelmäßiges Beschneiden verhindern. In diesem Aquarium hat der Tigerlotus viel Platz, um sich in Richtung Oberfläche auszubreiten. Die darunter stehenden Pflanzen begnügen sich mit schattigen Plätzen, nehmen also keinen Schaden, wenn der wachsende Tigerlotus das Licht abschirmt.

Zuletzt wurde Javamoos (*Vesicularia dubyana*) zwischen die Holzstücke und auf die knorrige Wurzel gepflanzt. Die widerstandsfähige Pflanze zieht substratfreien Grund vor, um darauf zu wurzeln, und sie gedeiht in Aquarien gut, wenn regelmäßig Flüssigdünger zugesetzt wird. Anfangs kann das Moos etwas ungepflegt wirken, doch wird dadurch der authentische Eindruck

Oben: Tigerlotus (Nymphaea lotus) *ist in verschiedenen Blattfarben erhältlich und eine Bereicherung für das Aquarium.*

der Landschaft noch erheblich verstärkt. Wenn Sie kurzes, glattes Moos vorziehen, lassen Sie das Moos ein bis zwei Monate wachsen und kürzen es dann auf wenige Zentimeter.

DIE AUSWAHL DER FISCHE

Für dieses Aquarium eignen sich vor allem kleinere Fische wie Bärblinge und Guramis. Kleine Schmerlen oder Welse kommen ebenfalls in Frage. Da Guramis

Cryptocoryne undulata besitzt braune Halme und grüne Blätter, die in Pflanzengruppen einen eindrucksvollen Kontrast bilden.

scheue und behäbige Tiere sind, sollten sie nur mit wenigen der aktiven, lebhaften Bärblinge eingesetzt werden. Ein Schwarm von mehr als acht Bärblingen könnte die sanften Guramis bedrängen, man sollte sich daher auf vier bis sechs Bärblinge beschränken. Die meisten Schmerlen sind zwar friedliche Fische, die sowohl allein als auch in Gruppen leben, einzelne Spezies wie etwa die Netzschmerle (*Botia lohachata*) neigen aber dazu, schwerfälligere Fische wie Guramis zu belästigen.

BARBEN UND BÄRBLINGE

Barben stehen zwar im Ruf, andere Fische anzugreifen, tatsächlich trifft dies aber nur für wenige Arten zu, und häufig passiert dies nur, weil diese typischen Schwarmfische in zu kleinen Gruppen gehalten werden. Die meisten Barben, die über 5–6 cm Länge erreichen, sind rastlos und lebhaft und deshalb nicht unbedingt als Gefährten kleiner, scheuer Guramis zu

empfehlen. Einige indische Barbenarten tragen interessante, farbenprächtige Zeichnungen, sind sehr gut für ein Aquarium geeignet und vertragen sich gut mit Welsen, Schmerlen und Bärblingen. Die Prachtbarbe (*Puntius conchonius*) ist ein idealer Aquarienfisch, die Männchen sind auffällig tiefrot gefärbt, häufig mit schwarzen Flossenenden. Auch die Prachtglanzbarbe (*Puntius arulius*) ist ein farbenfroher Fisch, der relativ groß wird, lange Flossen entwickelt und irisierend schillert, allerdings entwickelt sich die volle Farbenpracht erst mit zunehmendem Alter. Indischer Herkunft und gut für dieses Aquarium geeignet sind die Glühkohlenbarbe (*Puntius fasciatus*), Schwarzfleckbarbe (*Puntius filamentosus*) und Sonnenfleckbarbe (*Puntius ticto*). All diese Arten erreichen 10–15 cm Länge.

GURAMIS

Der Schutz, den der Tigerlotus bietet, und die vielen Verstecke zwischen den Wur-

zeln und Pflanzen, machen diese Aquarienlandschaft zur idealen Umgebung für die scheuen und vorsichtigen, aber wunderschönen Guramis. Eigentlich gibt es nur einen echten Gurami in Indien, den Riesengurami (*Osphronemus gorami*). Da dieser Fisch aber über 60 cm groß werden kann, ist er nur für sehr große Aquarien geeignet.

Aus der Gurami-Familie der Anabantoiden stammen die friedlichen Spezies Wulstlippiger Fadenfisch (*Colisa labiosa*), Honigfadenfisch (*C. sota*), Zwergfadenfisch (*C. lalia*) und Knurrender Gurami (*Trichopsis vittatus*) alle aus indischen Gewässern. Der Wulstlippige Fadenfisch erreicht bis zu 10 cm Länge, die anderen drei Arten nur 6–8 cm.

Dieses Aquarienmodell eignet sich aber auch für nicht in Indien heimische Guramis wie den Mondscheinfadenfisch (*Trichogaster microlepis*), den Mosaikfadenfisch (*T. leeri*) und den Schokoladengurami (*Sphaerichthys osphromenoides*).

SCHMERLEN UND ANDERE SPEZIES

Im unteren Bereich des Aquariums leben bevorzugt Schmerlen, die sich

Oben: Der sanfte Honigfadenfisch (C. sota) wird nur 5–6 cm groß. Die zahlreichen Verstecke in der dichten Vegetation dieses Aquariums lassen ihn etwas mutiger werden. Die hier abgebildete Form wird auch „Sonnenuntergang" genannt.

Der Zwergfadenfisch (Colisa lalia) schillert rot und blau.

gern im Pflanzendickicht oder zwischen den Holzstücken verstecken. Bekannte indische Schmerlen sind die Netzschmerle (*Botia lohachata*), die Streifenprachtschmerle (*B. striata*), die Zwergprachtschmerle (*B. sidthimunki*) und das Java-Dornauge (*Pangio javanicus*).

In den Flüssen Indiens leben noch viele andere farbenprächtige Schmerlen, die man aber selten im Zoofachhandel findet. Einige von ihnen ähneln in Form und Erscheinung der Schönflossen-Rüsselbarbe (*Epalzeorhynchos kallopterus*), der Siamesischen Rüsselbarbe (*Crossocheilus siamensis*) und dem Gefleckten Dornauge (*Pangio kuhlii*), die ebenfalls geeignet sind.

Von den in Indien heimischen Welsen ist der Indische Streifenwels (*Mystus vittatus*) die einzige Art, die nicht zu groß für ein Aquarium wird (15 cm). Der ebenso attraktive wie friedliche Fisch verträgt sich mit den meisten anderen Arten. Zu nennen ist hier letztlich noch der Fähnchenmesser-fisch (*Notopterus notopterus*), der sich ebenfalls gut für die Aquarienhaltung eignet.

Seine ungewöhnliche, geschwungene Form und sein außergewöhnliches Verhalten machen ihn zu einem interessanten Beispiel für diese Fischfamilie. Der Fähnchenmesserfisch ist friedfertig, er verträgt sich gut mit Guramis, obwohl er bis zu 25 cm lang wird und kleinere Fische zu fressen pflegt.

Oben: *Das labyrinthähnliche Muster des* Botia lohachata *sorgt für eine gute Tarnung des Fisches vor dem Bodengrund. Der aktive Aufwuchsfresser kann andere Fische* attackieren.

Unten: *Der elegante Indische Fähnchenmesserfisch (*Notopterus chitala*) ist ein faszinierendes Exemplar mit anmutigen Bewegungen, der mit Guramis harmoniert.*

Indischer Fluss

Cryptocoryne, Javamoos und Tigerlotus sorgen für eine komplexe, aber nicht überfüllte Aquarienlandschaft.

Javamoos (Vesicularia dubyana) *verbreitet sich auf dem Holz, man kann es entweder beschneiden oder wild wachsen lassen.*

Pflanzen sollten mit schwarzem Baumwollfaden befestigt werden, er ist im Wasser kaum erkennbar.

Dicht wachsende Cryptocorynen bieten Schmerlen ausreichend Schutz.

Knorrige Wurzeln gehören zu den auffälligen Elementen dieses Aquariums.

Ein gemischtes Substrat wirkt natürlicher als ein gleichförmiges.

Hier im offenen Wasser können sich lebhafte Fische wie Barben und Bärblinge nach Belieben bewegen.

Die Blätter des Roten Tigerlotus (Nymphaea lotus „Zenkeri") sind ein echter Blickfang.

Damit der Tigerlotus nicht zu groß wird, müssen große Blätter ab und zu entfernt werden.

Kleine und große Kieselsteine komplettieren das Flussbettsubstrat.

Auf dieser erhöhten Terrasse können auch kleine Pflanzen wie diese Cryptocorynen im Hintergrund platziert werden.

Brackwasserdelta

Ein Flussdelta kann sich über viele Kilometer erstrecken, wobei der Salzgehalt stark schwankt. Das Delta großer Flüsse wie des Amazonas zieht sich über mehrere hundert Kilometer flussaufwärts und weit ins Meer hinein. Der Salzgehalt eines Gewässers hängt von mehreren Faktoren ab. In der Nähe des Ozeans steigt er an, variiert jedoch mit dem Wechsel der Gezeiten. Da Salzwasser viel gelöstes Salz enthält, ist es schwerer als Süßwasser, in dem kaum Salz enthalten ist. Wenn das Süßwasser aus den Flüssen das Salzwasser des Meeres erreicht, vermischt es sich nicht sofort mit ihm, sondern fließt zunächst über dem schwereren Salzwasser weiter. Ist das Wasser sehr tief, kann der Salzgehalt an der Oberfläche extrem niedrig sein, am Grund aber beinahe so hoch wie der des Meeres.

Flussdeltas haben meistens kaum Tiefe, sie werden daher von den Gezeiten stark beeinflusst. Bei Flut treibt das Salzwasser des Ozeans flussaufwärts, oft viele Kilometer weit. Bei Ebbe zieht sich das Salzwasser zurück und Süßwasser fließt ins Meer. Durch den Tidenhub entstehen große schlammige Gebiete, in denen viele Fische und Tiere ihren Lebensraum gefunden haben.

EMPFINDLICHES GLEICHGEWICHT

Die Mehrheit der hier heimischen Fische kann sowohl in Salz- als auch Süßwasser überleben, allerdings darf die Schwankung des Salzgehalts nicht zu groß sein.

Ein deutlicher Anstieg des Salzgehalts würde dazu führen, dass Süßwasserfische über ihre Kiemenmembrane viel zu viel Salz aufnähmen, wodurch ihr osmoti-

SPEZIFISCHES GEWICHT

Der Salzgehalt wird als spezifisches Gewicht gemessen, das ist die Dichte einer Flüssigkeit im Vergleich zur Dichte von destilliertem Wasser. Je höher der Anteil von Mineralien und Spurenelementen, desto höher das spezifische Gewicht (S.G.). Reines Wasser besitzt das spezifische Gewicht 1, Meerwasser liegt dagegen bei 1,022–1,024.

Brackwasser-Habitate

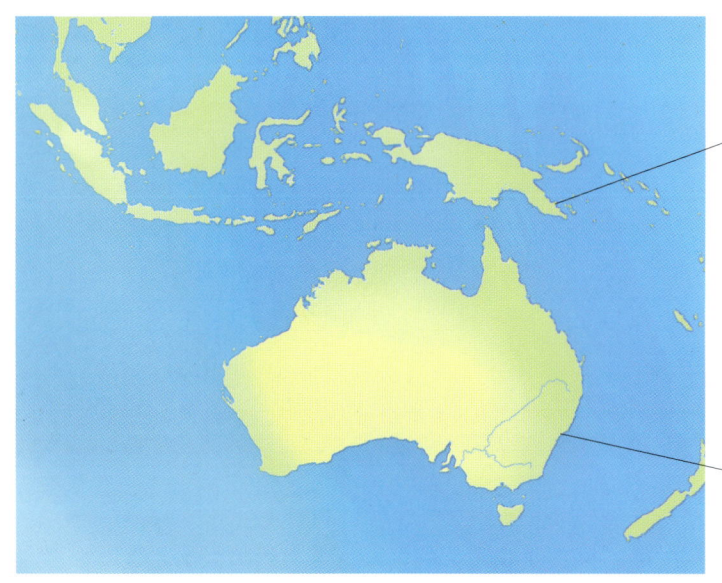

Kleine Inseln haben lange Küstenlinien, daher sind die Brackwasser-Habitate kleiner, aber zahlreich. Lagunenartige Brackwassergebiete entstehen vor allem in Ebenen.

Größere Landmassen bilden ebenfalls schlammige Habitate, aber auch Flussdeltas.

Jeder Fluss findet irgendwo sein Ende, und die meisten ergießen sich ins Meer. Salz- und Süßwasser treffen hier nicht plötzlich aufeinander, sondern mischen sich über eine längere Strecke hinweg und werden häufig durch die Gezeiten beeinflusst. Der Lebensraum in einer solchen Flussmündung verändert sich ständig und beherbergt eine ganz eigene Unterwasserfauna, darunter eine Reihe beliebter Aquarienfische.

Oben: Der Amerikanische Kreuzwels (Arius seemanni) durchsucht mit seinen empfindlichen Barteln den schlammigen Grund.

sie überdurchschnittlich viel Energie auf ihr osmotisches Gleichgewicht verwenden, aber dafür werden sie mit der Fähigkeit belohnt, in einem Lebensraum zu überdauern, der reiche Nahrung bietet und von anderen Spezies nicht bewohnt werden kann.

LEBEN IM SCHLAMM

In Flussmündungen finden sich große Mengen organisches Material und reichhaltige Nahrung für viele unterschiedliche Arten.

Alle Nährstoffe, organischen Rückstände, Schlick und andere Anspülungen eines Flusses sammeln sich an der Mündung und lagern sich im tiefen, schlammigen Grund ab. In den nährstoffreichen Sedimenten leben gewaltige Mengen von Detritusfressern und Filtrierern. Der tiefe Schlamm enthält zahllose kleine Würmer, Amphipoden und Wirbellose, aber auch größere Lebewesen wie Muscheln, Krebse, Krabben und einige Schwamm- und Anemonenarten.

Viele Bodentiere, die im Küstenbereich leben, halten sich im Schlamm verborgen, wenn das Wasser bei Ebbe abfließt. Sobald der Boden trockenfällt, stürzen Scharen von Vögeln herab, die im Schlamm nach Würmern, Schaltieren und Wirbellosen suchen.

Wenn das Wasser wieder steigt, kriechen die Bodentiere zurück an die Oberfläche und fressen mikroskopisch kleine

Oben: Durch die Ablagerung von Schlick und Sedimenten bildet sich im Mündungsbereich eines Flusses ein großes Gebiet mit brackigen Lagunen und Tümpeln. Hier suchen Vögel und Wassertiere nach Nahrung.

sches Gleichgewicht (die Salzkonzentration in den Körperflüssigkeiten) durcheinander geraten würde. Die als Salzspeicher fungierenden Nieren könnten den Überfluss nicht bewältigen, und die Fische würden an Nierenversagen sterben.

Salzwasserfischen blüht ein ähnlich dramatisches Schicksal. Unfähig, das im Körper bereits vorhandene Salz zu erhalten, würden sie ständig mehr Süßwasser

aufnehmen, was letztlich fatale Konsequenzen haben könnte. Überwiegend sterben die Fische aber bereits durch den Stress, noch bevor es zu körperlichen Symptomen kommt.

Interessanterweise sind Fische, die im Bereich von Flussmündungen leben, an Veränderungen der Salzkonzentration angepasst. Manche vertragen den täglichen Wechsel von Salz- zu Süßwasser, andere folgen „ihrem" Wasser, um die Salzkonzentration konstant zu halten. Die Fische wenden sowohl die Methode der Süßwasserfische (Speichern des Salzes) als auch die der Salzwasserfische (Ausscheidung des Salzes) an. Zwar müssen

Bakterien und andere Organismen, die sich im Schlamm finden oder im Wasser treiben. Für die Fische im brackigen Mündungsbereich sind die Bodentiere eine reiche Beute und ein echter Ausgleich für die schwierigen Lebensbedingungen in diesem Umfeld.

ZWEI GEMEINSCHAFTEN

Da Salzwasser schwerer als Süßwasser ist, erstreckt sich bei Flut eine salzige, bodennahe Wasserschicht weit in den Fluss hinein. Das ermöglicht am Boden lebenden Salzwasserfischen wie Gründlingen und Schleimfischen, weit in den Fluss hinein zu schwimmen und dort im schlammigen Untergrund nach Nahrung zu suchen. Bei Ebbe kehren die Fische ins Meer zurück.

Auch Oberflächenfische aus den Flüssen folgen den Gezeiten auf der Suche nach salzarmen Wasserregionen. Die bewegliche Schwelle zwischen Süß- und Salzwasser erlaubt es also Arten aus dem Fluss und dem Meer, in denselben Flussabschnitten zu leben. Obwohl die dort heimischen Brackwasserfische mit ganz unterschiedlichen Bedingungen und Salzkonzentrationen fertig werden, ziehen die meisten mit dem Wasser mit, um den Salzgehalt in ihrem Umfeld möglichst konstant zu halten.

So sind sie nur geringen Schwankungen der Salzkonzentration unterworfen und damit auch weniger Stress ausgesetzt. Die meisten Fischarten bevorzugen einen bestimmten Bereich auf der Skala des Salzgehalts, manche, wie z. B. Lebendgebä-

Nur wenige Pflanzen können in Brackwasser leben. Vallisneria spp. sind widerstandsfähig und ähneln dem Ried der Flussmündungen.

Die sandartige Struktur und Färbung dieser Westmoorland-Steine passt gut zum ähnlich getönten Untergrund und dem Mopani-Holz.

rende (*Poecilia spp.*), fühlen sich aber durchaus unter extremen Verhältnissen an beiden Enden der Skala wohl.

FÜR PFLANZEN UNGEEIGNET

Obwohl die Sedimente im Bereich der Mündung reich an Nährstoffen sind, wachsen nur wenige Pflanzen in dem brackigen Wasser. Die meisten Pflanzen sind nicht in der Lage, sich auf veränderliche Bedingungen einzustellen; so können Süßwasserpflanzen die Absorption von Salzen und Mineralien aus dem umgebenden Wasser überhaupt nicht kontrollieren. Die meisten Süßwasserpflanzen würden daher im Brackwasser nicht lange genug überleben, um zu wachsen und sich zu vermehren. Manche Salzwasserpflanzen und Algenarten können sich besser anpassen, aber der bewegliche Unter-

grund erschwert der Vegetation das Wurzeln. In vielen Flüssen mit schlammigem Grund wird die Bodenschicht durch die Pflanzen und ihr komplexes Wurzelsystem fixiert. Im Mündungsbereich gibt es kein solches Wurzelsystem, außerdem wird der feine Untergrund durch die ständigen Gezeitenbewegungen aufgewirbelt und macht das Wasser trüb und undurchsichtig.

BRACKWASSER-AQUARIUM

Ein Aquarium, das den Lebensraum einer Flussmündung naturgetreu abbildet, wäre für Aquarianer ziemlich unattraktiv, denn es enthielte nicht viel mehr als Schlamm und den einen oder anderen Stein. Man kann um der Ästhetik willen aber verschiedene Elemente und widerstandsfähige Pflanzen aus Brackwasserbereichen zusammenfassen und daraus ein interessantes Becken zusammenstellen, das den Anforderungen von Mündungsfischen entspricht. Ein Großteil der für ein Brackwasser-Aquarium geeigneten Fischarten sind Süßwasserfische, die einen niedrigen Salzgehalt bevorzugen, im Gegensatz zu den Salzwasserfische, die flussaufwärts schwimmen. Ein Aquarium dieses Typs sollte daher aus praktischen Gründen einen niedrigen Salzgehalt aufweisen.

BODENGRUND

Ein schlammiger Untergrund würde viele Probleme aufwerfen, daher sollte man besser auf alternative Materialien zurückgreifen. Als Basis wird deshalb feiner Sand verwendet, der mit Feinkies versetzt etwas interessanter wirkt.

Durch Zusatz anderer Substrate kann man durchaus unterschiedliche Effekte erzielen. Dunkles, feines Substrat wie schwarzer Quarzsand wirkt wie angeschwemmtes Geröll und passt farblich besser zum natürlichen Farbton des schlammigen Flussbetts. Sehr realistisch wirkt der Bodengrund, wenn man schwarzen Sand unter den hellen mischt. Allerdings ist schwarzer Sand nicht überall erhältlich.

Unabhängig von der Zusammensetzung muss das Substrat regelmäßig bewegt werden, damit sich keine Klumpen bilden. Wenn Sand verklumpt, bilden sich anaerobe Stellen (Bereiche mit extrem niedrigem Sauerstoffgehalt) im Untergrund. Es kommt zu Stagnation, schädliche Gase bilden sich. Der Sand verfärbt sich und das Algenwachstum nimmt zu. Regelmäßige Bewegung des Substrats, am besten zwei- bis dreimal pro Woche, beugt dem vor.

HOLZ UND STEINE

Da das Aquariumwasser brackig ist und relativ viel Salz enthält, ist es ziemlich hart und der pH-Wert hoch. Im Gegensatz zu anderen Modellen eignen sich daher für dieses Aquarium auch kalkhaltige Steine. Sie bringen sogar zusätzlichen Nutzen, da sie Mineralien freisetzen, die den pH-Wert abpuffern und die Wasserqualität stabilisieren. Kalk-

Dieses sanfte, zweifarbige Holz wirkt verwittert und verwachsen. Hier verstecken sich kleine Welse und Grundeln.

stein, Marmor und Tuff eignen sich als Puffer am besten.

Dieses Aquarium ist mit Westmoorland-Steinen bestückt, da diese dem authentischen, sandigen Substrat sehr ähnlich sind. Hält man Substrat, Steine und Holz in einem Farbton, wirkt das Aquarium optisch insgesamt sehr ausgeglichen.

Mopani-Moorkienholz ist vorgereinigt und relativ glatt, außerdem hat es einen helleren Farbton als die meisten anderen Hölzer und passt besser zu Substrat und Steinen. Beides wird gleichmäßig über die ganze Länge des Aquariums verteilt. Dadurch entsteht ein Hintergrundbereich für Fische und Pflanzen. Außerdem kann man so eine Flussmündung mit vielen Versteckmöglichkeiten für die Fische imitieren.

DIE PFLANZEN

Wie bereits erwähnt, können viele Aquariumpflanzen nicht in Brackwasser gedeihen. Es gibt jedoch Arten, die relativ unempfindlich sind und auch bei niedrigen Salzkonzentrationen überleben. Letztlich muss man selbst ein wenig experimentieren, um herauszufinden, welche Pflanzen am besten geeignet sind. In Frage kommen unter anderem die Spezies *Microsorium*, *Vallisneria*, *Anubias*, *Egeria* sowie einzelne *Sagittaria*- und *Hygrophila*-Arten. Hier gedeihen *Vallisneria* als Hintergrundpflanze sowie Javafarn (*Microsorium pteropus*) und Zwergspeerblatt (*Anubias barteri* var. *nana*) auf dem Holz im mittleren Bereich.

Auf dem Holz wurzelnde Pflanzen mildern die Dominanz größerer Steine und Holzstücke.

Viele Brackwasserfische, vor allem die Spezies *Monodactylus* und *Scatophagus*, sind reine Pflanzenfresser und können in einem Aquarium schnell mehrere Pflanzen abfressen.

Viele auf Stein wurzelnde Pflanzen sind wie dieser Javafarn an widrige Bedingungen gewöhnt und können sich brackigem Wasser anpassen.

SALZWASSER-AQUARIUM

Dieses Aquarium basiert auf einer salzarmen Umgebung mit Süßwasserpflanzen und Fischen, die häufig in Flussmündungen leben. Ebenso könnte man aber ein Aquarium schaffen, das auf einem sehr salzigen Umfeld aufbaut. Teilweise könnten dort dieselben Fischspezies leben, daneben einige Salzwasserarten und Algen wie die weit verbreiteten Caulerpa spp. *Sie sind hübsch und hoch entwickelt, sodass sie komplexen Pflanzen eher ähneln als einer Algenspezies. Der hohe Salzgehalt erlaubt außerdem den Einsatz einiger Anemonenarten sowie von Grundeln und Kärpflingen. Fische und Wirbellose, die für ein solches Brackwasserbecken geeignet sind, bekommt man nicht überall, möglicherweise ist eine intensivere Suche notwendig. Im Allgemeinen sind Salzwasserfische und Wirbellose, die in steinigen Tümpeln leben, besser für Lebensräume mit etwas geringerem Salzgehalt geeignet. In diesen Tümpeln variiert der Salzgehalt verhältnismäßig stark, da das Wasser teilweise verdunstet und durch Niederschläge aufgefüllt wird. Hier heimische Fische sind deshalb anpassungsfähig genug für ein solches Aquarium.*

Widerstandsfähigere Gewächse wie *Anubias* und *Microsorium* dürften jedoch auch für Pflanzenfresser relativ unattraktiv sein.

BRACKWASSERFISCHE

Viele Brackwasserfische sind nicht nur für diese Aquarienlandschaft geeignet, sondern gehören auch zu den unempfindlichsten und optisch ansprechendsten Fischen überhaupt. Aquarianer scheuen sich häufig, Brackwasserfische zu halten, weil sie glauben, diese seien recht anspruchsvoll. Tatsächlich ist aber das Gegenteil der Fall. Da diese Arten sich täglich an veränderliche Gegebenheiten anpassen müssen, nicht nur was Temperatur und Salzkonzentration betrifft, sondern auch hinsichtlich Härtegrad und pH-Wert, sind sie sogar außergewöhnlich robust. Außerdem sterben zahlreiche Krankheitserreger im Brackwasser ab. Brackwasserfische sind deshalb eine ideale Herausforderung für Anfänger wie für fortgeschrittene Fischliebhaber, im Übrigen stellen sie eine echte Alternative zu den „üblichen" tropischen Fischen dar.

Brackwasserfische sollten mit einiger Vorsicht ins Aquarium eingesetzt werden. Sie können Veränderungen des Salzgehalts zwar ausgleichen, doch dürfen diese nicht zu schnell vonstatten gehen, da die Fische sonst großem Stress ausgesetzt werden. Möglicherweise unterscheidet sich der Salzgehalt des Wassers, in dem die Fische vor dem Verkauf gehalten wurden, erheblich von dem des neuen Aquariums. Die meisten Zoofachhändler halten solche Fische zwar in brackigem Wasser, manche jedoch verwenden normales Süßwasser. Eine sichere Methode besteht darin, das eigene Aquarium mit derselben Wasserzusammensetzung auszustatten wie der Händler. Wenn das Aquarium besetzt ist, kann man die Salzkonzentration langsam auf den gewünschten Status einstellen.

GRUNDELN

Für den unteren Bereich des Brackwasseraquariums eignen sich einige Wels- und Grundelarten. Der Amerikanische Kreuzwels (*Arius seemanni*) ist ein aktiver Fisch mit auffallend silbernem Körper und silbernen Flossen. Da Welse wie dieser bis zu 30 cm lang werden können, benötigen sie ein ausreichend großes Aquarium. Es werden auch andere, ähnlich aussehende *Arius*-Spezies als Amerikanische Kreuzwelse verkauft, die teilweise noch größer werden können.

Für dieses Becken gut geeignet ist die Gefleckte Grundel (*Stigmatogobius sadanundio*), eine friedliche Art, obwohl die Männchen Territorialverhalten entwickeln können. Die Gefleckte Grundel wird etwa 8–10 cm groß und ist aufgrund ihres ungewöhnlichen Verhaltens und ihrer kuriosen Schwimmbewegungen eine interessante Option für jedes Aquarium. Eine etwas kleinere, aber ebenso beliebte Grundel ist die Zwerg-Goldringelgrundel (*Brachygobius doriae*). Dieser kleine, nur bis zu 5 cm große Fisch ist mit gelben Streifen übersät, die einen wirkungsvollen Kontrast zu seinem schwarzen Körper bilden. Obwohl sie sehr beliebt und friedlich ist, sollte diese Grundel nur mit anderen kleinen Fischen zusammen gehalten werden, da sie von größeren Spezies schnell verspeist würde.

KLEINE FISCHARTEN FÜR DEN OBEREN UND MITTLEREN BEREICH

Leicht brackiges Wasser eignet sich für viele Lebendgebärende und Regenbogenfische. Die Lebendgebärenden sind hier von besonderem Interesse, denn zu ihnen gehören z. B. der Segelkärpfling (*Poecilia velifera*) und der Hechtköpfige Halbschnäbler (*Dermogenys pusillus*). Auch einige Characidae sind für Brackwasser geeignet, aber nur der Indische Glasbarsch (*Chanda ranga*) ist im Handel überall erhältlich.

*Links: Der wunderschöne Argusfisch (*Scatophagus argus*) ist zwar ein Pflanzenfresser, aber auch dominant und Artgenossen gegenüber aggressiv. In Gruppen von vier bis fünf Exemplaren ist die Haltung unproblematisch.*

Auch der Glasbarsch, der seinen Namen seinem transparenten Körper verdankt, ist ein interessanter Aquarienfisch, sollte aber in großen Gruppen gehalten werden, damit er keine Aggressionen entwickelt.

GRÖSSERE FISCHE FÜR DEN MITTLEREN UND OBEREN BEREICH

Auch für größere Aquarien gibt es interessante Brackwasserarten, die eine beachtliche, aber keine übermäßige Größe erreichen. Am bekanntesten sind die *Monodactylus*- und *Scatophagus*-Spezies. Sie sind in verschiedenen Farben erhältlich und werden meist etwa 15 cm groß. Obwohl sie aggressives Territorialverhalten entwickeln können, sind sie in Gruppen von etwa sechs Exemplaren unproblematisch. Ähnlich groß werden der Indische Buntbarsch (*Etroplus maculatus*), ein relativ friedlicher Cichlide, der auch silbern erhältlich ist, sowie die äußerst ungewöhnlichen Kugelfische. Kugelfische werden so genannt, weil sie ihren Körper aufblähen können, um Fressfeinde abzuschrecken. Im Aquarium werden sie verhältnismäßig zahm. Sie sollten gelegentlich mit harten

Nahrungsmitteln wie Herzmuscheln gefüttert werden, damit sie ihre messerscharfen Zähne an den Muschelgehäusen abwetzen können. Kugelfische besitzen diese Zähne nur, um damit Schaltiere, die sich häufig im schlammigen Untergrund von Flussmündungen aufhalten, zu knacken. Gut geeignet ist der Kugelfisch (*Tetraodon biocellatus*), der aufgrund seiner reizvollen, grünlichen Zeichnung auf dem Rücken auch „liegende Acht" genannt wird.

Oben: *Der Hechtköpfige Halbschnäbler* (Dermogenys pusillus) *besitzt einen verlängerten Unterkiefer, mit dem er Futter von der Wasseroberfläche aufnehmen kann. Pflanzen in den Ecken des Aquariums verhindern, dass er sich unter Stress an den Glasscheiben des Beckens verletzt.*

Unten: *Die winzige Zwerg-Goldringelgrundel* (Brachygobius doriae) *verbringt die meiste Zeit auf dem Beckenboden, ist aber dennoch eine ideale Ergänzung für ein mit kleinen Fischen besetztes Brackwasseraquarium.*

Brackwasserdelta

Charakteristisch für dieses Aquarium sind die gelblich-braunen, sandigen Farbtöne von Substrat, Holz und Steinen.

Große, kräftige Steine und Holzbrocken bilden den zentralen Blickpunkt dieser Landschaft.

Holz eignet sich sehr gut als Basis für Pflanzen wie Javafarn und Anubias.

Mit ihren fleischigen Blättern ähneln die Vallisneria spp. den Schilfgräsern, die in Flussmündungen wuchern.

Westmoorland-Steine sind wegen ihrer ungewöhnlichen Färbung besonders gut für diesen Aquarientyp geeignet.

Eingestreuter Feinkies lockert den Bodengrund optisch etwas auf.

Gruppen von Vallisneria-Pflanzen dominieren dieses Aquarium.

Moorkienholz macht das Wasser weicher, daher benötigt man entweder einen pH-Puffer oder regelmäßige Teilwasserwechsel.

Filter und Heizer können durch geschickte Anordnung der Pflanzen und des Dekors teilweise verborgen werden.

Das glatte Mopani-Holz besitzt eine blasse Oberfläche, die gut zur übrigen Dekoration passt, während die dunkle Unterseite den Fischen ausreichend Schutz bietet.

Einige leere Muscheln auf dem Grund simulieren die Nähe des Meeres.

Viele große Brackwasserfische fressen Pflanzen, mögen aber den Geschmack von Javafarn nicht.

Mangrovensumpf

Mangrovenwälder wachsen in Brackwassergebieten überall in den Tropen. Sie bilden die Basis für einzigartige Lebensräume, deren Bewohner auf Gedeih und Verderb von den Mangroven abhängig sind. Im brackigen Mündungsgebiet eines Flusses wird der Bodengrund durch die Bewegungen des Meer- bzw. Flusswassers ständig aufgewühlt, sodass das Wasser schlammig und undurchsichtig wirkt. Mangroven wachsen jedoch weiter flussaufwärts oder dort, wo das Wasser eine relativ große Fläche bedeckt. Die Gezeiten sind zwar auch hier noch spürbar, aber die Verhältnisse sind insgesamt viel ruhiger und die Wurzeln der Mangroven fixieren den sandigen Untergrund. Meistens ist das Wasser in den Mangrovensümpfen klar und bewegungsarm, der Boden aber hochgradig fruchtbar. Hier leben dieselben Tiere, die auch an der Flussmündung zu finden sind.

Es gibt mehrere Mangrovenarten, die alle extrem gut an die besonderen Bedingungen angepasst sind. Im Gegensatz zu vielen anderen Pflanzen bereitet ihnen das Salzwasser keine Schwierigkeiten. Mangroven beherrschen verschiedene Techniken, um die Aufnahme von Salz zu ver-hindern oder es aus ihrem vaskulären System zu entfernen. Etwa 90 % des Salzes werden bereits aus dem Wasser herausgefiltert, bevor es von den Mangroven aufgenommen wird. Der Rest wird entweder über spezielle Drüsen in den Blättern ausgeschieden oder in alten Blättern und Rindenstücken gespeichert, die kurze Zeit später vom Baum fallen.

Obwohl das Wasser in den Mangrovensümpfen sehr ruhig ist, wird der seichte Boden, in dem die Pflanzen wurzeln, durch die Gezeiten ständig bewegt. Das einzigartige und komplexe Wurzelsystem der Mangroven ermöglicht es ihnen jedoch, sich dennoch im Untergrund festzuhalten. Dafür bilden sie lange, dicke, verdrehte Wurzeln aus, die auch über dem Boden zu sehen sind. Die tiefer liegenden, unterirdischen Wurzeln sind sauerstoffarmen, gleich bleibenden Bedingungen ausgesetzt und fungieren nur als Stabilisatoren. Die Wurzeln, die der Nährstoffaufnahme dienen, zweigen oberirdisch von den anderen Wurzeln ab. Dieses komplexe System ermöglicht es den Mangroven, den Kräften der Gezei-

Lebensraum Mangroven

In den großen Strömen entlang der asiatischen Küste bilden sich ausgedehnte Mangrovenwälder.

Mangrovenwälder wachsen auch in den Subtropen, sind dort aber weniger vielfältig.

In den weitläufigen Küstengebieten Indonesiens existieren zahlreiche Mangrovensümpfe.

Auf ihrem Weg ins Meer passieren viele große und kleine Flüsse Brackwassergebiete. Darunter sind auch Mangrovenwälder mit lehmigem Untergrund, aber klarem Wasser und einem fruchtbaren Bodengrund, der durch ein Gewirr von Wurzeln festgehalten wird. In diesem ungewöhnlichen Umfeld leben und gedeihen zahllose Fische und andere Tiere.

ten und der ständig bewegten Sandbänke standzuhalten.

In dem Wurzelgewirr findet ein Großteil der hier heimischen Fische ausreichend Schutz. Über Wasser dienen die Mangroven vielen Vögeln, Insekten und Säugetieren als Lebensraum, die wiederum mit der Unterwasserwelt in Kontakt treten, indem sie entweder Abfälle ins Wasser fallen lassen, die als Nahrung weiterverwertet werden, oder dort als Raubtiere jagen. Ohne Mangroven und ihre verzweigten Wurzelsysteme würde das Wasser schnell verschmutzen und als Lebensraum für die Tiere unbewohnbar werden.

BEISSER, SPRINGER, SPUCKER

Wie die brackigen Flussmündungen sind auch Mangrovensümpfe außergewöhnlich fruchtbar und produktiv. Die Fluss-Systeme schwemmen große Mengen organischen Materials und Schlick an, die sich auf dem Grund ablagern und zusammen mit herabgefallenen Früchten, Blättern und Holzrückständen ein Paradies für Bakterien, Pilze und Detritusfresser bilden. In dem sandigen Bodengrund ernähren sich viele Würmer, Weichtiere und Krustentiere von organischen Zerfallsprodukten und winzigen Detritusfressern. Die meisten in den Mangrovensümpfen lebenden Fische ernähren sich von organischen Abfällen,

Oben: Bei Ebbe tauchen die Wurzeln der Mangroven aus dem Wasser auf. In dem Schlamm unter den Wurzeln leben zahllose Organismen.

Rechts: Bei Flut sind nur die grünen Baumwipfel der Mangroven zu sehen, das Gebiet sieht jetzt wirklich wie ein Sumpf aus. Unter der Wasseroberfläche laben sich jedoch viele Fische an den Kleintieren im Untergrund.

Weichtieren oder Insekten. Zahlreiche Aufwuchsfresser durchsuchen das Substrat nach kleinen Detritusfressern, Würmern und Amphipoden.

Manche Aufwuchsfresser wie z.B. der Schlammspringer verlassen sogar das Wasser und erklimmen die Sandbänke auf der Suche nach Futter. Wenn das Wasser fällt, bleiben viele kleine Pfützen und Tümpel in dem auftauchenden, feuchten Untergrund zurück. Diese Tümpel sind das Ziel des Schlammspringers. Bei Ebbe finden sich dann auch viele Insekten, Würmer und Amphipoden in und um die Pfützen herum, die der Schlammspringer ohne nennenswerte Konkurrenz durch andere Fische durchsuchen kann. Häufig wird der Schlammspringer von Krebsen und Vögeln begleitet, die ebenfalls auf Nahrungssuche sind.

Dank seiner meisterlich angepassten Haut kann der Schlammspringer lange Zeit außerhalb des Wassers verbringen. Mit Flüssigkeit gefüllte Zellen reduzieren den atmosphärischen Druck und schützen seine Haut vor Austrocknung. Kiemen- und Mundhöhlen werden ebenfalls feucht gehalten und besitzen außerdem eine dünne Membran, durch die Sauerstoff ins Blut gelangen kann.

Wenige Fischarten, darunter die Kugelfische, ernähren sich von Weich- und Schaltieren. Dieses Fische besitzen kraftvolle „Zähne" – eigentlich eine Erweiterung des Kieferknochens –, mit denen sie die Schalen von Schnecken, Mies- oder Venusmuscheln und anderen Schaltieren mühelos durchbeißen können. In den Mangrovenwurzeln leben auch Fische, die sich von Insekten ernähren. Die meisten von ihnen sind kleine Schwarmfische, sozusagen Gelegenheitsjäger, die Insekten fressen, die versehentlich ins Wasser gefallen sind. Auch Samen und Früchte, die von den Mangroven herabfallen, dienen ihnen als Nahrung. In den Sümpfen lebt das Vierauge, ein Fisch mit einem hochgradig spezialisierten visuellen Apparat. Er bewegt sich so an der Wasseroberfläche, dass seine Augen gleichzeitig über und unter Wasser sehen, sodass er Insekten jagen und zur selben Zeit Ausschau nach Räubern halten kann.

Auch der ebenso hoch spezialisierte Schützenfisch lebt in den Mangrovensümpfen. Der ungewöhnlich geformte Fisch besitzt einen extrem starken Kiefermuskel, mit dem er einen scharfen Wasserstrahl ausstoßen kann, um Insekten von überhängenden Zweigen zu „schie-

ßen". Ein getroffenes Insekt fällt ins Wasser und wird sofort von dem Schützenfisch gefressen. In seiner natürlichen Umgebung kann der Schützenfisch auf bis zu 1,5 m Entfernung mit unglaublicher Genauigkeit zielen.

EIN MANGROVENSUMPF-AQUARIUM

Es ist zwar möglich, kleine Mangroven im Aquarium einpflanzen, aber es ist nicht einfach, sie zu züchten, außerdem benötigen sie einen sehr tiefen und vielschichtigen Bodengrund. Die meisten Aquarianer ziehen daher Alternativen vor, um einen Mangrovensumpf zu simulieren. Für die Einrichtung des Beckens bietet sich eine Reihe von Möglichkeiten. Die einfachste besteht darin, die Unterwasserwelt unter den Mangrovenwurzeln nachzuempfinden. Interessanter wird die Einrichtung, wenn man zusätzlich zur Unterwasserumgebung auch eine Sandbank anlegt, die über die Wasseroberfläche reicht. In einem solchen Aquarium kann man auch Krebse und Schlammspringer ansiedeln, die das Wasser regelmäßig verlassen.

SANDIGER BODENGRUND

Feiner Sand eignet sich am besten für den Bodengrund eines Mangrovensumpfes, bringt jedoch einige Probleme mit sich. In einer tiefen, sandigen Bodenschicht kommt es schnell zu Verklumpungen und Stagnation, wodurch das Algenwachstum

Der Schlammspringer ist in Mangrovensümpfen häufig zu finden. Der attraktive und anpassungsfähige Fisch fühlt sich auch auf dem schlammigen Terrain außerhalb des Wassers wohl.

Oben: *Die männliche Winkerkrabbe ist leicht an ihrer überdimensionierten Schere zu erkennen. Dieser gefährlich wirkende Körperteil dient jedoch nicht zum Kampf oder zum Zerkleinern der Nahrung, sondern dem Anlocken von Weibchen.*

Mit diesen glatten, flachen Steinen kann man die Sandbank verstärken. Krebse und kleine Fische verstecken sich gern darunter.

gefördert wird und schädliche chemische Substanzen entstehen. Um diese Prozesse zu stoppen, muss man den Bodengrund mindestens zwei- bis dreimal pro Woche auflockern.

Der erhöhte Bereich wird einfach mit Sand aufgeschüttet und mit einigen Steinen befestigt. Nach ein paar Monaten sollte der Sand ausgetauscht werden. Um die erhöhte Sandbank etwas „haltbarer" zu machen, kann man sie mit kalkfreiem Kies oder Korallensand verstärken. Für die Basis verwendet man dann Steine, Holz oder andere große Dekorationsobjekte und legt darauf ein dünnes Kunststoffnetz, das mit einer dünnen Schicht des Substrats bestreut wird. Da die Sand-

bank in dem gezeigten Aquarium relativ steil ist und häufig mit den Aquarienbewohnern in Kontakt kommt, kann sie mit der Zeit abrutschen. In größeren Aquarien kann man die Sandbank auch flacher anlegen.

HOLZ

Das Holz soll in diesem Aquarium vor allem die Mangrovenwurzeln nachahmen. Zwar ist es fast unmöglich, solche Holzstücke zu erstehen, aber es gibt durchaus passende Alternativen. Handelsübliches Moorkienholz, insbesondere knorrige Wurzeln, ist den natürlichen Mangrovenwurzeln sehr ähnlich. Allerdings sind diese Stücke für durchschnittliche Aquarien oft zu groß und können daher nur in begrenzter Zahl verwendet werden. Für die Simulation eines Mangrovensumpfs ist getrocknetes Reisig daher besser geeignet. Reisig besteht aus abgestorbenen und getrockneten Zweigen und wird eher von Floristen vertrieben als von Zoofachhändlern. Wichtig ist, dass das Reisig vollständig getrocknet ist, bevor man es im Aquarium verwendet. Sollten Teile des Holzes noch grün sein, können sich nach dem Einsetzen schnell Pilze und Bakterien ansiedeln. Zur Überprüfung testet man einfach die Flexibilität des Holzes an seiner stärksten Stelle. Wenn das Holz leicht bricht, sollte es unbedenklich sein. Im

Normalfall dauert es zwei bis drei Monate, bis das Reisig beginnt, unter Wasser zu verrotten. Spätestens dann muss es ausgetauscht werden. Wenn das Holz länger verwendet wird, muss man es mit Klarlack behandeln und gründlich trocknen lassen.

STEINE, KIES UND KIESEL

Die kleinen Steine und Kiesel in diesem Aquarium sind zwar nicht unbedingt notwendig, lassen das Becken aber optisch interessanter erscheinen. Man kann damit die Sandbank verstärken, so haben sie auch einen praktischen Zweck. Zusätzlich können einzelne Kiesel oder größere Steine sparsam eingesetzt werden, damit der helle, kräftige Eindruck des Sands nicht beeinträchtigt wird.

Oben: Aquariensand ist dem sandigen, schlammigen Untergrund der Mangrovensümpfe sehr ähnlich. Er muss regelmäßig bewegt und gesäubert werden, damit er frisch und leuchtend bleibt.

Reisig muss vollständig durchgetrocknet sein, damit es nicht so schnell verrottet. Die dünnen Zweige simulieren Mangrovenwurzeln auf kleinem Raum.

DIE PFLANZEN

Wasserpflanzen findet man in dem brackigen Wasser eines Mangrovensumpfs nur selten, da die Verhältnisse hier zu ungünstig sind. Im Aquarium können einige Grünpflanzen aber durchaus attraktiv wirken, man sollte sie allerdings spärlich verwenden, um den Eindruck des Sumpfes nicht zu verfälschen. Hier wird das Große Kirschblatt (*Hygrophila corymbosa*, auch: Riesenwasserfreund) eingesetzt. Diese widerstands- und anpassungsfähige Pflanze wächst auch in leicht salzhaltigem Wasser, außerdem sind ihre Blätter ähnlich geformt wie die der Mangroven. Auch *Anubias*, *Microsorium*, *Vallisneria* und *Egeria* eignen sich für leicht salziges Wasser, sind aber für das Umfeld eines Mangrovensumpfs nicht passend.

DIE FISCHE

Für das Mangroven-Aquarium eignen sich mehrere unterschiedliche Brackwasserfische, die zum größten Teil auch in der Natur in Sümpfen leben. Zu ihnen gehören Regenbogenfische und viele Arten von Lebendgebärenden, außerdem so beliebte Arten wie *Monodactylus* und *Scatophagus*. Diese Aquarienlandschaft bietet aber auch

anderen interessanten Bewohnern der Mangrovenwälder Platz, etwa Schlammspringern, Vieraugen und Schützenfischen.

Schon wegen seiner flinken Sprünge ist der Schlammspringer (*Periophtalmus barbarus*) ein reizvolles Objekt, für den allein sich das Anlegen eines Sumpfaquariums lohnen würde. Schlammspringer verbringen ungewöhnlich viel Zeit außerhalb des Wassers, wenn sie die Gelegenheit

Die meisten Wasserpflanzen vertragen kein Salzwasser, aber Hygrophila corymbosa *ist eine sehr widerstandsfähige Art. Die Blattform ähnelt der von Mangroven.*

haben, und werden sehr zahm. Manche Schlammspringer fassen so viel Vertrauen, dass sie sogar aus der Hand fressen. Häufig ist es das erstaunliche Verhalten und nicht ihre Form oder Farbe, das Fischen ihren besonderen Reiz verleiht, daher ist es eine Herausforderung für jeden Aquarianer, im Aquarium möglichst naturgetreue Verhältnisse zu schaffen.

Zu den besonders kuriosen Fischen gehört auch der Schützenfisch (*Toxotes jaculatrix*). Sollte im Aquarium Platz für eine erhöhte Sandbank sein, könnte man auch kleine Insekten wie Grillen oder Fliegen einsetzen. Dies ermöglicht es dem Schützenfisch, die Insekten wie in der freien Natur mit Wasser von den Zweigen zu schießen. Dieses Jagdverhalten in einem Aquarium beobachten zu können, bedeutet für jeden interessierten Aquarianer Faszination und Belohnung zugleich.

MITTWASSER- UND OBERFLÄCHENFISCHE

Das eigentümliche Vierauge (*Anableps anableps*) ist eine hervorragende Ergänzung für dieses Aquarium, denn es schwimmt ständig an der Wasseroberfläche, wobei der obere Teil des Auges gerade so aus dem Wasser reicht. Auch der Texas- oder Koboldkärpfling (*Ganbusia affinis*) ist ein Mangrovenfisch, der sich zumeist an der Oberfläche aufhält. Einige Characidae ergänzen das Aquarium im mittleren Bereich. Der bekannteste dieser Art ist der Indische Glasbarsch (*Chanda ranga*), ein kleiner, praktisch durchsichtiger Fisch.

Links: *Seine ungewöhnlich gewölbten Augen ermöglichen dem Vierauge* (Anableps anableps) *gleichzeitiges Sehen über und unter Wasser. Der faszinierende Fisch eignet sich ideal für ein Mangroven-Aquarium und benötigt nur wenig Pflege.*

Rechts: *Der Schützenfisch* (Toxotes jaculatrix) *verlässt sich auch im Aquarium auf seinen natürlichen Jagdinstinkt. Hier versucht er gerade, ein Insekt von einem überhängenden Blatt zu schießen.*

Lebendgebärende (*Poecilia spp.*) finden sich ebenfalls in Mangrovensümpfen und an-deren Brackwassergebieten. Die ebenso farbenfrohen wie friedlichen und unempfindlichen Fische vertragen sich mit fast allen anderen Spezies und sind deshalb ideale Bewohner dieser Aquarienlandschaft.

BODENBEWOHNER

Welse eignen sich zwar auch für Brack-wasserbecken, sind aber häufig schwer zu bekommen und erreichen eine beacht-liche Größe. Als Bodenbewohner könnte allerdings die farbenprächtige Winker-krabbe (*Uca pugnax*) dienen. Sie ist ein Allesfresser, der den Boden ständig nach Nahrung absucht und nur gelegentlich aus dem Wasser auf erhöhte Gebiete kriecht. Die Krabbe akzeptiert fast jedes Futter, zieht aber nach Möglichkeit Fleisch vor, also z. B. Herzmuscheln oder Mückenlarven.

Winkerkrabben sind recht problemlos zu halten, können allerdings zu einer Ge-fahr für kleine, unvorsichtige Fische wer-den. Die mächtige Schere der männlichen Krabbe kann jeden Fisch verletzen, der die Krabbe irritiert oder bedroht. Aller-dings leben die meisten Brackwasserfische an der Oberfläche, sodass sie den Krab-ben nur selten begegnen. Schlammspringer leben sowohl innerhalb als auch au-ßerhalb des Wassers im selben Umfeld wie die Krabben, vertragen sich aber aus-gezeichnet mit ihnen. Neben Winker-krabben sind auch andere tropische Krabben im Handel. Da die meisten un-gefähr genauso groß sind wie die Win-kerkrabbe, können sie ohne weiteres als Ersatz dienen.

Mangrovensumpf-Aquarium

Dieses Becken ist relativ einfach einzurichten. Größere Becken ermöglichen eine ausgedehntere Trockenfläche und eine vielfältigere Pflanzenwelt.

Reisig steht für das Dickicht der Mangrovensümpfe und schafft ein Umfeld, das auch für kleine Fische gut geeignet ist.

Mit ihren dicken Stängeln und dunkelgrünen Blättern eignet sich Hygrophila corymbosa gut für die Simulation von Mangrovenbäumen.

Der helle Ton des Reisigs dunkelt unter Wasser mit der Zeit nach. Bald beginnen Algen sich darauf anzusiedeln.

Feiner Sand ist mit dem natürlichen Substrat eines Mangrovenwalds fast identisch.

Das Reisig wird im Substrat aufrecht, auf der Sandbank liegend angeordnet.

Moorkienholz stützt die Sandbank und bietet Rastplätze für Krabben und Schlammspringer.

Der erhöhte Bereich muss möglicherweise regelmäßig ausgebessert werden, da er durch die Bewegungen von Fischen und Krabben abrutscht.

Über dem Bodengrund ausgestreute Kiesel und Steine gestalten den Gesamteindruck etwas interessanter.

Glatter Schiefer und Kieselsteine stützen die steile Sandbank ab.

In größeren Becken kann der Trockenbereich ausgedehnt und mit Landpflanzen bestückt werden.

Sachregister

Fischregister

Pflanzenregister

Bildnachweis

Der Verlag dankt allen Fotografen für ihre Beiträge. Im Anschluss sind Seite und Stelle angegeben: (o) oben, (u) unten, (M) Mitte, (ul) unten links usw.

David Allison: S. 25, 76, 97(u), 108, 130(o), 155(o), 162(u), 163(o)

Aqua Press: (M.-P. & C. Piednoir): Schmutztitel (Fisch), Innentitel, S. 10(ol), 16, 18(o), 19(u), 22–23, 39(ur), 58(o), 68(u), 73(ur), 77(o,u), 81(u), 85, 90(u), 93(o,u), 101(Mr), 108(o,M,u), 116, 117(o,M,u), 121(u), 124, 125(M,u), 133(o), 141(o,u), 145(M), 154, 160, 162–163(u), 170–171(o,u), 179(o,u), 187(o), 192(ul, ur)

Ardea London: S. 57(Jean-Paul Ferrero), 166–167(o, Joanna Van Gruisen), 182–183(o, Eric Lindgren)

John Feltwell/Garden Matters: S. 64–65(M), 104–105, 112–113(o, Jeremy Hoare), 191(u)

Frank Lane Picture Agency: Inhaltsverzeichnis (Fisch), S. 13 (Fritz Polking), 15(u, Silvestris), 68 (Foto Natura Stock), 72–73 (o, Peggy Heard), 80–81(O, W. Meinderts/Foto Natura), 89 (u, W. Meinderts/Foto Natura), 90–91(o, Derek Middleton), 96–97(o, W. Wisniewski), 101(o, W. Meinderts/Foto Natura), 150–151 (Terry Whittaker), 155(u, Silvestris Fotoservice), 168 (W. Meinderts/Foto Natura), 174–175(o, Robin Chittenden), 175(u, Linda Lewis), 178(M, W. Meinderts/Foto Natura), 183(or, Linda Lewis), 190–191(o, Terry Whittaker), 195(Alan Parker)

Jan-Eric Larsson-Rubenowitz: Titelseite (Fisch rechts), S. 19(o), 54(ol), 60(u), 60–61(o), 61(u), 84(u), 146, 152, 187(u), 194(o)

Natural Visions(Heather Angel: S. 120–121(o, Richard Coomber), 128–129, 136–137(o, Brian Rogers), 159 (Brian Rogers)

Photomax (Max Gibbs): S. 69(o)

Sue Scott: S. 40(o), 144–145(o)

William A. Tomey: Titelseite (Fisch links, 46, 51, 65(or), 84(M), 98(o), 133(M,u), 137(u), 140, 178(u), 186

Tropica (Ole Pedersen): S. 18(u), 40(u), 122(o)

Stuart Watkinson S. 14 © Interpet Publishing

Alle anderen Aufnahmen von Geoffrey Rogers © Interpet Publishing

Computergraphik auf S. 35 von Phil Holmes © Interpet Publishing. Alle anderen Computergraphiken von Stuart Watkinson © Interpet Publishing. Die Karten wurden mithilfe der Terra-Forma-Daten von Andromeda Interactive Ltd., Abdingdon, Oxfordshire, GB, hergestellt.

Danksagung

Der Verlag dankt Martin Petersen von Tropica Aquarium Plants A/S, Hjortshøj, Dänemark, und der Aquarium Plant Company, Enfield, GB, für die Bereitstellung der abgebildeten Pflanzen. Ferner gilt der Dank Water Zoo, Peterborough, GB, die Aufnahmestudios zur Verfügung stellten; außerdem Kerry von Heaver Tropics, Ash, Kent, GB, sowie Swallow Aquatics, Southfleet, Kent, GB, und dem Juwel Aquarium Ltd., GB.

Hinweise des Verlags